法治建设与法学理论研究部级科研项目成果

国家法治与法学理论研究项目"海底可燃冰开发环境风险法律规制研究"（项目编号：17SFB3043）结项成果

U0151900

海底可燃冰开发环境风险法律规制研究

刘超　王康敏　著

WUHAN UNIVERSITY PRESS

武汉大学出版社

图书在版编目(CIP)数据

海底可燃冰开发环境风险法律规制研究/刘超,王康敏著.—武汉:
武汉大学出版社,2021.12
ISBN 978-7-307-22699-9

Ⅰ.海…　Ⅱ.①刘…　②王…　Ⅲ.海底—天燃气水合物—气田开
发—法规—研究　Ⅳ.①TE5　②D922.679

中国版本图书馆 CIP 数据核字(2021)第 224524 号

责任编辑:胡　荣　　　责任校对:汪欣怡　　　版式设计:马　佳

出版发行:**武汉大学出版社**　　(430072　武昌　珞珈山)
(电子邮箱:cbs22@whu.edu.cn　网址:www.wdp.com.cn)
印刷:武汉邮科印务有限公司
开本:720×1000　1/16　　印张:19.75　　字数:319 千字　　插页:1
版次:2021 年 12 月第 1 版　　2021 年 12 月第 1 次印刷
ISBN 978-7-307-22699-9　　　定价:69.00 元

前　言

　　能源是国民经济和社会发展的物质基础和动力之源。人类进入 21 世纪以来，全球能源短缺问题日益严峻，破解能源短缺和防范环境风险成为人类经济社会发展过程中必须同时应对的双重挑战，这对于能源持续性发展提出了需求，对推动能源革命、激活经济社会发展的巨大动能提出了现实需要。人类进入 21 世纪以来，在应对能源危机和生态危机的紧迫压力下，全球致力于推动经济社会发展的能源转型。推动"能源革命"是十八大以来党中央、国务院的重大战略决策。2014年 6 月 13 日，习近平总书记主持召开的中央财经领导小组第六次会议专题研究了我国能源安全战略问题。该会议强调能源安全是关系到国家经济社会发展的全局性、战略性问题，提出推动能源消费、能源供给、能源技术和能源体制四方面的"能源革命"，在"能源革命"中，最为核心的是能源供给革命与能源消费革命。所谓能源供给革命，即"建立多元供应体系，立足国内多元供应保安全，大力推进煤炭清洁高效利用，着力发展非煤能源，形成煤、油、气、核、新能源、可再生能源多轮驱动的能源供应体系，同步加强能源输配网络和储备设施建设"。从世界范围来看，21 世纪初，随着能源需求的扩大和关键技术取得的突破，页岩气、天然气水合物(可燃冰)等新能源进入人类关注的视野。因为其丰富的资源储量、巨大的资源潜力、清洁高效的能源属性，页岩气、可燃冰在缓解能源危机、改变能源结构、推动能源革命中被寄予厚望。21 世纪初爆发的"页岩气革命"开启了页岩气、可燃冰等新能源从科学研究转向大规模商业开发利用的序章。我国近几年分别将页岩气、可燃冰确定为独立矿种，并颁布实施了系列产业支持政策。但是，页岩气、可燃冰等新能源在为极大丰富能源供给提供无限空间、为保障我国能源安全提供极大可能的同时，作为非常规油气资源，页岩气、可燃冰等新能源的特殊的资源禀赋、赋存规律、开采技术，导致在勘查开采过程中伴生了较大的、新型的多种类型的环境风险。因此，如何精准识别、有效因应新能源勘查开采过程的环境风险，是推动新能源产业健康迅速发展的前提。

从此问题意识出发，本书作者以"可燃冰开发环境风险法律规制"为题，申报并获批了2017年度国家法治与法学理论研究部级科研项目，对可燃冰开发环境风险法律规制问题展开专门性的系统研究，本书即为该项目研究的结项成果。

一、研究的目的和意义

可燃冰(天然气水合物)是一种固体状态的非常规天然气资源，包括深埋于陆地永久冻土层可燃冰和海底可燃冰，其中，赋存于海底的可燃冰占据地球全部可燃冰资源的绝大部分，据科学统计，全球97%的可燃冰分布在海洋，并且大多分布于陆地冻土区或距离海面900~1200米的深海沉积物中。因此，本书研究对象选定为海底可燃冰开发中的环境风险规制的法律需求。本书以"海底可燃冰开发环境风险法律规制研究"为题，预期研究海底可燃冰开发引致的生态环境风险法律规制的法理逻辑与制度体系。可燃冰是一种新型非常规天然气能源，全球可燃冰资源潜力巨大，远远超过传统的石油、天然气等能源储量的总和，被科学界公认为一种有望取代煤炭、石油和天然气的属于未来的新能源，其中，可燃冰在世界海域中广泛分布，海底可燃冰相比于陆地冻土带可燃冰占有主体地位。当前，虽有数个国家研发并开采到可燃冰实物样品，但离大规模商业开发还面临科学研究、开发技术等方面的问题。2017年5月，中国在南海神狐海域成功试采海底可燃冰，使得中国成为全球领先掌握海底可燃冰试采技术的国家，这对我国保障能源安全极具意义。但开发海底可燃冰也会引致不同于传统油气资源开发的环境风险，亟待法律规制制度的完善。

当前对海底可燃冰的研究主要集中于自然科学层面，主要包括研究可燃冰的物理化学属性、地质构造、勘查技术以及开发可燃冰引发的环境问题，直接针对可燃冰开发中法律问题的研究较为鲜见，对海底可燃冰开发引致的环境风险及其规则需求的针对性的专项研究则近乎空白。因此，本书预期研究目标为：在梳理海底可燃冰开发的资源基础、关键技术和伴生的生态环境风险与问题基础上，对海底可燃冰开发的环境风险特殊性及其规制规则需求展开专门的针对性研究，体系化地探索海底可燃冰开发引致的生态环境风险法律规制的法理基础与制度体系，最终研究的目的是构建体系完整、逻辑自洽、内容完善的海底可燃冰开发环境风险法律规制制度体系。

本书研究属于综合研究，具有理论意义和实践意义：（1）理论意义。本书预期在归纳与检讨我国法律体系在规制新能源海底可燃冰开发引致的环境风险中的弊端，比较借鉴域外规制新能源开发的专门立法经验，探究新能源开发的管理、保障和规制的法律路径和制度体系化构建的内在需求，具体化环境法规制领域和拓展能源法调整范畴。（2）实践意义。本书研究海底可燃冰开发的环境风险，梳理与检讨现行环境法律体系在规制海底可燃冰开发环境风险中的制度逻辑、困境与缺失，进而针对性探究规制海底可燃冰开发环境风险的法律制度体系，从法律保障层面为我国推进海底可燃冰产业健康有序发展提供政策建议。

二、主要内容概述

本书以海底可燃冰开发环境风险法律规制的法理与制度作为研究对象。本书研究的问题意识、研究缘起及逻辑理路如下：可燃冰是一种储量丰富、蕴含巨大资源潜力和商业价值、充分燃烧后产生的能量极大、超越传统油气资源且几乎不会产生有害污染物质的新型洁净高效新能源，海底可燃冰在全球可燃冰总体储量中占有绝大多数，其将为人类提供主要的未来替代新能源。但是海底可燃冰勘查开发过程本身会伴随多种类型的生态环境风险，这也是影响当前世界各国形成对海底可燃冰的成熟可行的开采方案并实现大规模商业开发的重要原因。因此，预期发挥海底可燃冰作为人类 21 世纪新能源的重要价值与功能，必须以精准识别、有效规制海底可燃冰开发的生态环境风险为前提。本书即聚焦于此研究对象，以体系化辨剖前述研究问题、阐释前述研究逻辑理路为目标展开了论述，本书的主要内容及提出的重要观点与对策建议，按照本书的章节顺序，在"导言"部分之后，书的主体内容及其重要观点、对策建议分章概括如下：

1. 第一章为"可燃冰开发的'中国方案'"

在第一章，尝试把中国对海底可燃冰开发的"技术成就"，运用法学方法提炼为国家对能源安全与能源独立开辟的"中国方案"。本章观点为：海底可燃冰开发对保障中国国家安全的重要性和任务的长期性与艰巨性，意味着它可能成为一项中华民族共同体长期坚守的"根本法"，要运用空间政治的技艺从国土空间规划的立场，结合历代中国共产党人对能源安全的实践探索，将其编织成完整的历史叙事。本章建议：在政策操作层面要做到借助科学话语的力量充分证明可燃冰的安全价值、商业价值和环保价值，针对研究可燃冰的自然科学和人文社会科学要联手形成"叙事共同体"，培养有能力创造、发展并维护叙事共同体"核心语汇"的法律人—政治家，让他们成为根本法的守护者和先定承诺的监督者。提出的政策建议为：第一，国家要形成新能源安全方面的顶层设计和协调保障机构；第二，建立长期目标的战略性思维，在解决可燃冰开采和应用技术时，坚持走技术自主路线；第三，通过技术创新引导国际规则制定。

2. 第二章为"可燃冰开发的现状"

本章在对"可燃冰"与"天然气水合物"概念进行解析、比较与阐释基础上，论述了可燃冰的元素特质、科学史上天然气水合物的发现历程、形成原理和全球空间分布，并从科技前沿追踪了当前海底可燃冰开发技术以及世界主要国家针对可燃冰课题的开发进展和规制方案。本章通过分析认为，尽管技术策略和商业前景尚不确定，但全球政治科技精英共同参与到可燃冰新能源秩序的愿景想象当中，为推动人类科技进步和多元国际合作，开辟了一条全新的实践道路。

3. 第三章为"可燃冰开发：环境风险与优势策略"

本章主要包括：第一，类型化梳理可燃冰开发过程中的环境风险；第二，在承认风险客观性的基础上，反思了过往生态环境保护中的政府单维"管制"进路的逻辑与弊端，提出针对具有科技前沿性和商业前景不确定的海底可燃冰开采，更宜采用多中心"治理"的思路。海底可燃冰开发元治理的愿景蓝图是有关人类命运共同体的能源可持续发展，治理主体是多元共治，治理过程是多中心的政策过程和利益协商渠道，治理秩序是交易费用视角下可燃冰开发的制度安排。本章对治理策略提出的对策建议包括：(1)依托中央《"十四五"规划和二〇三五年远景目标的建议》的指示为蓝本，配套制定《海底可燃冰开发二〇三五年远景目标》。(2)通过政策过程塑造产权格局，按照"环境容量"来度量可燃冰开发可能引起的温室气体污染，并通过环境容量的数据评估，对勘探区域环境容量没有变坏的开发企业通过税收优惠、增加碳排放权、排污权的配额等方式予以政策激励。(3)通过声誉——承诺机制，建立中央政府、地方政府、可燃冰开发和投资企业相互之间长远稳定的预期，用离任审计"加权算法"和特别功勋制度将地方政府和官员的政治责任、个人声誉、地方利益和政绩绩效与可燃冰开发的政策过程整合起来。(4)运用财税—激励机制，结合环境信息会计披露制度和自愿环保项目承诺，将企业责任、市场形象和潜在收益结合起来，引导参与可燃冰开发。同时运用包括可燃冰财政专项基金在内的积极财税激励，促进技术创新，从利益驱动、风险分配以及资金支持三个方面，分别作用于新能源产业升级与可燃冰开发企业的技术创新活动和市场能动性。

4. 第四章为"海底可燃冰开发环境风险监督管理的法理与制度"

本书对海底可燃冰开发环境风险法律规制体系的研究，以规制理论作为理论基础，以"规制治理"理论演进与规范意蕴作为指导工具，在阐释传统经典的"规制"定义与内涵向"去中心化规制"演进的理念变迁与内涵拓展的基础上，确立海底可燃冰开发环境风险规制传统法律规制体系与现代法律规制体系的二元架构。本书认为，海底可燃冰开发环境风险法律规制，应当包括传统规制理念与路径下的监督管理制度体系——现代"去中心化规制"理念与路径下的多元共治机制，本书第四章与第五章即分别从这两类治理规则体系展开论述。第四章"海底可燃冰开发环境风险监督管理的法理与制度"主要论述传统规制理念与路径下海底可燃冰开发环境风险的监督管理制度体系。

第四章第一节内容为"我国生态环境监督管理规范体系化之疏失与完善"。本节内容认为，我国现行的生态环境保护法律法规体系规定了我国当前的生态环境监管体制，可燃冰勘探开发的生态环境风险也需要纳入我国现行的生态环境监管体制中予以系统审视和规制。我国当前的生态环境监管体制存在职能分散交叉、多头管理等体制性内生困境，这导致我国生态环境监管效能不高，这一体制性障碍可以进一步归因于形成生态环境监管体制的法律规范的体系化疏失：一方面，生态环境监管主体职责边界模糊的缺陷与相关法律表述模糊不清、表达不规范紧密相关；另一方面，在生态环境领域以要素为依据的分散式立法体系化程度不高的语境下，监管体制法律规范之间多有冲突、协调性不足，难以协同服务于监管制度的有效实施。因此，完善我国生态环境监管体制可以以其法律规范的体系化为出发点和落脚点，包括从形式层面完善法律条款的立法表述以及从内容层面实现法律制度体系化这两个维度展开，促进立法内部不同监管主体之间沟通协调机制的形成，实现生态环境监管体制的系统化、综合化。

第四章第二节为"海底可燃冰开发环境风险法律监管制度的现状与更新"。本节的主要观点是：我国既有的环境保护、矿产资源法律体系通过扩大解释与拓展适用，可以规制可燃冰开发中的生态环境风险，但存在专门法律规范的缺失、环境要素保护的路径偏离、矿产资源法律规定环境义务的价值失衡等内生困境。相应的对策建议为：预期发挥可燃冰在未来保障我国能源安全的重要功能，必须在大规模商业开发前有针对性地构建与完善海底可燃冰开发环境风险规制法律体系，包括针对海底可燃冰开发环境治理特殊性进行专门立法，以及具体解释与针对适用既有的环境保护法律制度这两种类型，后者具体包括层次化适用环境影响评价制度和针对性适用环境公众参与制度等。

第四章第三节为"自然资源产权制度与海底可燃冰开发环境风险规制的逻辑与理路"。本节主要内容及主张观点为：可燃冰的开发利用必须在我国现行的自然资源权属制度与管理制度体系下展开，因此，我国现行的关于自然资源的权属制度与管理制度的系列规范体系，构成了可燃冰产业发展的制度背景。我国自部署自然资源产权制度改革以来，出台了系列政策文件进行系统推进。自然资源产权制度改革诉求下的规则创新，需要从协整还原论与整体论以实现自然资源综合立法、兼顾统一规律与自然属性拓展自然资源产权权能、重视自然资源统一确权登记的制度建设作为先导、整合生态文明体制改革政策体系以系统推进等几个方面展开。提出的对策建议为：应在全面推进我国自然资源产权制度改革的机制与路径下，进一步针对性地探究在自然资源产权制度体系下审视与规制海底可燃冰开发环境风险的逻辑与理路，包括完善国家对于可燃冰的所有权以及控制权、可燃冰矿业权的规则体系和共生矿产资源的权益冲突解决规则，通过探索海底可燃冰开发适用油气探采合一权利制度、设定合理的海底可燃冰探矿权期限制度、完善海底可燃冰矿业权物权效力保障制度、允许矿业权主体在符合法定条件下转让海底可燃冰矿业权、体系化构建海底可燃冰所有权人社会义务制度等方面实现兼顾环境风险规制诉求的可燃冰产权制度完善目标。

5. 第五章为"海底可燃冰开发环境风险多元共治的理据与机制"

本书第四章"海底可燃冰开发环境风险监督管理的法理与制度"的内容偏重于在传统规制理念与规则下，梳理与检讨现行的环境法律规范体系规定的监督管理制度体系在规制海底可燃冰开发环境风险中的逻辑与适用，进而提出完善的具体建议。那么，本章内容则是在现代"去中心化规制"理念与路径下，专门重点讨论海底可燃冰开发环境风险多元共治的理据与机制。

第五章第一节"生态环境第三方治理的理论依据与体系构造"。本节主要内容是梳理环境风险多元共治理论与制度的缘起与理念。本节的重要观点是，我国当前在环境治理领域贯彻实施的环境风险多元治理有法律依据和政策支持，从政策演进与制度雏形溯源角度考察，肇始于《中共中央关于全面深化改革若干重大问题的决定》在我国环境政策系统中首次提出的"推行环境污染第三方治理"，这是生态环境监管领域前所未有的理念与制度创新，其背后的政策选择与价值判断是要求生态环境治理的理念与路径从管制模式向互动模式的转换，是对传统管制模式下生态环境治理制度呈现的规制机制断裂与制度抵牾、制度结构的单向性和封闭性、制度僵化与规制俘虏等问题的矫正。"推行环境污染第三方治理"制度是打破传统的环境污染防治法型法律关系中确立的"执法者—污染者"相对封闭的二元关系结构的重要尝试，具有重大的制度创新价值。以此为起点，生态环境问题治理的理论体系更为丰富、制度创新渐趋深化，其中，尤以《关于构建现代环境治理体系的指导意见》正式体系化构建的环境多元共治体制为典型代表。这为我们应对与解决海底可燃冰开发环境风险等具体领域的生态环境问题，提供了重要的理论指导和制度供给，我们可以进一步在具体的海底可燃冰开发生态环境风险防控与治理领域，探究适用环境多元共治机制的法理与路径。

第五章第二节为"海底可燃冰开发环境风险多元共治的路径与展开"。本节主要内容是研究海底可燃冰开发环境风险多元共治的理论基础、现实必要性及其制度路径，提出的重要观点为：传统环境管制模式在有效治理海底可燃冰开发引致的新型环境风险时存在内生困境，当前我国所创新的环境多元共治模式，可以矫正政府单维管制海底可燃冰开发环境风险中的缺陷、弥补"监管之法"在规制海底可燃冰开发环境风险中的疏漏、克服单一行政命令方式在规制海底可燃冰开发环境风险中的困境，应当系统构建海底可燃冰开发环境风险多元治理体系。本节从完善行政监管和推进私人治理两个层面对海底可燃冰开发环境风险多元共治的路径展开提出了具体建议。在完善行政监管层面，我国《环境保护法》《海洋环境保护法》等法律规范经过拓展解释适用，仍然因为规制路径的间接性、零散性而产生内生弊端，亟待专门立法；在推进私人治理层面，多元共治机制分为多元主体参与机制与诉讼机制，应重视通过鼓励环保公益组织、可燃冰行业协会与私人等多元主体采取多元参与和私益诉讼方式，综合发挥其在规制海底可燃冰开发环境风险中的综合效用。

三、学术价值与学术创新

本书致力于在总结海底可燃冰开发引致的生态环境风险基础上，梳理与检讨当前环境法律规范体系在规制海底可燃冰开发环境风险中的制度逻辑与实施绩效，归纳可燃冰开发引致的新型环境风险的法律规制需求，探究海底可燃冰开发环境风险法律规制制度的体系构成。因此，本书努力追求的学术价值主要包括：（1）深化环境法理论和拓展能源法调整范畴研究，这表现为系统梳理与检讨海底可燃冰开发中引致的多种类型的生态环境风险，归纳作为新兴非常规油气资源的海底可燃冰开发环境风险的法律规制需求，探究海底可燃冰开发环境风险规制问题领域的特殊性，为反思通过演绎逻辑适用生态环境监管制度解决新兴非常规油气资源开发环境问题中出现的问题、提出的规制规则具体化、专门化的需求，提供了生动个案、进行了针对性论述。（2）丰富生态环境治理理论体系、拓展了生态环境治理规则体系，本书以海底可燃冰开发环境风险的法律规制为研究对象，以体系化构建海底可燃冰开发环境风险法律规制的制度体系为研究目标，以当前的"规制治理"理论体系为理论工具，构建传统监督管理规制—现代"去中心化规制"的二元规制体系，并分别体系化阐释了海底可燃冰开发环境风险传统以公权力机构为中心的监督管理制度体系，以及"去中心化规制"理念与路径下海底可燃冰开发环境风险多元共治制度体系。（3）推进能源法律理论与制度的具体化，本书以海底可燃冰开发环境风险法律规制的规则需求与制度建构为研究目标，检视现行的能源法律理念与制度在具体领域适用的逻辑、检讨其运行效果，进而针对性提出优化法律制度具体化和针对性的完善建议。

本书预期通过系统论述，追求实现以下学术创新：（1）研究领域创新，海底可燃冰被视为"21世纪新能源"，但对其开发可能引发新型生态环境风险，本书对海底可燃冰开发中的环境风险法律规制的法理与制度问题进行专门针对性研究。（2）理论体系创新，本书以规制理论和"规制治理"内涵体系为理论依据，构建了海底可燃冰开发环境风险规制的传统以公权力机构为中心的监管制度—现代

"去中心化规制"理念与路径下的多元共治理制度这一规制二元体系框架,并分别予以制度论证。(3)理论阐释与现实指向的关联性创新,本书具有较强的问题意识和现实针对性。本书的问题意识和立论基础为:如何在精准识别海底可燃冰开发环境风险基础上,探究体系完善、适用有效的环境风险规制制度体系,成为推动海底可燃冰大规模商业开发的前提。在此问题意识下,本书识别海底可燃冰开发的生态环境风险、归纳与检讨当前的法律体系在规制海底可燃冰开发环境风险中的制度逻辑与绩效,总结海底可燃冰开发环境风险规制的法律需求,阐释海底可燃冰开发环境风险规制的框架体系与制度结构,进而具体论证海底可燃冰开发环境风险法律规制的法理与制度,其实践意义在于为我国推进大规模商业开发海底可燃冰探究和设计环境风险法律规制制度体系,提供完善的法治保障建议,从而实现海底可燃冰开发在推动我国能源革命、保障能源安全中的价值与功能。

目　　录

导论　能源安全的中国故事

一、奥特曼的迷思

每个时代都有自己的文化偶像，如同我们——本书两位作者都是前八零后——儿时的英雄是齐天大圣孙悟空，现在的小朋友似乎更喜欢奥特曼。在路上经常看到，小朋友摆着奥特曼的经典战斗姿势，口中喊着："把光之力量借给我吧"的口号追逐打斗。以至于网上有段子调侃：小朋友们就是搞不懂，妈妈可以把看上去一样的口红色号分得清清楚楚，怎么就是分不清奥特曼之间的显易区别呢！然而，小朋友们可能不知道，奥特曼的初始创意，原本是要讲述一个悲观的故事。

奥特曼系列的叙事外观采用了"特摄片"①的影视表现形式。其实，特摄片最初是"二战"时期日本的国策电影，服务于特定政治目的的战争宣传。"二战"期间，日本与纳粹德国和意大利结为轴心国同盟，受到当时纳粹宣传部长"邪恶天才"戈培尔的启发，看到德国 1934 年颁布了《电影法》用法西斯的方式压制舆论，制作只对德国有利的电影凝聚战争意识。② 于是，1937 年日本发动全面侵华战争后，内务大臣也对电影公司进行战时"艺术动员"，以"战时体制""国民精神总动员""电影是武器"为口号。并在 1939 年颁布了《映画法》，明确规定"拍摄影片之前，必须将剧本送内务省或陆军报导部审查，经通过才能拍摄"，要求电影为战争宣传服务，体现军国主义导向。先后拍摄了几部美化日本军国主义在中国及太平洋地区战绩的军事题材电影。

---

① "特摄"日文名为"特撮"Tokusatsu，是指穿着特制服装，借助模型场景还原，以特殊镜头视角进行拍摄的带特效表演的影视作品，即使用特殊效果的电影特技手法(SFX)。

② ［美］杰弗里·赫夫：《德意志公敌：第二次世界大战时期的纳粹宣传与大屠杀》，黄柳建译，译林出版社 2019 年版，第 31~34 页。

　　1941 年，日本海军奇袭美国海军太平洋舰队所在的珍珠港和瓦胡岛机场，太平洋战争爆发。这次海战胜利，为日本第一部特摄电影《夏威夷大海战》提供了题材和灵感。① 因涉及动员士气，东京宝冢剧场株式会社在日本军部的支持下，调动整个日本电影界的资源和技术，试图作出最好的特技效果。由于当时电影映制不具备现在的绿幕技术和电脑特效，所有的场景、道具和舰船，都是通过模型制作，进行近景拍摄。即便如此，其中最大的海战场景，也足足有十亩地大，足见工作量之浩大。据说，这部电影拍摄过度逼真写实，以致"二战"结束美军占领日本后，驻日美军司令部严令日本政府交出"珍珠港海战"的纪录片。事后经严格审查方知，原来误会的"纪录片"竟然是一部电影，② 但也从侧面反映出该电影拍摄效果之真实。

　　为了保护盟军官兵生命，敦促日本投降，尽快结束战争，部分出于抑制苏联远东势力扩张的考虑，美国先后在广岛、长崎投下原子弹，直接促成了"二战"的终结。③ 日本作为历史上唯一在本土遭受原子弹轰击的国家，国民心理对核战争与能源污染充满了深度恐惧和高度敏感。为了缓解这种恐惧，产生了一种借助文艺形式表达抗争批判的社会需求。但战后在美军占领当局的严格管束下，日本的影视、文化产业被禁止创作现代战争主题和批判的作品。

　　事实上，战后的 20 世纪 50 年代，驻日美军还在"太平洋靶场"马绍尔群岛的比基尼环礁，先后秘密进行过不下 60 次核弹和氢弹试验。1954 年 3 月，日本渔船"第五福龙丸"在比基尼海域捕捞时，遭遇美国氢弹试验放射性物质伤害，23 名船员均受严重核辐射并导致一名船员死亡。事件由《读卖新闻》报道后，在日本国内引起轩然大波，被称为广岛和长崎后的"第三次核爆灾害"，从而引发战后日本最大规模的反核抗议运动。④ 由于担心反核运动转变为反美运动，美国方面紧急与日本政府进行核辐射被害者的补偿交涉，除提出总计 200 万美元的补偿

---

　　① ［美］保罗·达尔：《日本帝国海军战史 1941—1945》，谢思远译，吉林文史出版社 2019 年版，第 41~44 页。

　　② ［日］讲谈社：《特摄全史：日本 1980—90 年代特摄片英雄大全》，讲谈社 2020 年版，前言。

　　③ ［美］雷蒙德·戴维斯、丹·温：《进攻日本——日军暴行及美军投掷原子弹的真相》，臧英年译，广西师范大学出版社 2014 年版，第 89~95 页。

　　④ 郭培清：《福龙丸事件与美国对日政策的调整》，载《东北师大学报（哲学社会科学版）》2001 年第 3 期。

金额外，并承诺在反战反核的社会组织与文艺创作方面放宽管制。1955 年，日本广岛召开了首届"反原子弹、氢弹世界大会"，随后不久成立了"日本反对原子弹和氢弹委员会""全国和平及反核武器委员会"。①

"第五福龙丸"事件也成为日本文艺界开展反核批判与政策检讨的重要契机。1954 年 11 月，第一部影射核试验的特摄怪兽电影《哥斯拉》横空出世，泰坦怪兽哥斯拉因氢弹试爆出现在小岛上，攻击百姓，造成社会恐慌。影片最后消灭哥斯拉的时候，导演借助主人公的自言自语表达现实批判："我不认为这是最后一只哥斯拉，若继续试爆氢弹，它的同类，还会在世界各地继续出现。"②《哥斯拉》无疑反映了战后日本复杂的族群式话语，既有对孤岛、核爆、殖民的显性恐惧意识，也有对旧帝国往昔辉煌的怀念以及对战败的不甘这种隐性族群话语。③ 而这部《哥斯拉》所造成的持久重大影响，使得本片的特技导演——"特摄片之父"圆谷英二——看到了一条将影视产业推广与政治批判和社会改造相结合的特殊路径，并在数年后执导推出了更具全球轰动效应并热销至今的《奥特曼》系列。

《奥特曼》故事起源设定在远离地球的猎户座 M78 星云的奥特之星上。同样也是灾难降临，M78 星云的太阳爆炸，等离子火花塔被敌人恶意修改产生异变，意外造就了奥特曼和邪恶怪兽，为了保护和平，其中一个奥特曼战士因追击怪兽百慕拉来到地球，与主角早田进相遇。与外表凶陋的怪兽哥斯拉不同，奥特曼形象设计据说融合了佛像和日本传统能面的特点，身体外观是充满科技因素的火箭银色，而嘴部取自古希腊雕塑艺术里的古典式微笑，让奥特曼的面部能在不同角度和光线下呈现出丰富的表情，体现了强者面对困境挑战时的坚定乐观。④ 加上与人体结合的战斗变身设计，这显然更容易让人类——也就是观众和消费者——

---

① ［美］约翰·赫西：《广岛》，董幼学译，广西师范大学出版社 2014 年版，第 210 页。

② 这的确不是"最后一只"哥斯拉。据统计，截至 2016 年，哥斯拉日系电影就先后拍摄了 29 部，这还没算国外围绕此系列产生的衍生电影。当然，一如后面要说的奥特曼系列，在不同的时空语境下，哥斯拉系列电影针对不同主题，折射了日本人群体性社会意识的区别演变。参见刘健：《哥斯拉电影中的日本战后社会转型》，载《北华大学学报（社会科学版）》2017 年第 6 期。

③ 尚学艳：《〈哥斯拉〉中的日本族群式话语》，载《电影文学》2017 年第 15 期。

④ ［日］圆谷制作株式会社：《奥特英雄完全档案》，安徽少年儿童出版社 2016 年版，第 16 页。

产生更多的心理移情，从而将社会潜意识层面的期待、批判和欲望通过故事叙事予以隐微表达。

譬如，《我的故乡是地球》这集影射了冷战时期的美苏太空竞赛所造成的生态灾难，当然，也有种说法认为暗喻的是阿尔及利亚人民反抗法国殖民者的斗争。《农马尔特的使者》则通过来自被赶到海洋居住的"地球原住民"控诉，直指日本国内的"驻日美军问题"和对冲绳岛的军事占领。《来自行星的爱》中史贝尔星人之所以收集地球人血液净化自身，恰恰是因为他们自己的血液被核爆实验污染了，这无疑是在指控核弹危害。《悲伤的沼泽》中口里喷射黄色芥子毒气的地底变异怪兽，则是来自"二战"日本军部惨无人道细菌实验的结果。当《复活！奥特之父》里戴着日本饿鬼面具的宇宙人，面对装扮成圣诞老人形象的奥特之父声嘶力竭高喊："这些人竟然相信基督教，相信外来的宗教，忘记了自己的祖宗，过起什么圣诞节来了，快把圣诞老人赶出日本"时，自然呈现出一个"脱亚入欧"的现代日本，面对西方强势文明欲拒还迎的复杂情绪。到了 20 世纪 90 年代以后，随着日本经济崛起和国际地位的提升，《奥特曼》系列剧中的悲情意识也逐渐转变成对全球生态与政治秩序的责任担当。《太阳能作战》中讨论了随着全球气候变暖，人类将面临最大的环境危机并可能造成基因异化。《植物都市》里奥特曼甚至不再是无所不能的地球守护神，战斗时不足的能量指示灯会不断提醒："因为地球大气污染，葛雷只能在地球上呆三分钟。"当神明也遇到无法克服的困境时，最终战胜邪恶，保护人类的只能是"我们自己"——剧中觉醒的日本人——的智慧、勇气与担当。于是来到《迪迦奥特曼》的世界，日本政治精英已经开始引导世界各国政府签署和平协议，建立地球和平联合组织 TPC（Terrestrial Peaceable Consortium），以实现人与自然的和谐发展和人类社会的永久和平。而TPC 的最高总监，正是曾任联合国秘书长的日本政治家泽井。

记述这些，不是想"揭开奥特曼的面纱"，批判日本人的心机暗藏或野心勃勃，然后号召大家抵制奥特曼。而是希望通过剖析奥特曼这一全球文化现象，去探讨故事哪怕是虚假的故事叙事，是如何服务于构筑自我与他者、人类与环境、历史与未来之间的复杂关联，从而塑造想象共同体，并最终将想象照进现实的社会实践机制。要想彻底理解这一社会文化机理，还需要我们把目光从东瀛拉回本土，讲完了奥特曼的故事后，再来讲一个关于中国"铁人"的真实故事。

二、中国铁人

当日本人把解决历史和环境问题的希望，托付给如神明一般身材巨大、威力无穷的奥特曼时，中国人却用身体力行将自己锻炼成了一位"铁人"。

石油作为"工业的血液"是现代国家能源安全战略中最重要的因素。自1859年美国人狄拉克在宾夕法尼亚州钻出第一口油井后，是否拥有充沛的石油资源就成为判断一个国家在国际能源格局中话语权比重的实质考量。例如，日本历史学界就承认，当年发动太平洋战争的一个直接动因，是为了解决美国石油禁运造成的能源保障危机。太平洋战争其实是"石油战争"，石油也成为战争中日本最致命的软肋。[1] 为了遏制日本在亚太地区的军事扩张，1940年1月美国废除《日美通商航海条约》，然后又通过经济制裁的方式冻结了日本资产，并逐步加强对日本出口石油限制。最后在鹰派人物迪安·艾奇逊的推动下，1941年8月1日美国正式宣告对日全面禁运石油，完全断绝了日本从美国进口石油的一切渠道，完成了美国对日经济制裁的最致命的一环。[2] 断绝了石油供给意味着战争机器的停摆和不战而降，在投降与赌博之间，日本选择了后者，悍然发动了太平洋战争。1941—1942年日本海军横扫新加坡、马来西亚、印度尼西亚、菲律宾、斯里兰卡等国及东太平洋的许多岛屿，铺天盖地的太阳旗成为浩瀚汪洋上的死神使者，日本战士则被对手视同怪物，留下"不可战胜"的神话。[3] 1942年2月，日本攻下荷属东印度群岛，占有了那里的大油田和炼油厂。印度尼西亚取之不尽的石油资源为日本建构了一座"太平洋长城"，从而获得了与美英海军长期对抗的基础。然而生产出来的石油需要运回本土，日本运油的油轮却遭到美国潜艇部队的截击，多数有去无回，本土储备日趋枯竭。加上中途岛失利导致战略主动权拱手让人，到1945年美军占领冲绳时，已完全切断日本与南洋的海上运输线，[4] 胜负

---

[1]　[日]中原茂敏：《大东亚补给战》，纪华、田邦、蒲瑞元译校，解放军出版社1984年版，第35～37页。

[2]　李京原：《冻结资产与石油禁运——太平洋战争前美国对日本的经济制裁》，载《南都学坛》2003年第3期。

[3]　[美]伊恩·托尔：《燃烧的大洋(1941—1942)：从突袭珍珠港到中途岛战役》，徐彬等译，中信出版社2020年版，第55～57页。

[4]　解晓燕：《石油与二战中的日本》，载《石油大学学报(社会科学版)》2000年第4期；刘少文等：《太平洋战争中的石油战》，载《国防科技》2006年第1期。

之数已不言而喻。

其实，日本能源安全的战略布局还可追溯更早。1904 年取得日俄战争胜利后，日本就强夺了从长春至旅顺的铁路及其附属地控制权，并在 1906 年成立满洲铁道株式会社(简称"满铁")，筹办了一个"地质调查所"，目的在于掌握东北蕴藏的各种矿产资源，为伺机侵华作准备。① 侵华战争期间，日本人在中国积极寻找矿产石油，以解决本土的能源危机。"九一八事变"后，日本占领了东三省，马上在"满铁"内部设立了一个名为"满铁查询部"的组织，后来又成立"满洲石油公司"，开始大规模在东北勘探石油。然而，除了在抚顺获得了较为丰富的页岩油资源外，一直到 1941 年整整十年，日本都没找到石油。先后设立的"满洲油化工业公司"与"满洲合成燃料公司"也因资材缺乏而告停厂。② 日本人因此认为，中国是一个贫油国家。为此日本东北帝国大学高桥纯一提出了"海底腐泥起源说"，主张石油是与海泥相堆积的藻类和浮游生物遗骸聚合形成的有机物，受地热作用分解而成，埋藏在具有海相沉积的地质区域或三叠纪背斜构造地层，中国东北地区不具备石油矿藏的生成条件。③ 这间接推动了日本军部将战争视线转向东南亚，转向太平洋地区。

有意思的是，日本人这个观点很大程度是受美国观念的影响。早在 1915 年，美国美孚石油公司的克拉普(F. C. Clapp，中国名字叫马栋臣) 和菲尔勒(M. L. Fuller，中国名字叫王国栋)，就率钻井队在他们认为最有出油希望的陕北肤施地区④勘探石油，结果一无所获。1922 年，美国斯坦福大学教授布莱克威尔德来中国调查地质，回去后在《美国矿冶工程师学会学报》上发表论文《中国和西伯利亚的石油资源》，提出"中国贫油论"，断言："中国东南部找到石油的可能性不大；

---

① 苏崇民：《满铁史》，中华书局 1990 年版，第 72~77 页。

② 王晓峰：《满铁石油技术的"应用"与日军对抚顺石油资源的掠夺》，载《东北亚研究》2012 年第 2 期；姜念东等编：《伪满洲国史》，大连出版社 1991 年版，第 308~312 页。

③ 翟光明主编：《中国石油地质志(卷二)·大庆、吉林油田》，石油工业出版社 1992 年版，第 33~34 页；杨继良：《大庆油田的发现过程》，载大庆市政协文史资料研究委员会编：《大庆油田的发现》，黑龙江出版社 1987 年版，第 60~71 页。

④ 肤施，陕北旧县名，以今天的延安市主城区为辖境。清代之前设延安府，肤施为其首县。民国废府置县，1936 年"西安事变"后，旧肤施县城解放。1937 年 1 月 13 日中共中央进驻肤施县，当月以城区设立延安市，肤施县并入延安县，直属陕甘宁边区政府领导，自此肤施地名逐渐退出了历史舞台。今天延安市区中心还存在肤施县城遗址。

西南部找到石油的可能性更是遥远；西北部不会成为一个重要的油田；东北地区不会有大量的石油。"①1938年美国美孚石油公司经理富勒再次来到中国，领队四处钻探打井，亦是无功而返。包括后来民国政府请美国石油专家考察组到戈壁滩钻眼考察，依然铩羽而归。为此，美国石油界提出了所谓"唯海相地层生油"的理论，认为只有具备大量有机物和良好沉积层的海相沉积盆地里才有丰富的石油，中国大地多为陆相沉积盆地，从岩石的种类和生成年代来看，不存在具有商业价值的石油矿藏的可能性，② 并影响了日本的判断。但也因此，中国贫油成为定论，"贫油国"帽子一戴几十年，本土原油供给一直牢握在西方石油输出国家手中。以至于整个民国时期，我们都习惯把煤油煤火称为"洋油""洋火"。

1949年中华人民共和国成立前后，为了避免将中国共产党完全推向苏联。英国"软拉"结合美国"硬压"，在确保西方安全的前提下，对中国实施了"有条件的贸易管制"。通过区分禁运清单(1A)和限运清单(1B)，禁止对华出口所有直接用于军事用途的产品，剩余物资则根据正常的商业考虑，在数量限制的前提下允许对华出口。③ 石油的特殊性就在于，它既是现代战争机器的血液，又是民用经济的养分，这使得英美在对华石油出口事务上必须谨慎操作。既要避免对华出口石油超出民用需求量，被中国共产党用于增强军力；又要控制出口管制力度，使之不致过分伤害中国的民用经济。然后才能利用其成为"敲打"中国共产党的政策工具，确保中国在石油进口上对西方的依赖。但随着1950年朝鲜战争爆发，出于对远东共产主义力量的敌视，美国在中国军方尚未正式介入朝鲜战局的情况下，便联合英国及盟军日本司令部全面禁止了对华石油出口，④ 将中国的能源安全与石油自主战略，直接摆放到了党和国家领导人的决策视野中。

1952年毛泽东主席下令，中国人民解放军第十九军第五十七师转型为中国人民解放军石油工程第一师，随后任命李四光为地质部部长，"独臂将军"余秋

---

① 陈群、张祥光等：《李四光传》，人民出版社2009年版，第297~305页。

② 王仰之、徐寒冰：《"中国贫油论"的炮制者》，载《中国科技史料》1981年第2期；顾育豹：《摘掉"贫油国"帽子的地质部部长李四光》，载《湖北档案》2010年第1期。

③ 张曙光：《美国关于经济制裁的战略思考与对华禁运决策(1949—1953)》，载《国际政治研究》2008年第3期；石俊杰：《论新中国成立初年美英对华贸易管制的政策分歧与协调》，载《重庆大学学报(社会科学版)》2010年第2期。

④ 马丁：《1949—1950年美国对华石油出口政策解析》，载《中国石油大学学报(社会科学版)》2015年第3期。

里担任石油工业部部长。先是在 1955 年发现了新疆克拉玛依油田，然后经过进一步科学研究和实地考察，决策者们最终选定在原始狩猎村落萨尔图及其附近地区开展石油大会战。① 从此，萨尔图获得了一个举世瞩目的新名字——大庆，并在这块土地上涌现出一大批可歌可泣的英雄人物，其中最著名的一位就是获举世瞩目的"铁人"王进喜。

1950 年王进喜通过考试，成为了新中国第一代钻井工人。他工作勤勉，吃苦耐劳，又善于钻研业务，钻井速度快且优质，曾创造了月进尺 5009.3 米的全国最高钻井纪录，得誉为"钻井闯将"。1956 年王进喜顺利入党并当上了所在钻井队的队长，而他所带领的钻井队又陆续创造了多项纪录，数次赢得好评和各级荣誉奖项，获评为"钢铁钻井队"。他也因此作为甘肃省的劳模代表，获邀参加国庆十周年庆典。然而当他来到首都，看到北京街上的公交汽车因缺油要顶着"煤气包"行驶时，② 才知道国家的石油困境并没有真正得到解决，这令石油劳模王进喜感到耻辱又伤心："北京汽车上的煤气包，把我压醒了，真真切切地感到国家的压力、民族的压力，呼地一下子都落到了自己肩上。"③

大庆会战给王进喜提供了一个"雪耻"的机会。1960 年 3 月 15 日，王进喜带领自己的 1205 队(贝乌五队)从玉门出发，赴大庆参加石油大会战。当时这里是一片新天新地，没有任何现成的设备工具。钻机到了，在汽车少、吊车不够用的情况下，王进喜不等不靠，带领队友们用撬杠撬、滚杠滚、拖绳拖的办法，人拉肩扛硬是把 60 多吨重的全套钻井设备卸下来，从火车上运到萨—55 井场，又用4 天时间，把 40 米高的井架架立在苍莽荒原上。打井打到 70 米时，突然发生了井漏事故，王进喜立刻带领全队职工紧急行动，到水泡边上破冰取水，用脸盆端、水桶挑，硬是靠人力端水 50 多吨，最终战胜漏层，恢复正常开钻。萨—55

---

① 吉民：《余秋里：石油战线上的开拓者》，载《老友》2004 年第 10 期。

② 中华人民共和国成立初期，国家汽油、柴油供应紧缺，首都多数公共汽车都安装有煤气发生炉，用木柴或煤炭燃烧的煤气以煤代油。煤块从炉口加进去，炉下装有鼓风机，点炉时手摇鼓风机，待燃起红煤后，盖紧炉盖，使其于缺氧状态下产生煤气供发动机使用。车发动后，由发动机废气鼓风，令煤炉不断产生煤气。又由于当年没有气体压缩技术及设备，只能在常压下将煤气储存于车顶大气袋中，京城百姓戏称之为"大气包"。充满时煤气包是鼓胀的，随着使用消耗，煤气包逐渐瘪扁并在车顶晃悠，既不安全也容易抛锚。参见长鸣：《三十年前北京街头的煤气包公共汽车》，载《交通世界》1994 年第 1 期。

③ 转引自闵文：《"铁人村"创业记》，载《中国新闻周刊》2015 年第 44 期。

井于 4 月 19 日胜利完钻，进尺 1200 米，首创当时"3 天上千，5 天完钻"的最高纪录，① 这也是大庆油田打出的第一口油井并一直产油至今。

这样不可思议的故事还有很多。最广为人知的是，1960 年 4 月 29 日，1205 钻井队准备往第二口井搬家时，王进喜右腿被砸伤，他在井场坚持工作。由于新的井位正处于高压区，容易发生井喷引起爆炸，十分危险。而当钻机打到 700 米的高压层时，果然发生了井喷。工地缺少用来压井喷的重晶粉，王进喜立即决定用水泥代替重晶粉倒入泥浆阻止井喷，然而没有搅拌机的大量水泥倒入只会加重泥浆堵塞程度。危急关头，王进喜不顾腿伤，带头毅然跳进泥浆池，② 用身体当搅拌机奋力搅拌泥浆，把池底的水泥搅上来，最终制服了井喷。这种令人动容的顽强意志和牺牲奉献精神为王进喜获得了"油田铁人"称誉。当年大庆会战指挥部的《战报》第 2 期上，就发表了《学习"铁人"王进喜，人人做"铁人"》的通讯文章；石油部长余秋里更是亲自拿着话筒，领着会战大军高呼："向铁人学习""人人争做铁人"！毛泽东、周恩来等党和国家领导人多次亲切接见他，并发出"工业学大庆"的号召。1970 年 4 月 5 日，全国石油工作会议在玉门召开，王进喜作为特邀代表参加大会。10 月 1 日，王进喜被确诊胃癌后抱病参加国庆观礼，以中共中央委员身份检阅游行队伍。11 月 15 日，王进喜因医治无效不幸病逝，享年 47 岁。18 日，在北京八宝山革命烈士公墓举行了王进喜同志的遗体告别仪式。党和国家领导人李先念等以及中组部、石油工业部、黑龙江省的领导，大庆油田、玉门油田的干部、群众纷纷前来向铁人告别。1972 年 1 月 27 日，《人民日报》在显著位置刊发长篇通讯《中国工人阶级的先锋战士——铁人王进喜》，高度评价了王进喜伟大的一生。③

---

① 辛闻、郭程、史金龙：《一只钻头见证石油会战传奇》，载《光明日报》2021 年 3 月 16 日，第 5 版。

② 新闻的聚焦效应决定了重点报道的主人公只可能是王进喜，这无可厚非。事实上那个年代大量无名的行业英雄们，可能压根儿不会在意能否获得新闻报道，用现在的话来说就是吸引流量的机会，以至于令我们注释中的这点感慨显得分外矫情。但我们还是想利用这点故事讲述者的特权，把在场另外几个追随王进喜，同时跳进泥浆池堵井喷的工人名字记录下来，立此存照。他们是 1205 钻井队的戴祝文、丁国堂、许万明、杨天元、张志训。

③ 铁人王进喜是唯一入选"百年中国十大人物"、唯一被塑成蜡像进入国家博物馆、上"国家名片"次数最多、第一个在国家最高政坛作报告、第一个在《人民日报》发表长篇报道、最早被国外报纸报道的中国工人代表。关于王进喜事迹的新闻报道很多，考虑到权威性，我这里的摘编主要是参考铁人王进喜纪念馆编著：《铁人王进喜》，文物出版社 2010 年版；范迎春：《铁人王进喜：用生命践行誓言》，载《人民日报》2016 年 6 月 23 日，第 10 版。

这是一个普通个体与共和国共同成长的故事——注意王进喜加入石油工人队伍的时间——在这里，旧时代"被侮辱与被损害"的卑微个体①接受了新政权的教育，成长为社会主义新人，然后用自己的信念伦理与责任实践，投身到国家的能源安全战略中，不惜奉献自己生命。除了表达对王进喜个人的尊崇和敬佩，我们接下来打算对比一下"奥特曼"和"铁人"故事背后不同的叙事法理学，分析基于不同叙事策略所可能产生的不同社会效果。然后在此基础上，努力尝试构造一种新的叙事法理学，以期对推进我国当下和未来的环境保护与新能源战略，作出些许智识上的贡献。

三、叙事法理学的两种模式

在漫长的自然演化进程中，人类身体不存在生存竞争上的显著优势：没有厚密的羽翼或皮毛御寒，没有强硬尖锐的爪牙捕捉猎物、不具备强大的消化及免疫系统、没有迅疾奔跑能力或飞行速度躲避天敌的追赶……以至于严肃的历史学家和生物学家会产生疑问：作为人类生物远祖的智人（Homo sapiens）究竟是如何在"物竞天择、适者生存"的严苛环境中，走上进化链顶端，成为"万物之灵长"的？

针对这个问题，历史社会学强调的是"认知革命"："智人之所以能征服世界，是因为有独特的语言。……得到普遍认可的理论认为，某次偶然的基因突变，改变了智人的内部大脑连接方式，让他们以前所未有的方式来思考，用完全新式的语言来沟通。"②而进化心理学则提出了"马基雅维利智能假说"，反推指出过度娴熟的生存技能恰恰是发展创造性智能的障碍。如果物种可以通过低智能水准意义上的简单重复和模仿照搬获得生存技能，那么物种个体就无须进化出更高层次的创造性智能。这意味着，物种的身体质素和生存技能越高，那么该物种的智识能力反而越是落后。而创造性智能最重要的功能正是社会团结，即将分散式

---

① 王进喜 6 岁就用一根棍子领着双目失明的父亲沿街乞讨，挨过饿、被强迫出过劳役、放过牛、家里的土地被区长以借用为名长期霸占，为了躲兵役，也淘过金、挖过油、当过童工、挨过工头的打骂。无论从哪个角度看，他都是旧时代底层社会中弱势群体中的一员。参见褚兢：《王进喜》，百花洲文艺出版社 2012 年版，第 3~15 页。

② ［以色列］赫拉利：《人类简史：从动物到上帝》，林俊宏译，中信出版集团 2017 年版，第 18~21 页。

个体(individuals)整合成共同体(community)的功能。① 具体而言，创造性智能的本质，是一种引导其他物种个体误会、曲解行动个体的"策略性欺骗"。该理论要义在于："一方面，智人置自己的个体利益于首位，总为自己的利益考虑，因而会产生欺骗行为；另一方面，当一部分人基于某些智力行为而获益的时候，这样的智力行为会逐渐扩散，变成一种社会性策略。马基雅维利主义由于缺乏道德感而曾大受抨击，但在这里却和'社会性进化'颇为契合。这种假说加强了人际交流的复杂性，这种复杂性锻炼和提高了智人的智力。"②要想实施有效的社会欺骗，就必须依赖发达的语言能力和信实可靠的身份建构能力。而讲故事——包括神话传说、寓言创作、历史书写、大众宣传、规则制定等广义的语言叙事——也就成为人类在演化过程中将优势欺骗策略固化为文化模式，塑造自我认知、区分敌友、促进合作，并最终战胜其他物种，赢获自然选择的技艺理性。理解了这一点，我们或许能更深刻地体会马克思对资本主义意识形态欺骗性和虚假性的揭露；明白为什么一代代美国宪法学家在撰写教科书时，一定要浓妆重彩地重述"马伯里诉麦迪逊"的司法神话；才能更好领会《春秋》《智囊》《三国演义》这些伟大经典(Great Books)字里行间所折射的中国人生存竞争智慧；方可真正弄懂《三体》中"面壁计划"和云天明"童话故事"③背后的隐微寓意。

---

① Byrne. R，Whiten. A，"The Machiavellian IntelligenceHypotheses"，in Byrne. R. and Whiten. A，eds.，*Machiavellian Intelligence*，New York，Oxford University Press，1988，pp. 25-28.

② 刘文江、刘晓燕：《"讲故事"助力人类智力进化》，载《中国社会科学报》2017 年 10 月 17 日，第 5 版。

③ 刘慈欣的天才想象力不仅仅体现在他作为科幻作家"单枪匹马把中国科幻提升到世界水平"，其为数不少的创作细节，还展现出他对社会科学前沿的把握能力。我甚至不无怀疑，他最负盛名的作品《三体》简直是依据上述认知革命和进化心理学理论量身创作的。简要概述一下，即将入侵的三体星人科技水平远远凌驾在地球文明之上，但最大弱点在于不懂"战略欺骗"。三体人那里，思维和语言，想和说，是一回事。可以通过更具效率的脑神经互联和脑电波传输直接交流，不需要交流器官。但这使得他们无法隐藏思维，不会运用诈术，以至于中外小朋友都能理解的"狼外婆"这样浅显的童话故事，三体人都难以理解。这留给了人类唯一的取胜契机，即通过"面壁计划"实施战略欺骗，误导并最终战胜三体。而在小说第一部，正是中国人罗辑借助"面壁计划"所部署的"雪地工程"初步战胜了三体，为地球赢得了生存条件；到了威慑纪元，三体人能够扳回一局重新取得对地球文明的支配，也是因为学会了狡计和欺瞒。谎称人类文化改变了三体世界看待自然、生命和人性之美的视域，用海量伪饰的文艺作品弱化并最终消弭了人类的警惕意识和反抗意志，迫使程心——新选出的执剑人——在紧急时刻不敢决断，几乎葬送了人类文明的未来。至于最后，人类逃避黑暗森林打击保存文明火种的办法，依然是靠大脑被放逐外太空而获救的云天明所讲述的"王国的新画师""饕餮海"和"深水王子"三个童话故事获得启发。参见刘慈欣：《地球往事(三部曲)》，重庆出版集团 2013 年版。

作为一本法学论著，我们不需要引介过度复杂的文艺理论来装点或炫技，①考虑到法律是卢曼意义上一个利用二元符码（法/不法）和条件性纲要（法律文本）来简化世界复杂性与偶然性的自创生系统，"法律规范的有效性基础，根源于对社会领域复杂性和偶然性之预期，其功能在于对此进行简化"。② 出于对复杂抽象社会进行俭省治理的目的，法律领域的主流分析范式大多呈现二元符码化结构，例如公法/私法、实证法/自然法、政治国家/市民社会、抽象行政行为/具体行政行为、物权行为/债权行为。尽管行内人都知道，真实的法律世界，一定不会像耶林所嘲讽的"概念天国"③那样井然有序、条理分明，甚至这些概念符码本身都在自我反对、暗自较劲。但你不可否认，法律自治的职业图景和专业分工——不然 How to thinking like a lawyer？——很大程度就是筑基于这些符号、语汇和修辞之上，这未尝不是另一种意义上"劝人相信"的故事叙事。职是之故，我们这里可以尝试将叙事法理学简要界分为"对事/对人"两个向度，围绕前者产生了及物主义叙事法理学，围绕后者产生了关系主义叙事法理学，后文将在此两组范畴之间展开初步的理论分析。

叙事法理学首先需要对"事物的本性"，即本体、性质和构成进行尽可能准

① 但必须承认，后面的元叙事分析多少受到查特曼的影响，他将文学和电影中纷繁复杂的叙事技巧归纳为两个基本类型，即"故事/事件"与"故事/实存"，这种化繁为简的论证策略减少了我们进入叙事分析的信息费用，且对我们架构自己的分析范式大有启发。参见[美]西摩·查特曼：《故事与话语：小说和电影的叙事结构》，徐强译，中国人民大学出版社2013年版，第二章、第三章。

② [德]卢曼：《社会的法律》，郑伊倩译，人民出版社2009年版，第六章。这个译本非常不理想，译者是外国语专业，缺乏法学、社会学领域的知识背景，很多表述与学界约定俗成的概念术语不符，原书中的关键术语"法与不法的二元编码"，译本翻译为"正当与不正当的二元规则化"。此处引文，系作者根据英译本（用的是 legal/illegal；合法/不合法）并结合德语法哲学的表述习惯自行翻译。

③ 强调一下，耶林在他著作《法学的概念天国》反对的不是概念分析，至少文本中找不到反对概念分析的文字。认真细读此书就知道，与其说耶林反对概念分析，不如说是反对借用罗马人或罗马法的概念，来阐述德国本土的民法表达与实践，因为这背离了他毕生坚持的"法律是民族精神体现"之信念。耶林的教诲在于，对法律的分析和概念运用应当切合法律所在的社会语境，关注其本土性（Locality），反对概念套用。这也意味着，法律概念是一个借助语义表达来简化、还原社会实践的思考工具，自身并不承载价值褒贬。脱离具体语境的概念堆砌理应否定，但不能为倒洗澡水连同孩子一块倒掉了。一概拒斥概念术语等于否定了法律的专业化导向，这才是更大的错误。参见[德]耶林：《法学的概念天国》，柯伟才、于庆生译，中国法制出版社2009年版。

确地描述与概括，因为"从广泛的意义来说，法是源于事物本性的必然关系"。①譬如，当我们要研究可燃冰或页岩气及其相关法律规制时，我们首先要搞清楚"可燃冰""页岩气"究竟是什么，有何用途、如何开发、是否存在生态风险；当我们要开采地下热水时，要明确这到底是水资源还是矿产资源，这关涉到是适用《矿产资源法》还是由《水法》调整的问题；如果我们要准确适用《中华人民共和国长江保护法》，至少要弄明白"长江"源头在哪，包括哪些干流支流，途径流域范围大致有哪些，② 这涉及法律的空间效力。当然，叙事法理学对事物本性的追问，绝不是穷根究底的考据癖。"对于事物的本性，不能误解为它是自然法性质的思考形成，事物的本性与自然法是对立的"，准确地说，"'事物的本性'——内在于生活关系中的秩序"。③ 叙事法理学对事物本性的追问，指向的是具体社会实践，是在"及物性理论"涵摄下，对事物或环境所建立的规范支配及权力关系改造，我们可以把它界定为"叙事法理学的及物模式"。

　　"及物性理论"最早由韩礼德(Halliday)在分析英国作家威廉·戈尔丁的名著《继承者》中提出，并因此开创了语言学的系统功能学派。韩礼德认为，叙事语言作为人类活动的产物是一个元功能系统，具体包括概念功能(ideational function)、人际功能(interpersonal function)和语境功能(textual function)。④ 其中，概念功能意指通过语言来描述经验现象和周遭发生的事件，凝聚现实世界的观念图景，并以此建立外部环境与心灵世界之间的内在关联。这种语言概念功能的主要表现形式，就是一种及物性系统(transitivity system)。在后来出版的《功能语法导论》中，韩礼德进一步将人类的经验实践归纳为六种不同的过程：物质、心理、关系、行为、言语和存在过程，及物性系统将行动主体对外部环境和心灵世界的

---

① ［法］孟德斯鸠：《论法的精神》(上卷)，许明龙译，商务印书馆2012年版，第7页。

② 这还真不是"想太多"，参见李皓、王十梅：《当曲，被遮蔽的长江正源》，载《西海都市报》2017年5月31日，A15版；《长江保护法》业已制定，2021年3月1日施行，《黄河保护法》也正在紧锣密鼓地制定过程中，然而涉及黄河流域范围之争议比长江只多不少，最新的文献参见，刘东旭、张萍等：《黄河及其主要支流的河源界定》，载《人民黄河》2018年第12期。

③ 铃木敬夫、陈根发：《论拉德布鲁赫的"事物的本性"》，载《太平洋学报》2007年第1期。

④ 张帅：《从及物性特征分析〈继承者〉人物的认知能力》，载《四川文理学院学报》2014年第3期。

体验通过这六种过程类型表达出来，① 实现了由语义学向语用学的哥白尼转向。对及物性系统的选择与运用，能够有效揭示主体与他物之间的权力关系和矛盾冲突，② 于我们理解上述围绕环境资源法和国家能源安全战略而产生的不同故事模式，具有重要启发作用。

叙事法理学在"对人"的向度上，关注的是主体型塑（subject）和身份认同（identity），即"我（们）是谁"的问题。政治哲学关于主体身份认同的问题，主要存在两种方案：第一种方案是"哲学"的进路，就是从古希腊苏格拉底审判延续下来的关注灵魂与美德，自我省思的内在进路。公元前 399 年，雅典人以"苏格拉底行了不义，因为他败坏青年，不信城邦信的神，而是信新的精灵之事"将哲学家告上法庭要处死他。审判现场苏格拉底提出，他只是在践行德尔菲神庙上的箴言"认识你自己"，并以"无知之知"（我只知道自己一无所知，但德尔菲神庙的神谕却认为我是最具智慧的）为思想锋刃，借"苏格拉底的申辩"批判不义的城邦，指出"一个未经省察的生活是不值得人过的生活"，要求雅典人关注自己的灵魂和德性，"我去死，你们去生。我们所去做的哪个事更好，谁也不知道——除了神"。③ 这种对"绝对自我"内省追问的哲学进路，从智者学派到苏格拉底到犬儒学派，从战国杨朱学派的贵己颓废到魏晋名士的荒诞狂狷，直至阳明后学如颜钧、李贽的恣张放纵，连绵无尽，延宕至今。然后，正如甘阳借施特劳斯魔眼（magic eye）所察，哲学具有癫狂性（madness）："哲学就其本性而言是与政治社会不相容的：哲学为了维护自己的绝对自由，必然要嘲笑一切道德习俗，必然要怀疑和亵渎一切宗教和神圣。哲学作为一种纯粹的知识追求对于任何政治社会都必然是危险的、颠覆性的。"④哲人依靠理性和真理走出洞穴，但大众却必须生活在宗教、神话、习俗或意见当中。哲人的智性生活方式由此威胁到大众的庸常生

① ［英］韩礼德：《功能语法导论》（第 2 版），彭宣维等译，外语教学与研究出版社 2010 年版，第 394~405 页。

② 宋海波：《及物性系统与权力关系——对凯瑟·琳·曼斯菲尔德〈苍蝇〉的文体分析》，载《国外文学》2005 年第 4 期。

③ ［古希腊］柏拉图：《苏格拉底的申辩》（修订版），吴飞译/疏，华夏出版社 2017 年版，第 134~145 页。

④ 甘阳：《政治哲人施特劳斯：古典保守主义政治哲学的复兴》，载［美］施特劳斯：《自然权利与历史》，彭刚译，生活·读书·新知三联书店 2003 年版，第 61 页。

活方式，这反过来造成大众对哲人的"迫害"。哲学与城邦政治之间的紧张关系，成为苏格拉底必死的根源。如何解决这个矛盾，柏拉图的办法是让哲学家当国王（Philosopher-King）；施特劳斯的方案是用写作艺术来区分显白教诲和隐微教诲，把真理遮蔽起来，只讲给能懂的人听；① 而卡尔·施米特则抛出了一个"政治的概念"——区分敌友。

区分敌友是政治哲学处理主体身份认同的政治性（the Political）方案。这里我们要区分一组概念"政治"（Politics）和"政治性"（the Political）。Politics 涉及的是日常政治的经验层面，可以大致理解为包括公民参与、民主选举、政党轮替在内的政治科学；the Political 指向的是存在论层面政治秩序创始与新生（Genesis），是共同体最初得以生成以及遭遇危机时决断紧急状态的非常政治，属于政治的本质或构成（Constitution）。"如果我们要以哲学的方式表述这一区别，我们可以借用海德格尔的词汇说，'政治（politics）'指涉'具体的（ontic）'层面，而'政治性（the political）'与'本体的（ontological）'层面相关。这意味着具体（the ontic）与多种多样的惯常的政治实践相关，而本体（the ontological）则关涉社会被构建的方式。"②施米特正是在这种政治性层面，用敌友划分来确立自我的特殊存在："政治性（Political）具有某种以自身特定方式表现出来的标准……政治性的划分当然不同于其他各种划分。它独立于其他的划分，而且具有清晰的自明性。所有的政治活动和政治动机所能归结成的具体政治性划分便是朋友与敌人的划分。"③换句话说，"我"或者"我们"不存在恒定的本质，共同体的自我认同也不是来自哲学理性的绝对命令，而是在每一个秩序再造的历史节点，我们与政治性敌人殊死搏斗后，合众为一所产生的身份归属。由于自我身份认同产生自敌友关系的划分，我们可以把它界定为"叙事法理学的关系模式"。

四、危险的诱惑

借助叙事法理学的及物模式和关系模式，我们可以清楚看到，中国铁人的故事主要运用的是及物模式，而日本奥特曼的故事主要运用了关系模式。当然，这

---

① ［美］施特劳斯：《迫害与写作艺术》，刘锋译，华夏出版社 2012 年版，第 16~30 页。
② ［英］尚塔尔·墨菲：《论政治的本性》，周凡译，江苏人民出版社 2016 年版，第 7 页。
③ ［德］卡尔·施米特：《政治的概念》，刘宗坤等译，上海人民出版社 2003 年，第 138 页。

不是说一个故事只能运用一种叙事模式，事实上作者完全可以而且很有必要在书写一个故事的时候，灵活运用两种甚至加上后面要论述的三种模式。把故事讲得更精彩，这本身就是人类智力发展和知识进步的体现，也意味着人类对基础物质、环境世界乃至理念世界的掌控支配能力提升。只不过很多时候，基于信息费用、时空约束、故事载体和艺术表现手法所导致的信息承载能力限制，决定了作者只可能主要运用一种叙事模式。

根据及物性理论对主体行动的过程类型划分，在中国铁人的故事里，针对石油这种关涉国家能源安全的紧缺资源（物质）；王进喜既感到屈辱又充满了责任感以及战天斗地的壮志豪情（心理）；正是在这种复杂心理的驱动下，他在石油工人的劳动和石油生产之间设定了一种单向度的因果关系："我就不相信，我说石油光埋在他们国家地下了，我们国家就没有。就是这么个情况下，我们就是有也上，没有也上，创造条件上，把油田早日拿下来。"（关系）只有基于这种精神上的绝对自信，我们才可以理解王进喜带头跳进泥浆池这种近乎自我牺牲的震撼举动（行为）；国家给了他很多荣誉，这也使得王进喜很多的话语被记录下来，当时最著名的无疑是那句"石油工人一声吼，地球也要抖三抖。石油工人干劲大，天大困难也不怕。"（言语）而现在看来最有影响的应该是他的"铁人五讲"——"讲进步不要忘了党，讲本领不要忘了群众，讲成绩不要忘了大多数，讲缺点不要忘了自己，讲现在不要割断历史"。用劳动实践和觉悟意识将个体的成长进步与政党使命、群众路线、集体主义和历史目的这些形而上的终极价值融合在一起，从而获得祝福与不朽（存在）。在这里，"石油"成为新一代觉醒的工人阶级通过劳动获得历史承认的实践客体，宪法确立的"工人阶级领导的、以工农联盟为基础的人民民主专政"的国体性质由此从神圣文本走向历史实践，化身成"大庆石油会战""三线建设""两弹一星"这些具体的事功与成就。

而在奥特曼的故事中，叙事法理学的关系模式体现得更明显。观众基本上把握不住奥特曼系列的核心主题或任务使命，观影记忆中留下的无非是一次次"升级打怪"的热血战斗场面，以及故事主人公在无数次失败和起来继续战斗过程中获得的成长经历。当然，随着主角的成长——其实也是在经济腾飞过程中日本国民心理建设和自我定位的改变——要对付的敌人也会不断升级，"我们"的构成亦随之调整改变。以至于发展到最后，连"我们是谁"都产生了混乱。这种自我认同的迷失，其实和战后日本民族文化心理的定位失调紧密相关。

"二战"后，日本经过美国的和平改造，一方面已经转型为一个现代民主法治国家，但另一方面又保留了古典的天皇制和神道教价值体系；随着经济的发展和科技实力的增长，它一方面试图在国际舞台上谋求政治大国的领导地位，但另一方面受到"和平宪法"的宪制约束，日本甚至连完整的战争主权都不具备，形成了一个所谓"国家安保外包"的"非正常化国家"。① 这种"非正常化国家"的身份缺失使得日本朝野迫切需要借助"敌人"来认清自己，"首先要弄清楚'我是谁'这个问题……要有一面重要的镜子——'敌人'……最能鲜明地照出自我的正是'敌人'这面镜子"。② 这就部分回应了开篇那个"小朋友的困惑"，爸爸妈妈之所以分不清不同奥特曼间的区别，不单是他们长得都差不多，实在是奥特曼构成（identity）太过混乱。随着层出不穷的"敌人"更新迭代，他们也由初代奥特曼经历了赛文·奥特曼、杰克·奥特曼、艾斯·奥特曼……到最新的泰迦·奥特曼。据统计，截至 2020 年 10 月，一共有 43 代奥特曼。③ 这也在观影文化上产生了一个逆转性影响，现在观众去看这种关系模式的英雄叙事（不光是奥特曼系列，也包括近些年深受日本漫画影响的欧美科幻电影宇宙），人物、情节、逻辑通通都不重要，反正正义必胜。与其说是去看超级英雄，不如说是去看这一次又出现了什么新的敌人，要消灭的对手是谁，打斗是否精彩！④

---

① 朱海燕、刘凤华：《日本"正常国家化"及其影响》，载《国际论坛》2013 年第 5 期。

② ［日］中西辉政：《看懂世界本质的思考术》，陈勤、雷蕊菡译，北京科学技术出版社 2012 年版，第 5 页。强调一下，此书不是坊间类似"成功学"之类的畅销书，乃"第一本与政事结合、站在时代前沿的思考指南"。作者在英国剑桥大学拿到副博士学位，系京都大学研究生院教授，专攻国际政治学、国际关系史，在日本国内多次获得学术奖项，是"桥本龙太郎、小渊惠三、安倍晋三等人倚重的政治学者"。

③ 原谅我们没能力把现有的奥特曼全集看完再作精准统计，这里的数据是根据网络上不同版本的"奥特曼世代谱系图"选择其中无争议的部分——譬如，佐菲·奥特曼能不能入谱就存在很大分歧，因为他并没有在地球上长时间作战——大致计算的。数据方面的细微出入不影响结论：敌人的跃迁使得"我们"在连横合纵的关系重组过程中，产生身份混乱并导致认同困难。在这里不妨根据理论逻辑做一个预言：未来随着剧情发展，这种认同危机会导致奥特曼内部分裂，英雄之间可能会产生内战，姑妄言之，拭目以待。

④ 可以补充一个佐证细节，好莱坞 2021 年上映了新的怪兽宇宙系列（Monster Movie Universe）《哥斯拉大战金刚》。看了朋友发来的预告片后，因为之前看过引起全球轰动、由彼得·杰克逊执导的 2005 年版的《金刚》，我好奇地问他："金刚不是死了么，怎么活过来的？"朋友没好气地回答："导演让他复活的！这种纯视觉爽片，剧情已经不重要了，怪兽大战的视觉效果就值回票价！"

　　两种不同模式的叙事法理学各自存在局限。及物模式最大的问题在于，当主体用实践过程建立起对外部事物或客观环境的权力支配时，自己却可能不自主地身陷某种更宏大或更隐蔽的权力支配格局而不自知。这意味着，叙事法理学的及物模式难以建立远大制度理想或宏伟愿景，它试图精确表述并努力实践以求达致的美好目标，其实更大概率来自更高权威的大他者（the big Other）①的劝驯、诱导甚或规训，从而成为黑格尔所谓"理性的狡计"的一部分。例如，王进喜和他同辈的钻井工人们就难以想象，他们不惜牺牲甘冒生命去开采的"石油"，其实是美国为建立世界帝国而创设的一项能源战略。②

　　农业国家重视土地，传统工业国家重视煤炭、军工和重工业，而石油取代煤炭的过程，就是新美国战胜老欧洲，并由现代商业金融帝国取代传统工业国家的过程。德国在"一战"的战败，揭开了石油取代煤炭的历史序幕。1918 年 11 月 21日，"一战"停战协定签订后的第十天，在庆功晚宴上，时任战时石油委员会主任的法国参议员亨利·贝任格说道："石油就是胜利的血液，德国过于夸大她在钢铁和煤炭方面的优势，而对我们在石油方面的优势却没有给予足够的重视。"然而，沾沾自喜的贝任格完全没有意识到，这场主要发生在老欧洲之间的世界大战，真正的赢家却是新崛起的美国和她背后的摩根财团与纽约金融街。因为在"一战"前期，英国政府已经濒临破产。英国是靠向美国银行借钱打赢了这场战争，美国金融界由此一手操办了所有协约国的战略物资供给与债务借贷，在战争中不战而胜。③ 至于"二战"本身就是一场"石油战争"，如前所述，日本失败的重要原因就是原油供给和航线被美国彻底掐断。"二战"结束后，美国通过布雷顿森林会议，成为新的世界霸主，并确立了以美元为世界货币的经济格局。而当1971 年尼克松总统宣布美元和黄金脱钩时，石油输出国组织 OPEC 曾试图摆脱石

---

　　①　拉康哲学常用的一个概念。"大他者"代表了人和人之间是以何种方式团结在一起，型塑成一个世界的"象征秩序"（the symbolic order）。拉康认为，个体之间的"关系"并不是在人"际"之间直接地形成。人与人之间，总是有一个大他者存在，一切社会关系或权力支配都是在大他者的规介下才得以构成。齐泽克借助通俗文化批判，把拉康的大他者解释成更易于理解的"当代意识形态矩阵"（Ideology Matrix）。参见［斯诺文尼亚］齐泽克：《斜目而视——透过通俗文化看拉康》，季广茂译，浙江大学出版社 2011 年版，第 172 页。

　　②　李芳琴：《美国石油战略演进及对中国的启示》，载《中外能源》2019 年第 8 期。

　　③　［美］丹尼尔·耶金：《奖赏：石油、金钱与权力全球大博弈》，艾平译，中信出版社2016 年版，第 227~241 页。

油美元的定价机制。美国的回应则是先用"绿色行动"剪掉"核玫瑰之花"，以环保之名遏制核能发展；然后于 1974 年委派财务部长威廉·西蒙为代表，同沙特阿拉伯签订了一系列"不可动摇"的秘密协议：由美国向沙特提供军火设备及战备保障，条件是将美元作为石油交易的唯一定价货币，同时沙特将数十亿石油美元收入购买美国国债，支持美国财务。由于沙特作为最大的产油国在 OPEC 中具有举足轻重的影响，其他成员国也很快确立美元为唯一定价货币，① 自此"石油美元"体系正式形成。

而当美国的全球战略扩张在中东陷入困局时，为了摆脱对中东石油生产国的依赖，美国又开始大力开发页岩气，试图替代石油，并在国际外汇市场和能源市场与中东国家打起价格战，以求彻底摧毁中东地区的石油产业，让石油生产国甘心成为美国能源战略的附庸。美国对页岩气的成功开发或将自己打造成为"新中东"，在全球地缘政治中，北美的重要性因此得到提升，而俄罗斯、委内瑞拉和中东的石油权力可能被大大削弱。② 由此可见，"石油"本身并不重要，只是可供替代的能源选项，重要的是围绕"石油"而产生的话语和实践，以及由此形成的全球环境政治。看不到这一点，及物主义叙事法理学就无法摆脱"大他者"的宰制与敲诈，从而陷入"只顾低头拉车，不顾抬头看路"的尾随者困境。③ 这也警醒了我们，对所有的大词或诱人事物，要保持足够的战略定力和清明的思考意志，要用"看透岁月篇章的瞳孔"看清"作为意志与表象的世界"背后权力与意识形态

---

① ［美］威廉·恩道尔：《石油战争》，赵刚等译，知识产权出版社 2008 年版，第 95~112 页。

② 杜群、万丽丽：《美国页岩气能源开发的环境法律管制及对中国的启示》，载《中国政法大学学报》2015 年第 6 期。

③ 为了展示及物主义叙事法理学的功用和局限，你也可以用来分析其他经典作品，譬如《西游记》。师徒四人明确知道他们的目标是"取经"（物质），并各自有不同的态度心意，唐僧心志坚定，悟空时常矛盾，八戒动辄想散伙，沙僧只做不想（心理），取得真经可以普度众生或立地成佛（关系），取经路上历尽艰险（行为），师徒四人各有矛盾又能互相批评进而团结（言语），最终修成正果（存在）。更重要的是，师徒四人知道是去西天"取"经，可自始至终他们都不清楚要取的三藏"真经"到底是什么？《西游记》原书没直说，但我认为在最后一回，燃灯古佛命白雄尊者前去抖散的"无字真经"显然给出了暗示。阿难、迦叶公然向唐僧索要"人事"，否则不肯经。佛祖事后知道也是默许，还说："经不可轻传，亦不可以空取。"这是诸天神佛太过儿戏还是大他者心知肚明："经书"本不重要，取经只是遴选接班人并在东土大唐开辟的传教竞争，是让信仰与正果深入人心的一项话语实践。同样从政治视角解读西游记的，可参见萨孟武：《〈西游记〉与中国古代政治》，北京出版社 2013 年版。

的冷酷狡计。

关系主义的叙事法理学弱点在于浪漫主义和抽象化。一般认为，源自德国的浪漫主义主要反对以法国为中心的古典主义文化霸权和启蒙运动的理性叙事。它以社群理想批判启蒙运动的个人主义，并用审美主义的个性直觉和艺术感受力来代替启蒙运动的理性权威。"然而在浪漫主义的大本营德国，反抗选择了民族主义的姿态，同时配以德国固有的神秘主义传统，它与个人主义和自由主义渐行渐远，与民族国家的权力反而越发紧密。"①施特劳斯正是看出浪漫主义与国家权力暗通款曲的暧昧性和启蒙运动对民族国家的依附如出一辙，才断言二者具有同构性，共同推进了以"人为理性"取代"自然正当"的现代性危机，开启了现代性的第二次浪潮——"浪漫主义的先在前提，乃是对世界的基本态度的改变：我们栖息的世界，在现代人眼中变成了堕落和混乱的罪恶渊薮。现代人最基本的类型特征：对世界和他者心怀不满的怨恨者。"②拯救的办法当然是与国家权力合谋来为世界立法，重新创造一个更理想完美的崭新世界。

这种解决思路存在两个致命问题：首先是波普尔所严肃批评的"歇斯底里和唯美主义的非理性主义"和"以一定历史主义社会学为基础的……极权主义"。③一个绝对完美的社会一定是一个不宽容的社会，它将扼杀一切虚假、丑恶和落后的存在，也因此否定了社会的多样性和人性的真实。其次是用抽象化的自我技术遮蔽了真实世界的复杂现实性。"浪漫主义方法的核心是对经验的抽象化，并且以抽象化之后的概念逻辑来取代具体经验。"④但真实世界却可能因分化和对立，充斥着难以言说的复杂、自相矛盾的悖谬和无从抗拒的荒诞，很难期待有一劳永逸的方案将所有问题一揽子解决。处理不同社会问题尤其需要耐心、细致和分寸感，必要时候还得具备点波斯纳法官说的"将事情糊弄过去"的实践理性智慧。这显然是注重审美但不重视操作的浪漫主义力所不及的——无怪乎浪漫主义最重要的战场始终停留在文学和艺术领域。⑤浪漫主义的技术回应就是抽象化，从经

①　张淞纶：《财产法哲学：历史、现状与未来》，法律出版社2016年版，第67页。
②　段从学：《浪漫主义的"根源"》，载《南京师范大学文学院学报》2012年第4期。
③　[美]波普尔：《开放社会及其敌人》（第一卷），郑一明等译，中国社会科学出版社2015年版，第178、219页。
④　张淞纶：《财产法哲学：历史、现状与未来》，法律出版社2016年版，第77页。
⑤　黄江：《德国浪漫派的政治》，载《政治思想史》2019年第3期。

验世界里退出去，将遇到的问题凝练为一两个同义反复（tautology）的概念、命题或理念，具体问题抽象分析。于是，经济学可以不用理会多元紧张的人性冲突，径直用"自私理性人"的标准操练"黑板经济学"；民法学可以无视真实世界里的资本强势与算法霸权，心安理得地梦呓"主体平等/意思自治"①的法治神话。这种方法论症结稍不注意，向前多迈一步，就将可能掉进施特劳斯所批判的相对主义和虚无主义的现代性危机。② 因为这种抽象化的自我技术实在太过抽象，以至于它似乎可以解释一切，但又等于什么都没解释。而它最重要的功用，就是可以无视具体问题的解决方案，并最终将所有的社会冲突与矛盾抽象化为一个遥远目标，然后在实现这个目标的过程中无中生有或有意无意地制造出一些邪恶敌人，通过一种敌我关系的法理学叙事，转移矛盾焦点，强化内部认同。

此外，两种不同版本的叙事法理学还有一个共同缺陷，就是他们都只能谈论现实的事物。无论是及物主义叙事法理学探究的被支配的外部世界，还是关系主义叙事法理学通过敌人存在而维续的共同体，都是客观存在并能够检验和触及的具体实存。然而人类语言的独特叙事功能，并不限于能够传达客观实存的信息，而是能够传达一些根本"不存在"的事物信息。对"难以忽视的真实"和"事物的秩序"思考规定了我们的过去和现在；但对于"不存在"的视域愿景（Vision）却决定了我们的未来和团结方式。"'讨论虚构的事物'正是智人语言最独特的功能"……'虚构'这件事的重点不只在于让人类能够拥有想象，更重要的是可以'一起'想象，编织出种种共同的虚构故事"，③ 促成陌生人之间跨越区域国界、时间世代、文化信仰，进行大规模合作。我们把这种对"不存在的想象秩序"的预期和叙事，称之为"建构主义的叙事法理学"。

---

① 《中华人民共和国民法典》第 4 条规定："民事主体在民事活动中的法律地位一律平等。"《中华人民共和国民法典》第 5 条规定："民事主体从事民事活动，应当遵循自愿原则，按照自己的意思设立、变更、终止民事法律关系。"

② ［美］施特劳斯：《德意志虚无主义》，丁耘译，载［美］施特劳斯编：《苏格拉底问题与现代性——施特劳斯讲演与论文集：卷二》，刘小枫编，彭磊、丁耘等译，华夏出版社 2008 年版，第 103~105 页。

③ ［以色列］尤瓦尔·赫拉利：《人类简史：从动物到上帝》，林俊宏译，中信出版集团 2017 年版，第 23 页。

五、讲述中国法治自己的故事

建构主义(constructionism)作为一种社会学思潮,甫一开始其理论使命就在于颠覆实证主义和实在论(realism)的启蒙传统,并先后经历了方法论上倾向于主体视角的第一阶段;本体论上坚持客体主义视角,认识论上批判客观主义立场的第二阶段;以及反主客体二元论的第三阶段。由于建构主义在方法论上偏重主体视角,其社会学拥趸大多赋予语言或符号以重要地位。坚信语言的叙事表达能力,使得人类的反思性智识行动与动物行为区分开来,而符号则成为区别于自然意义的人类遗产,"其主要原因就是语言或符号所彰显的文化维度在西方近现代历史中具有重要的主体性内涵"。[①] 正是出于对语言符号文化建构功能的关注,韩礼德在提出及物主义系统理论时,曾运用语法隐喻学对科学话语的叙事语汇进行分析,提出"科学知识并非对实在的符合,而不过是语言对人类经验的重建或重塑,科学理论只不过是语言的建构物"。然而,韩礼德固执科学的反实在论立场,导致他的语言功能理论既无法划清科学理论与非科学或伪科学学说的界限,又无法对科学知识的增长或科学进步的事实做出合理的解释。[②] 在建构主义发展的第二阶段,海德格尔进一步将语言的主体视角升华为语言本体论,把笛卡尔的"我思故我在"提升至"语言即存在"的维度:"任何存在者的存在寓居于词语之中。所以才有下述命题——语言是存在的家。"[③]然而,一如早期建构主义者强调主体视角,从而解构了客体实在;到了后期的激进建构主义者那里,则试图进一步否定主体的存在,福柯提出了"人之死",主张"主体迷信"是一切问题的根源,"主体导致了人狂妄地被奴役着的荒谬处境";[④] 布希亚反思了"人的异化",认为"主体"和"自我的同一"不过是生产秩序的神话,而到了消费社会中甚至连这样的神话想象都失去了地位。[⑤] 这迫使第三阶段的建构主义者们立志超越主客体二

---

① 郑震:《西方建构主义社会学的基本脉络与问题》,载《社会学研究》2014 年第 5 期。

② 周频:《Halliday 的建构主义科学实在观遭遇的问题与困境》,载《外国语文》2009 年第 1 期。

③ [德]海德格尔:《语言的本质》,载《在通向语言的途中》,孙周兴译,商务印书馆2004 年版,第 154 页。

④ 刘永谋:《福柯的主体解构之旅:从知识考古学到"人之死"》,江苏人民出版社 2009年版,第 53 页。

⑤ 郑震:《布希亚消费社会理论批判》,载《天津社会科学》2014 年第 5 期。

元论的立场，这方面理论最彻底并造成最广泛影响的，无疑是被称为"温和建构主义者"的政治学家亚历山大·温特。

　　作为一位政治学家，温特的学术名气当然不如早期的建构主义哲学家如齐美尔、布迪厄、海德格尔、尼采那样声名显赫。但温特作为领军人物所全面论述的社会建构主义国际关系理论，不仅使其一跃成为与新现实主义国际关系理论、新自由主义国际关系理论并驾齐驱的三大主流政治学范式。① 更重要的是，温特的温和建构主义以整体主义为方法论基础，以理念主义为本体论基础，以科学实在论为认识论基础，强调观念和文化内涵的重要意义，真正实现了建构主义"超越主客体二元论"的理论困境。② 为建构主义摆脱了声誉不佳的后现代主义嫌疑，成为一种圆融而富有广泛解释力的社会科学理论。在这里，我们不打算详述温特的温和建构主义的全部理论细节，只是从叙事法理学关注的话语策略和故事生产机制角度，管窥一下建构主义的认识论基础。

　　恰如前述，讨论"虚构的事物"以促成陌生人跨时空和文化进行大规模合作，是建构主义叙事法理学的核心关切。但如果站在马克思主义法理学的立场，这种"虚构的事物"和"不存在的想象秩序"难免会遭致"唯心主义"的怀疑，引发科学实在论和反实在论的争论。科学实在论的基本观点认为，世界独立于人，科学的"真"独立于观察者，人们对客观世界和经验现象的真理性描述是唯一的："正确理论描述的实体、状态和过程是真实存在的……（科学理论）要么为真，要么为假，但真正正确的理论是真的。"③当中又可以具体细分为真理实在论、实体实在论、猜想实在论、语境实在论、结构实在论。④ 科学与理性原本是启蒙运动的重要精神遗产，但在 20 世纪 60 年代，随着双缝干涉实验和夸克这类量子物理学前沿的发展，特别是海森堡测不准定律的提出，反科学实在论与后现代主义合流，形成一种强有力的学说，挑战了科学实在论的话语权威。社会科学界里的韩礼

---

　　① 秦亚青：《国际体系的无政府性——读温特〈国际政治的社会理论〉》，载《美国研究》2001 年第 2 期。

　　② 秦亚青：《国际政治的社会建构——温特及其建构主义国际政治理论》，载《欧洲研究》2001 年第 3 期。

　　③ ［加］伊恩·哈金：《表征与干预：自然科学哲学主题导论》，王巍、孟强译，科学出版社 2011 年版，第 11 页。

　　④ 魏洪钟：《科学实在论导论》，复旦大学出版社 2015 年版，第 232～244 页。

德、库恩、劳丹都是阵营中的理论健将，而其中最有创造力同时也最受瞩目的则是范·弗拉森。弗拉森早期主张建构经验论，"以代替科学哲学界最近广为讨论和倡导的科学实在论"，"我使用'建构的'这个形容词来表明我的观点，即科学活动是建构，而不是发现：是建构符合现象的模型，而不是发现不可观察物的真理"，这意味着"科学的目标是为我们提供具有经验适当性的理论，理论的接受仅仅与相信理论具有经验适当性的信念有关"。① 后来随着结构实在论成为当代科学实在论最有辩护力的学说，弗拉森又针锋相对地提出了"结构经验主义"，② 进一步捍卫并拓展了反科学实在论的立场。

我们在此不需要一一列举科学实在论和反实在论之间的争论细节，然后仓促地立场站队。尽管乐于承认并表示欣赏反科学实在论在理论审美上带来的智识震撼和思路启发，却有必要指出，不论实在论或反实在论哪个在科学上更站得住脚——是的，反科学实在论其实也是一种"科学"理论，至少是一种"科学哲学"——但科学实在论在社会学的意义上，由于契合了绝大多数人的常识（或者更准确地说是心理期待），因而更有助于人们在自我—环境—社会—宇宙之间建立一种牢固而可靠的因果关联，形成稳定的共同体秩序。从这个角度而言，科学实在论和法治是同盟军，发挥了"维稳"的政治哲学功能。正是在这个意义上，温特坚持以科学实在论作为建构主义的认识论基础，体现了政治学家的温良美德。

根据温特的总结，科学反实在论仅因国家、国际体系是我们无法亲眼看见、不可观察的事物，就认为科学理论无法确认它们的存在，这是犯了"把认识论置于本体论之前"的错误，而"科学实在论学说旨在提出一种特殊的指涉理论……决定我们思考知识和真理的方式"。根据这种理论，术语的意义是由一个包括两个步骤的过程决定的，第一个是"命名"，"第二个步骤是这种事物和术语的联系从一代又一代的讲话者那里流传至当今的讲话者"。由于意义的流传来自概念或观念建构，并且是模仿和社会习得的结果，于是"理论提供有关不可观察事物的知识"，科学实在论因此获得成功，"成功的意思是：能够预测原来的理论没有

① ［美］弗拉森：《科学的形象》，郑祥福译，上海译文出版社2002年版，第1~16页。
② 江景涛、董国安：《论范弗拉森的结构经验主义思想》，载《科学技术哲学研究》2014年第2期。

作为研究对象进行讨论的事物(新事物)和能够整合以前各自独立的知识体系"。①

在确立了建构主义的科学实在论基础，同反实在论这类唯心主义话语划清界限后，温特开始着手解决建构主义的实践进路问题，为此他提出了"社会类别"这个核心范畴。温特强调："以观念为基础的社会类别仍然具有客观性性质"，但与自然类别不同，社会类别具有更加具体的时空要素，其存在依赖于行为体持有的、相互交错的信念、概念或理论和人的实践行动，并因此呈现出自有的内在结构和外在结构。那么，这些"虚拟存在"或者只能以"思想/观念"形态存在的社会类别，为什么能够客观作用于我们的现在和未来呢？那是因为社会类别首先是一种"物质力量"，即便是像国家和国际社会这类看不见摸不着的社会类别，其"物质基础就存在于人类自然生成的属性之中……说到底，社会类别的理论所指涉的必须是自然类别"。正如救生艇的自然属性(救生圈数量、面积、承载能力)制约了船长的救生意愿和行动选择，违反这一自然属性，只会造成船翻人亡的社会后果。从这个角度而言，"物质力量在多大程度上决定社会类别是一个可以由经验事实检验的变量，所以，在社会类别领域，主体和客体之间的界限也不是一成不变的"。这是温特对建构主义最大的贡献之一——超越主客体二元论的立场。其次，社会类别作为一种自行组织，能够产生一种抵制否认和歪曲其存在的阻力。正如承认主权国家是由观念建构而成，并不会改变"国家通过自行组织而成为国家的能力对那些试图否认它的存在的人产生了阻力"。社会类别因此是"由内在的自行组织与外在的社会建构根据不同程度的结合构成的"。以及最后，社会类别依从于解释共同体(interpretive community)的思维/话语，但却独立于解释者个人的思维/话语，"个人不能建构社会类别，但集体能建构社会类别。正因为如此，社会类别对于个人来说是客观的社会事实"。②

温特的洞见给我们接下来的研究带来几点启示：(1)建构主义的叙事法理学关注"不存在"的事物，围绕"虚构的事物"进行观念叙事或讲中国故事，本身并不违反马克思主义法理学强调的历史唯物主义。正如马克思主义法理学和政治经

---

① [美]亚历山大·温特：《国际政治的社会理论》，秦亚青译，上海世纪出版集团2008年版，第50~65页。

② [美]亚历山大·温特：《国际政治的社会理论》，秦亚青译，上海世纪出版集团2008年版，第69~75页。

济学对看不见的"价值规律"揭示，恰恰构成了批判资本主义生产关系的历史行动力量。(2)这里的"不存在"不是本体论意义上的不存在抑或虚无主义，因为社会类别的建构依存于作为自然类别的"物质力量"，具有客观性性质。更恰切的表述是，建构主义关注的"不存在"是一种以客观物质为征表的观念/想象性秩序。(3)所谓的讲故事或话语叙事，就是围绕"物质力量"建构出一套话语权力或想象/观念性秩序。但这种观念/想象性秩序不是作为私人话语的专断性臆想，而是一种表现为世界公共属性的主体间性。"想象建构的秩序并非个人主观的想象，而是存在主体之间(inter-subjective)，存在于千千万万人共同的想象之中。"①(4)围绕同一种"物质力量"可能会产生数种观念/想象性秩序，而这些不同秩序范式之间存在激烈竞争。所谓的话语权争夺，就是努力让你的故事叙事说服人心，劝人相信，参与共同想象。故事越是直指人心，引人共情，能够劝服众人("心往一处想")，主体间性的力量就越大("力往一处使")，在争夺话语权的秩序争夺中就越能处于不败之地。(5)既有的想象/观念性秩序确立了至尊地位后，可能因制度化而导致"物化"(reification)的危险。"物化表明人们忘记了自身是社会的创造者及自身与创造者之间的辩证关系……物化是意识的一种形式，准确而言是人类世界在人那里的一种客观化形式。人失去了这样一种意识——社会世界即使被客体化了也仍然是人所创造的。"②"物化"使得观念/想象性秩序蜕变为葛兰西所讲的"文化霸权"，误导人把"词"当成了"物"，需要在"对外"和"对内"两个向度上予以警惕并力求超越。具体而言，在对外的向度上，我们要努力把话语叙事转化为话语权力，进而形成参与全球治理的制度辐射力，把自外而内的文化霸权转化成由内向外的文化领导权；在对内的向度上，要提升自我的制度创新能力和思想创造能力，通过"反思时刻"③不断地去更新、拓展既有的观念/想象性秩序的丰富内涵，创造新的故事叙事和价值理想。

---

①　[以色列]尤瓦尔·赫拉利：《人类简史：从动物到上帝》，林俊宏译，中信出版集团2017年版，第111页。

②　[美]彼得·伯格、托马斯·卢克曼：《现实的社会建构：知识社会学论纲》，吴肃然译，北京大学出版社2019年版，第67页。

③　"共同体意识到他们正在建构或者准备改变的社会类别，这种现象可以称为'反思'(reflexivity)时刻……事实上，如果一种社会类别能够'认识自我'，那么，它就可能回忆起自己的创造能力，超越主体—客体的区别，创造新的社会类别。"[美]亚历山大·温特：《国际政治的社会理论》，秦亚青译，上海世纪出版集团2008年版，第75页。

正是基于上述理念，我们在本书中打算运用建构主义的叙事法理学，讲述一个"可燃冰"与能源安全的中国法治故事。这固然是因为一方面可燃冰还处在试验和试采阶段，大规模的商业推广和与之而来的复杂法律争议还处于"不存在"的状态，有利于我们通过法律叙事，来建构一套未来指向并充满无限可能的话语体系；另一方面，现代法治作为一种精巧治理术所特有的抽象建构能力，本身就擅长处理无形财富、虚拟经济和未来发展这些抽象问题。最后同时也是最重要的，"法治是治国理政的基本方式"，① 可燃冰开发背后关涉的能源安全问题，构成了总体国家安全中的重要环节，必须纳入法治话语体系中才能获得妥善解决。

---

① 习近平：《在首都各界纪念现行宪法公布施行 30 周年大会上的讲话》，人民出版社2012 年版，第 5 页。

第一章 可燃冰开发的"中国方案"

习近平法治思想作为引领全球治理变革的中国方案，为应对各种全球性挑战、推进世界法治文明进步贡献了中国智慧。[①] 这套"中国方案"之所以是成功有效的，就在于它将马克思主义法理学的根本原理与中国特色社会主义新时代的具体实际结合起来，将自然科学的普遍规律与社会科学的经验导向和政治哲学的思想气质融会贯通。可燃冰开发表面上是一个"科学"问题，但如果将其置放在国家安全特别是能源安全的角度考量，就变成了事关"中华民族"这一命运共同体长治久安的"根本法"问题，必须用习近平法治思想作为根本指引，从"迈越时空"这一长程历史视域予以总体观照。让我们先从"一封贺电"的解读入手，揭开可燃冰开发中国方案的扉页，认真体会主权者深谋远虑的战略性眼光。

第一节 可燃冰与根本法

国土资源部、中国地质调查局并参加海域天然气水合物试采任务的各参研参试单位和全体同志：

在海域天然气水合物试采成功之际，中共中央、国务院向参加这次任务的全体参研参试单位和人员，表示热烈的祝贺！

天然气水合物是资源量丰富的高效清洁能源，是未来全球能源发展的战略制高点。经过近20年不懈努力，我国取得了天然气水合物勘查开发理论、技术、工程、装备的自主创新，实现了历史性突破。这是在以习近平同志为核心的党中央领导下，落实新发展理念，实施创新驱动发展战略，发挥我国

---

① 参见郭声琨：《深入学习宣传贯彻习近平法治思想　奋力开创全面依法治国新局面》，载《人民日报》2020年12月21日，第6版。

社会主义制度可以集中力量办大事的政治优势，在掌握深海进入、深海探测、深海开发等关键技术方面取得的重大成果，是中国人民勇攀世界科技高峰的又一标志性成就，对推动能源生产和消费革命具有重要而深远的影响。

海域天然气水合物试采成功只是万里长征迈出的关键一步，后续任务依然艰巨繁重。希望你们紧密团结在以习近平同志为核心的党中央周围，深入学习贯彻习近平总书记系列重要讲话精神特别是关于向地球深部进军的重要指示精神，依靠科技进步，保护海洋生态，促进天然气水合物勘查开采产业化进程，为推进绿色发展、保障国家能源安全作出新的更大贡献，为实现"两个一百年"奋斗目标、实现中华民族伟大复兴的中国梦再立新功！

中共中央

国务院

2017 年 5 月 18 日

一、从一封贺电说起

这是一封贺电，祝贺的内容是中国海域天然气水合物试采成功的消息。不同于现场演讲致辞，由于不存在在场的听众，所以不需要声情并茂的修辞，这反而使得贺电的内容显得更为真实，客观可信。致贺的对象是"国土资源部、中国地质调查局并参加海域天然气水合物试采任务的各参研参试单位和全体同志"，但是理解作者的意图不能单看文本的内容，还必须审详文本的形式。这篇贺电是在权威媒体《人民日报》发表并在中央新闻联播中公开播报的，这意味着，除致贺对象外，全国乃至全世界的人，如果有心，都能看到贺电的内容，知悉表彰的事项。这使得这封贺电具备了公告的性质。如果仅仅是公告了国家政治经济生活中发生的某些事情，哪怕是大事，在这个新闻爆炸的时代，也实在不足以吸引他人的关注。毕竟，"太阳底下无新事"。很多在当事人看来真诚动人并流泪不止的事情，在别人眼里可能也就那样，"至今已觉不新鲜"。这个时代、这个世界发生的绝大多数新闻事件，最终都会平滑地卷入日常的社会管理机制当中，化身为一页枯黄的报纸或互联网中一个有待检索的字符数据。但这封贺电显然不一样，它更像是在为全人类新能源立法所提前写好的"序言"或"立法诗"。我们相信，多年以后，未来人们重新省视人类新能源战略规划或进行新能源国际法编纂时，一定会无数次地引用并重新阐释这封贺电，就像今天我们不断地回到《论语》和《共产党宣言》，回溯《独立宣言》和《汉谟拉比法典》一样。

一部伟大的法律或政治哲学经典必须要有一个核心主题或题眼，这篇未来立法序言的核心论断就是"天然气水合物是资源量丰富的高效清洁能源，是未来全球能源发展的战略制高点"。这与其说是一个科学判断，毋宁说是在可燃冰新能源还处在探索阶段，应用前途和商业前景尚不明朗且存在巨大争议的时刻，主权者——注意贺电署名——运用历史远见和科学精神所作出的郑重决断，从而具备了"法"的性质。这里的"法"包括三层含义：首先，这既然是主权者的意志与决断，当然属于奥斯丁意义上的实证法（Positive Law），是"是实际存在的由人制定的法，亦即我们径直而且严格地使用'法'一词所指称的规则，或者，是政治优势者对政治劣势者制定的法"。① 它具有高度的权威性，对未来可燃冰的研发开采行动具有现实约束力。

其次，这种"法"由事物本性而产生的内在规定（Dharma），即印度哲学所主张的"任持自性、轨生物解"。每一事物必然要保持它自有的本性，就会产生一定的规则，使人看到后可以认识这是什么。于是，对自有本性的保持，形成了一切事物自己的法，这也是环境法的法理根基：宇宙万有。从而形成了孟德斯鸠强调的："从广泛的意义上来说，法是源于事物本性的必然关系。就此而言，一切存在物都有各自的法。上帝有其法，物质世界有其法，超人智灵有其法，兽类有其法，人类有其法。"② 例如可燃冰，它保持着燃烧的特性，呈现出能量的特定规则，基于试验分析让人可以认识到这是高效清洁能源。未来对可燃冰的研究、开采、开发都必须基于它作为清洁能源这一本性；反过来，如果只看到可燃冰作为能源，具有巨大的商业价值，在开采过程中不顾可能引发的海洋灾害或大气污染风险，就背离了可燃冰作为清洁能源的本性。这也是本书为何在可燃冰尚未进入商业化开采之前，就试图从环境法"风险控制"③的角度，介入当中研究的问题意

---

① ［英］约翰·奥斯丁：《法理学的范围》（第二版），刘星译，北京大学出版社2013年版，第13页。

② ［法］孟德斯鸠：《论法的精神》（上卷），许明龙译，商务印书馆2012年版，第7页。

③ 关于环境法"风险预防"的理念转型，参见吕忠梅：《从后果控制到风险预防：中国环境法的重要转型》，载《中国生态文明》2019年第1期。

识所在。

再次，这里的"法"也是人与人、人与国家、国家与国家之间形成的客观秩序（Nomos）。可燃冰作为"未来全球能源发展的战略制高点"，意味着可以通过可燃冰来想象全球秩序。未来世界政治秩序重塑将与可燃冰紧密捆绑，哪个国家拥有丰富的可燃冰资源，并掌握了安全高效的开采利用技术，哪个国家就将在未来的国际能源战略和环境政治中占据支配地位，影响甚或主导人类命运共同体的气运走向。这就是能源安全的政治性，或曰可燃冰政治，"政治就是争取分享权力或分享一种影响力——对于权力分配的影响力，无论这种过程是发生在国家之间还是发生在一国之内的群体之间"。① 所以，在未来制定我国的可燃冰战略时，既要避免只顾产业利润，不顾环境保护的投机心理；同时更要警惕因短期资源投入巨大，但迟迟看不到商业前景，而可能产生半途而废，"采（可燃）冰不如买（石）油"的政治短视。必须认识到，可燃冰开采及其相关的环境保护问题，事关未来能源自主和生态文明的国家总体安全，是中国在共商共建共享全球治理格局中领导地位的实力保证。

最后，这还是当前世代的中国人与我们后代未来之间订立的一项"根本法"（Consitution）。之所以用根本法，是想区别于狭义的宪法典或宪法律（Constitutional Law），它有点接近于苏力使用的"宪制"，"就是这个政治文化共同体的基本制度"，但更关键的是，作为历史中国的制度构成，"他们不说道理，只是一代代用历史叙事，互相交流并传承"。② 因此根本法还是个时间的概念，是从古至今，为死去的、活着的和未来的政治共同体成员所共同遵守，基于共同体生存、安全和发展而确立的根本目标。中国革命、建设和改革所确立的，包括但不限于生态文明和能源安全在内的治理目标，以及由此所保障的社会主义国家的独立自主和民族团结、国家统一，都构成了人民共和国的初代制宪者与我们及以后的人共同订立的神圣契约。因此，贺电中认定可燃冰"是未来全球能源发展的战略制高点"，这里的"未来"显然不是"预计我国在 2030 年左右有望实现可燃冰的商业化开采"③这种可预见的短期将来。而是可能需要数个世代的中国人，

---

① ［德］马克斯·韦伯：《韦伯政治著作选》，阎克文译，东方出版社 2009 年版，第 311 页。

② 苏力：《大国宪制：历史中国的制度构成》，北京大学出版社 2018 年版，第 2~4 页。

③ 黄晓芳：《可燃冰：未来能源愈行愈近》，载《经济日报》2017 年 12 月 4 日，第 15 版。

投入先期的热忱和巨大的耐性去逐步实现的,是事关"'两个一百年'奋斗目标、实现中华民族伟大复兴的中国梦"这一根本法的伟大斗争技艺。

二、根本法如何超越时间

对于主权者而言,制定根本法不难。当年秦王嬴政在创建第一个统一的多民族国家时宣称:"朕为始皇帝。后世以计数,二世、三世至于万世,传之无穷。"①他就是在时间层面思考根本法的世代问题,即如何保证后世子孙遵守建国者创设的根本法,"至于万世,传之无穷"。借助后来者的历史视域,我们知道,秦始皇失败了,他创建的强大帝国二世而亡,"楚人一炬,可怜焦土";但我们也清楚,秦始皇最终成功了。"祖龙魂死秦犹在……百代都行秦政法",秦始皇统一天下后颁令实施的一法度、衡石、丈尺、废封建、开郡县、书同文、车同轨……对整个后世中国历代王朝都具有事实上的宪制塑造力。② 这就迫使我们放宽历史的视界,超越成王败寇的王朝兴替,从世代文明延续的角度,思考根本法如何超越时间赢得不朽。

(一)用空间对抗时间

时间与空间的内在紧张关系是法理学上的重要主题。尽管我们期待"万里长城永不倒",但沧海桑田的成语却似乎在暗示我们,可见的地理空间无法战胜不可见的时间,这反映在古典中国的文人传统中,就是"时间率领空间"和"收空于时"的审美意识,"以昭示典型物象来统摄空间,将广阔的空间收入短暂的时间之中",③ 所以才有"千里江陵一日还",以及"自古帝王州,郁郁葱葱佳气浮。四百年来成一梦,堪愁";体现在现代社会就是对时间效率的极致追求和技术实现,借助互联网、即时通信、高铁、航空航天技术这些高科技手段,以此克服关山万里的空间间隔。这种面对浩瀚时间长河的制度无力感,是人类有限性的明证。不只令孔子喟叹"逝者如斯乎,不舍昼夜";也迫使杰斐逊承认,地球属于生者,"没有一个社会可以制定一部永久性的宪法甚或一条永久性的法律……前辈的宪

---

① (西汉)司马迁:《史记·秦始皇本纪》,中华书局 2011 年版,第 221 页。

② 对度量衡、书同文这些秦政宪制意涵的论述,参见苏力:《大国宪制:历史中国的制度构成》,北京大学出版社 2018 年版,第六章、第八章。

③ 邓乔彬:《诗的"收空于时"与画的"寓时于空"》,载《文艺理论研究》1991 年第 2 期。

法和法律在其自然过程中同制定它们的人一起消亡……每一部宪法，每一条法律，过三十四年就自然期满失效"，"宪法诞生至今已四十年，三分之二那时在世的成人已经死去。那么，剩下的三分之一，尽管他们有愿望和权力去要求人们服从他们的意志和他们制定的法律，能否左右其他三分之二成人？如果他们不能，谁能？是死去的人？但是逝者没有权力。他们是无有，无有不能拥有物"。①

在这场不对等的战役中，人类学会了空间的组织技艺。把"自然"的空间通过"人为"的技艺理性重新编排组合，用空间政治来对抗时间侵袭，保障根本法。郡县、边疆、朝贡和战争就是古典时代空间政治的集中体现。在全球资本主义形成以前，财富主要以土地的方式呈现。占领更多的土地，以获得更多的人口和资源，就成为一项事关政治共同体生死存亡的"国家理性"，所谓"国之大事，在祀与戎"。正是在此起彼伏的战火硝烟中，国家版图不断地分裂整合，也因此一次次地证成或证伪(justify or falsify)国家的根本法。要想赢得战争的胜利，就必须不断地诉诸共同体的使命与目标。同时，战争的推进和国界边疆的拓展，又进一步强化了国家理性，实现了治理目标，并成为国内矛盾的减压阀。一个政治共同体是否具有长久的生命力和文明活力，很大程度上就在于他是否拥有并能不断拓展自己的新边疆。② 因此，当我们今天说中国是世界上历史最悠久的国家之一，这里的"中国"就是个文明的概念，文明的核心就在于拥有共同的根本法。这种根本法除了四书五经、三纲五常这些宪制的要素，当中更关键的，可能还是继承自秦皇汉武延续到唐宗宋祖，再到元、清这样的草原帝国为文明中国共同打造并不断拓大的这片广阔疆土。③ 今天法史学界高度评价《清帝逊位诏书》的历史意义，一个重要原因就是通过这份重要历史文件，实现了主权的和平且完整移转，在君主主权向人民主权"翻天覆地"历史转型的宪法时刻，中国的根本法得以保

---

① ［美］托马斯·杰斐逊：《杰斐逊选集》，朱曾汶译，商务印书馆 2011 年版，第 478～484 页。

② Frederic Jackson Turner, "The Significance of the Frontier in American History", in R. E. Kasperson and J. V. Minghi, eds., *The Structure of Political Geography*, New York, Routledge Press, 2011, p. 8.

③ 历史学统计，古代中国面积最大的三个朝代分别是元(1372 万平方公里)、清(1216 万平方公里)和唐(1076 万平方公里)，关于中国历代王朝和王国的疆域面积，参见宋岩：《中国历史上几个朝代的疆域面积估算》，载《史学理论研究》1994 年第 3 期。

存——"仍合满、汉、蒙、回、藏五族完全领土，为一大中华民国"。①

"二战"以后，和平与发展成为国际政治的时代主题。在"互相尊重主权和领土完整"的国际法基本原则制约下，战争受到国际法和国际组织的严格限制。同时，在世袭王朝国家向民族国家转型的过程中，传统国家不确定的边陲地带，在现代国家中转变成数学般精确划定的领土疆界。②"寸土不让"或"寸土必争"成为领土主权的内在规定，这使得借助传统战争手段拓展国界边疆的空间政治变得不再可行。当然，政治家和法学家们很清楚，战争不是目的，战争只是实现治理和发展目标的手段。甚至土地本身也并不重要，除了构成国家三要素的"领土"外，其他土地只是财富的载体之一。更恰切地说，土地是农业和工业社会最重要的财富载体；但在金融信息社会里，土地的财产价值降到了最低，科技、资本和数据才是最重要的财富。在现代社会，如果说哪块土地值钱，那也不是"土地"自身重要，而是那块土地承载了海量的科技、资本和数据。不然的话，同样是一套60平方米的房子，为什么在鹤岗近乎"白菜价"，而在北京却可能卖到上千万呢？既然土地只是财富的载体之一，而且还是一种不那么便利的财富载体，假如存在更好的财富载体和更有效率的财富获取途径，又何必一定要通过"战争"——更准确地说是传统"热战"——这种既不符合国际法又颇显粗糙笨拙的方式来夺取土地呢？你看看"二战"后，除了巴以冲突这种历史遗留问题，全世界哪还有为获取领土而爆发的战争！

这就迫使政治家和法学家进化解决思路：将非常态的"战争"转变为常态化的精巧隐蔽的"斗争"，升级斗争技艺以开辟全新空间。升级斗争技艺和开辟新空间二者并不冲突，不是择一关系，而是主次关系。一个拥有强大能力的国家，完全可以通过升级斗争技艺的方式开辟新空间，也可以在开辟新空间的历史进程中，逐步升级斗争技艺。能否将两种甚或多种不同的治国技艺有序整合，形成切

---

① 高全喜：《立宪时刻：论〈清帝逊位诏书〉》，广西师范大学出版社2011年版，第72~85页。亦可参见杨昂：《清帝〈逊位诏书〉在中华民族统一上的法律意义》，载《环球法律评论》2011年第5期。

② ［英］安东尼·吉登斯：《民族—国家与暴力》，胡宗泽、赵力涛译，生活·读书·新知三联书店1998年版，第87~92页。

实有效的公共政策，本身就是至关重要的国家能力。① 今天我们说美国是世界上唯一的超级大国，很大程度上就是因为美国在"二战"后能够迅速调整战略，将升级斗争技艺和开辟新空间娴熟地结合起来，建构了新的"世界帝国"。② 尽管我们不必认同，但站在尼采哲学"超善恶"的视角考察，就应当承认，正是由于美国擅长调用和支配包括科技、金融、经贸、军事、法律、意识形态在内的多种精湛斗争技艺，从而将"新边疆"从本土推向了全世界甚至宇宙空间，③ 从现实空间推向了虚拟空间，从经验事实的地域空间推向了价值认同的人心空间。从这个角度而言，高通公司、对冲基金、星巴克、301 调查、TRIPS 协议、长臂管辖、云法案、好莱坞的影视大片……这些都可以看作是服务于美国"世界帝国"战略的斗争技艺和前哨先锋。而更为紧要的是，这些斗争技艺都是光明正大的"阳谋"，是清楚明白摆放在台面上的组织、制度与规则，是与全球治理的政治经济法律体系紧密相关的合法竞争手段。你可以不认同它，但无法否定它，更不能无视甚或违反它。

这就给中国的法律人—政治家（Lawyer-stateman）一个重要警醒，必须尽快升级我们的斗争技艺，从而为中国的命运前途开辟新空间。改革开放以来，我们在反思"以阶级斗争为纲"的社会语境下，按照矫枉必须过正的思路，几乎是彻底否定了中国革命的斗争哲学。以为放弃斗争，专心致志地埋头搞经济建设就能实现国家稳定繁荣富强。然而，法国阿尔斯通公司和中国中兴通讯以及华为公司遭

---

① 王绍光在 1992 年开始系统论述"国家能力"的命题，并先后总结出汲取、强制、濡化、统领、再分配、规管、吸纳、整合、学习—适应、认证 10 种国家能力，最新的论述，参见王绍光：《国家能力与经济发展》，载《经济导刊》2019 年第 8 期。

② 关于美国战后建构"世界帝国"的战略转型，以及民主党和共和党建构世界帝国的不同思路，参见强世功：《世界帝国的战略转型与中美"贸易战"》，载宋磊等：《超越陷阱：从中美贸易摩擦说起》，当代世界出版社 2020 年版，第 12~23 页。

③ 美国早在里根总统时期，就提出过抢占太空的"高边疆战略"，并以此发展了"星球大战计划"。前任总统特朗普在 2018 年 6 月 18 日下令组建了美国太空军（guardians），太空军独立于空军，属于美国武装力量的第六军种。而在 2020 年 5 月 27 日，参议员查尔斯·舒默领衔，两党重量级议员托德·杨、罗·卡纳和迈克·加拉格尔组成的两党联合立法小组进一步提出了《无限边疆法案》（Endless Frontier Act），旨在通过增加对未来技术领域的发明、创造和商业化投资，巩固美国在科技创新方面的领导地位。参见刘国柱：《应对大国科技竞争的美国〈无限边疆法案〉》，载《世界知识》2020 年第 24 期。

遇的"美国陷阱"①和近年的中美贸易争端教育了我们，没有斗争的和平与发展只是一厢情愿，在不公正不合理的国际政治经济秩序下，新发展中国家的和平崛起本身就是一种"原罪"，并构成霸权主义和强权政治干涉的理由。正是清醒地认识到了这点，这几年中央领导同志开始重新重视斗争哲学，提出"实现伟大梦想必须进行伟大斗争"，广大领导干部要"发扬斗争精神，增强斗争本领，为实现'两个一百年'奋斗目标、实现中华民族伟大复兴的中国梦而顽强奋斗"。② 当然，斗争不是拼死蛮干，"斗争是一门艺术，要善于斗争。要注重策略方法，讲求斗争艺术"。③ 要把坚定的斗争意志与灵活的斗争技艺结合起来，为保障和实现根本法开辟新空间。

可燃冰的试采成功就是在为"实现中华民族伟大复兴的中国梦"这一根本法，而更新斗争技艺，开辟新空间。如前所述，成功试采可燃冰，并将天然气水合物正式批准列为中国第 173 个新矿种，这和化学家发现新元素，更新化学元素周期表的科学求真意志不同。这是来自主权者的政治决断，要将其放在突破霸权国家能源封锁，保障中国本土能源自主与能源安全的高度进行理解，因此是"社会主义制度可以集中力量办大事的政治优势"。为此，贺电中强调了要创新斗争技艺，要实现可燃冰"勘查开发理论、技术、工程、装备的自主创新"，同时"掌握深海进入、深海探测、深海开发等关键技术……向地球深部进军"。

当然，最精妙高深的斗争技艺从来不只是停留在外在物质的层面，而必须是同时作用于价值人心的"软实力"。正如我们在抗日战争、解放战争、抗美援朝战争时期，能够用"小米加步枪"战胜武装硬件比我们强大得多的敌人，依靠的不单是枪炮，还包括武装到心灵的中国化马克思主义理论与思想政治工作。未来的可燃冰研发之所以要突出"落实新发展理念，实施创新驱动发展战略"，就是在建构价值层面的斗争技艺。正是在这种硬实力与软实力相结合的斗争技艺驱动

---

① 揭露美国通过长臂管辖进行司法霸凌，对外国公司施展政治经济竞争的第一手资料，参见[法]弗雷德里克·皮耶鲁齐、马修·阿伦：《美国陷阱：如何通过非商业手段瓦解他国商业巨头》，法意译，中信出版社 2019 年版。

② 习近平：《发扬斗争精神增强斗争本领为实现"两个一百年"奋斗目标而顽强奋斗》，载《人民日报》2019 年 9 月 4 日，第 1 版。

③ 习近平：《发扬斗争精神增强斗争本领为实现"两个一百年"奋斗目标而顽强奋斗》，载《人民日报》2019 年 9 月 4 日，第 1 版。

下，可燃冰研究为中国文明复兴开辟了新空间，对推动"能源生产"和"消费革命"具有重要而深远的影响。

作为为全人类新能源立法所提前写好的"序言"或"立法诗"，贺电的用词克制而又精准。这里的指示非常明确，可燃冰研发为未来开辟的新空间指向的是能源生产，而不是旧模式下的能源进口或能源消费。为了避免误解，贺电专门用了个"和"字把"消费革命"与"能源生产"隔开，这意味着可燃冰研发所开辟的"消费革命"空间不是依附在新能源生产之下的满足自我需求的产品使用，而是在以国内大循环为主体、国内国际双循环相互促进新发展格局下的新型"消费革命"。受制于目前的可燃冰开采技术，这种新型"消费革命"的具体细节我们现在还不得而知，但它开辟的广阔空间未来却值得我们期待。想象一下，当 1983 年第一个可用于异构网络的 TCP/IP 协议问世，到 1991 年出现了最早的 Internet 服务提供商(ISP)和 WWW(World Wide Web)全球广域网，再到移动互联网突破而产生的"万物互联"，[①] 今天国际互联网技术已经渗透到信息社会的每一个细节，创造了无穷的发展机遇和产业空间。对比一下 30 年前和现在世界 500 强企业的名单，这会给我们坚持科学开发、理性推广可燃冰的新能源战略，捍卫中国生存与发展的根本法带来丰富的启示。

(二)先定承诺与代际综合

如果我们只凭借通过升级斗争技艺，开辟新空间政治的方式，来对抗时间流逝和岁月变迁，保证后代恪守根本法。那就意味着，我们只能依靠自由主义的法理学视角思考根本法问题。自由主义法理学是一种悲观主义的政治解决方案。出于对"人性"不信任，"我们应该假定每个人都是会拆烂污的瘪三，他的每一个行为，除了私利，别无目的"，[②] 所以由人掌握和行使的权力必然是恶的，"权力导

---

① 袁载誉：《互联网简史》，中国经济出版社 2020 年版，第 17~23 页。

② 汉密尔顿的原话，此类评价引用率更高的一句应该是美国"宪法之父"麦迪逊说的："政府之存在不就是人性的最好说明吗？假如每一个人都是天使，政府就没有存在的必要了。"经典文献中相关的表述实在太多，在此就不一一引用。政治哲学和法理学对"人性恶"传统的述评，参见张灏：《幽暗意识与民主传统》，新星出版社 2006 年版，上面汉密尔顿原话转引自此书第 88 页。

致腐败，绝对的权力导致绝对的腐败"。① 但由于政治权力又是一种"必要的恶"，这就需要用法律和制度来约束权力，把权力关进笼子里。为什么明知权力是"恶"的，却依然要依赖权力组织国家和政府呢？

围绕这个问题，启蒙哲学家们以"自然状态"为假定，给出了一个社会契约论的理论叙事。霍布斯认为，在自然状态下人处于绝对的自由和平等，这种自由是"用他自己的判断和理性认为最合适的手段去做任何事情的自由"，并构成阿伦特意义上"杀戮能力的平等"。② 于是自然状态下"人对人是狼"，彼此处于"万人对万人的战争状态"和"暴死"（violent death）的恐惧当中，"人的生活孤独、贫困、卑污、残忍而短寿"。欲超脱这种状况，"一方面要靠人们的激情，另一方面则要靠人们的理性"，正是出于怕死保命的"激情"和"对舒适生活所必需的事物的欲望"，"理智便提示出可以使人同意的方便易行的和平条件"，即让渡"所有的权力和力量"组建国家——"这就是伟大的利维坦（Leviathan）的诞生"。③ 另一个洛克版本的社会契约似乎更温情一些。洛克批判了霍布斯将自然状态与战争状态混为一谈的观点，认为"人们受理性支配而生活在一起，不存在拥有对他们进行裁判的权力的人世间的共同尊长，他们正是处在自然状态中。但是，对另一个的人身用强力或表示企图使用强力，而又不存在可以向其诉请救助的共同尊长，这就是战争状态"。既然人类天生是"自由、平等、独立"的，不存在必然的权威凌驾于人类之上，那为什么人类要给自己加上政府的负担呢？答案是自然状态有很多缺陷："第一，在自然状态中，缺少一种确定了的、规定了的、众所周知的法律，为共同的同意接受和承认为是非标准和裁判他们之间一切纠纷的共同尺度。……第二，在自然状态中，缺少一个有权依照既定的法律来裁判一切争执的知名的和公正的裁判者。……第三，在自然状态中，往往缺少权力来支持正确的判决，使它得到应有的执行。"④

① ［英］阿克顿：《自由与权力》，侯建、范亚峰译，译林出版社 2011 年版，第 285 页。
② ［美］汉娜·阿伦特：《马克思与西方政治思想传统》，孙传钊译，江苏人民出版社 2007 年版，第 36~56 页。
③ ［英］霍布斯：《利维坦》，黎思复、黎廷弼译，商务印书馆 2008 年版，第 92~97 页、第 131~132 页。
④ ［英］洛克：《政府论》（下），叶启芳、瞿菊农译，商务印书馆 2004 年版，第 19 节、124 节。

　　揆诸自由主义法理学的理论谱系，足以显见，不论哪个版本的社会契约论，国家的形成来自"两害相权取其轻"的理性选择，是为了解决自然状态的众多缺陷或不便利而不得已进行的功利算计。因此，国家与祖先、历史、传统、信仰、认同、文明这些高贵的事物无关，仅仅是施特劳斯意义上"低俗而稳固的秩序"（low and solid ground）。就此而言，自由主义法理学视野中的"国家"只具有工具理性，不具备目的价值。自由主义者可以出于自然权利与实际目标的理性考量，选择拥抱国家；一旦国家不能很好地满足这种利益需求时，基于功利权衡，他们就有可能考虑抛弃或是解散这个国家，或者选择他们心目中认为更好的国家。这就可以解释，为什么启蒙运动"在这个时期内，各种思想纷涌迭现，有些还相互矛盾，但有四个理念将它们连在一起，也就是理性、科学、人文主义和进步"。①自由主义国家只有依赖理性精神和科学技术的联手，并通过一个个具体显见的进步/增长，来竭力满足现代人不断滋长的欲求和愿望（"最大多数人的最大幸福"），从而获得某种"绩效合法性"，并导致产生了鲁本菲尔德所批判的"活在当下的政治"。意即自由主义政治的每一时刻，都如同记忆格式化后的全新重启，当中的社会个体也因为没有记忆的负担因而是彻底自由的，从而能实现个人偏好最大化的理性计算。这就致使其政治图景呈现完全碎片化、无时间性（timeless）特征。"活在当下的政治"不存在神圣历史，它每一时刻都处于"方生方死"的临界状态，生活在当中的人既没有过去，也没有未来，只保留了一个又一个彼此分裂而独立的"绽放"瞬间。②

　　也许自由主义者是真诚地相信"明天会更好"，不断进步的技术理性终有一天能够实现康德期待的"永久和平"。但严肃的法律人—政治家不会沉湎于这种"信念伦理"，他必须站在"责任伦理"的立场思考行动的后果和由此可能产生的责任，③ 以及更为重要的，当行动遭遇挫折导致根本法的目标出现困境时，审慎负责的判断和坚持到底的决心。说白了，就是要让根本法战胜人性的弱点，超越

①　[美]史蒂芬·平克：《当下的启蒙：为理性、科学、人文主义和进步辩护》，侯新智等译，浙江人民出版社 2018 年版，第 5~12 页。

②　Jed Rubenfeld, *Freedom and Time: A Theory of Constitutional Self-Government*, New Haven, Yale University Press, 2001, pp.16-42.

③　关于"责任伦理"和"信念伦理"的区别，参见[德]马克斯·韦伯：《韦伯作品集 I：学术与政治》，钱永祥译，广西师范大学出版社 2004 年版，第 261~265 页。

"活在当下的政治",建构"我们人民"(We the People)共同的历史记忆,走出时间,走向永恒。

1. 先定承诺

先定承诺(pre-commitment)是一种将根本法的"现实/当下"与"理想/未来"同"先祖政制/历史"前后关联的整体主义叙事,并以制宪时刻——政治共同体的生成与开端——来约束今人与后人之行动选择及公共政策制定的理论分析框架。"宪法写入先定承诺,其意旨在于克服集体的短视或意志脆弱",① 这个概念最初来自美国宪法解释的原旨主义(originalism)理论。原旨主义阵营内部存在不同侧重和细微分歧,但大多共享一个共同前提:应当采取"向后看"的视角,依据制宪者的意图或者宪法条文的原初含义来解释宪法。② 如今在美国,原旨主义已经成为一门显学。原旨主义者已经成功"渗透"甚至占领了法学院、律所、法院和政府各部门,借助"联邦主义者协会"(The Federalist Society)的组织协助,一批批新的原旨主义者还在源源不断地培养和输送到各个法律岗位。③ 然而即便如此,原旨主义却一直面临一个要害诘问:为什么今天的美国人——特别是有色人种、妇女和未成年人——仍然要受到一部两百年前,由一群毫无代表性且享有特权的白人成年男子所制定文本的约束?④ 这样的质疑,可不是单纯来自学者书斋里的想象,基本上美国历史上的历次宪政危机都和这个问题相关。例如,美国激进的废奴主义者威廉·加里森就抨击:"美国宪法是与死亡订下的契约,是与地狱达成的协议",并把这句格言印在自己的报纸《解放者》头版,还公开烧毁了多本宪法;⑤ 而美国史学界对南北内战起因也有解释认为,南部蓄奴州——特别是1789

① Cass R. Sunstein, "Constitutionalism and Secession", *University of Chicago Law Review* 58, 1991, pp. 633-639.

② 关于原旨主义的历史由来,参见[美]斯蒂夫·卡拉布雷西:《美国宪法的原旨主义:廿五年的争论》,李松锋译,当代中国出版社2014年版,第42~67页;汉语法学对原旨主义的详尽梳理,参见侯学宾:《美国宪法解释中的原旨主义》,法律出版社2015年版,第57~83页。

③ 左亦鲁:《原旨主义与本真运动——宪法与古典音乐的解释》,载《读书》2017年第8期。

④ [美]戴维·施特劳斯:《活的宪法》,毕洪海译,中国政法大学出版社2012版,第16页。

⑤ [美]路易斯·梅南:《形而上学俱乐部:美国思想的故事》,舍其译,上海译文出版社2020年版,第3页。

年以后成立的那些州——加入合众国的前提，就是美国宪法承认奴隶制的合法存在。既然大家现在因为奴隶制的道德正当性发生了根本分歧，无法继续合众为一，那就"大道朝天，各走一边"，分开过日子。这种"分裂之家"危机显然是任何一个政治家都无法承担的历史责任，林肯总统最初选择退让，承诺不急于废除奴隶制。但南方各州却不肯妥协，认为"可以自由加入却无法自由退出联邦"才是对美国革命精神——自主决议之分离——的背叛，① 于是只能兵戎相见。为了妥善安抚这项诘问，弥合前代人与后代人、根本法与革命及人民主权之间的紧张，原旨主义者发展了各项"先定承诺"的学说。

耶鲁大学法学院是原旨主义宪法理论的重镇，围绕"先定承诺"命题的阐述也最不遗余力。保罗·卡恩认为美国的构成不是源于自由主义的社会契约，而是来自政治神学"对牺牲可能性的感知"，政治以修辞作为自身独特的话语形式，"政治修辞运用着牺牲的语言……激起了对超时间社区的参与"，我们之所以和建国一代和孕育"自由的新生"的内战一代和"二战"一代，包括接踵而至的移民团体和未来子孙产生共同体联结的关键就在于，"牺牲的语言将所有世代与其前辈关联了起来，并最终关联起了国家的革命性起源，其起源就是集体性的政治殉道的威胁"。② 巴尔金则试图协调原旨主义和"活的宪法"之间的理论紧张，原旨主义要求关注"国家在通过和批准宪法时赋予的含义"，但"活的宪法"却认为宪法应随着时间演进和先例积累而不断进化，以适应新环境而无须正式修改。③ 于是巴尔金提出了框架原旨主义（framework originalism）和"文本与原则的方法"（the method of text and principle），要求宪法解释者在解释宪法的时候"忠实于宪法的

---

① 美国革命被称为"独立革命"本身就是为了让殖民地从与英联邦的政治纽带中分离出去，所以南方州的政治家和同情者坚持，美国革命的精神就是"自主决议之分离"。这在另一份重要的立宪文本《独立宣言》（The Declaration of Independence）中表述得更为明确，《独立宣言》开篇第一句话就是："在人类事务的发展进程中，当一个民族必须解除其与另一个有关联的民族之间的政治联结时……"（When in the Course of human events, it becomes necessary for one people to dissolve the political bonds which have connected them with another……）Cf. Sean Wilentz, *No Property in Man*: *Slavery and Antislavery at the Nation's Founding*, Cambridge, Harvard University Press, 2018, pp. 112-127.

② ［美］保罗·卡恩：《摆正自由主义的位置》，田力译，中国政法大学出版社 2015 年版，第 232~235 页。

③ ［美］戴维·施特劳斯：《活的宪法》，毕洪海译，中国政法大学出版社 2012 版，第 27~41 页。

原始含义，特别是忠实于宪法文本中的规则、标准和原则"。据此，巴尔金阐述了一项限制与委托的法理：当宪法文本提供的是一项明确规则时，解释者就必须严格遵循规则，不得以自己的偏好任意解释，因为规则代表了宪法对未来的限制；而当文本提供的是一项标准或原则时，解释者却并不一定要受到那些原初立法者的约束，应当尝试确定文本背后的潜在原则，并建构与之一致的宪法阐释，因为标准或原则表达的是宪法对未来世代的委托。宪法对未来世代的委托和限制，其目的在于引导和规训未来政治。由此，忠诚于宪法文本转化为一项结构性承诺，文本自身也因对未来世代开放，而拥有了无与伦比的包容性。① 阿克曼的态度比较微妙，他的二元宪法观区分了日常政治时刻下的普通立法和宪法时刻下的高级立法，认为日常政治下的私人公民更关心经济家政事务，无法形成共同体意志，因此在日常政治中，未来世代的私人公民受制于制宪者的先定承诺，"阿克曼的二元宪法理论也在某种程度上表明了一种保存和维护的时间观，日常时刻的宪法解释主要在于对制宪时刻宪法的保存"。②

先定承诺之实质在于前代人对后代人设定的信托责任，是共同体的公共善（public good）优先于自由的前在约束，它将事关民族存继、发展的重大长远目标确立为根本法，并对其赋予了一种不容置疑的权威性，子孙后代对先定承诺的违反，必然构成对根本法的背叛。这与其说是根本法对民主的不信任，不如更准确地说是人性缺陷的救赎，"制宪者提出的宪法上的先定承诺之所以被后代人接受，是因为它预先消除了集体性自我毁灭行为的可能"。③ 不能片面乐观地认定，人性一定会随着社会发展和科技进步而自我完善——对于这一点，环境法的学者尤

---

① ［美］杰克·M. 巴尔金：《活的原旨主义》，刘连泰、刘玉姿译，厦门大学出版社2015年版，第39~63页。

② 丁晓东：《美国宪法中的时间观》，载《华东政法大学学报》2017年第1期。

③ ［美］史蒂芬·霍姆斯：《先定约束与民主的悖论》，载［美］埃尔斯特、斯莱格斯塔德主编：《宪政与民主——理性社会变迁研究》，潘勤、谢鹏程译，生活·读书·新知三联书店1997年版，第54页。引文略有调整，原文使用的术语就是 pre-commitment，译文将其翻译为"先定约束"，这里根据当前宪法学术语的习惯表述，将其调整为"先定承诺"。

其没信心——既然这样，不如从方法论上设立一项基础假定（postulate），① 认定创设政治秩序根基的制宪一代②具有更卓越的远见与美德，并用根本法限制了后代人的任性和孱弱。因为革命作为"新开端的起点"，通过使无限出场，以创新性、暴力性和不可抗拒性塑造了整个法权秩序，打破了有限，"意味着社会的根本性变化"。③ 这是真正意义上"开天辟地"的政治创世纪，代表着最高权威与绝对善好，一切的价值、秩序、正当性都由此创生，并受此评判。腐败、衰退、枯竭都是在此之后，随着时间演化和事物易朽本性而产生。因此"不忘初心"就是恪守根本法的先定承诺，在历史进程和现实环境中遇到任何逆境、挫折和困顿，都要坚持根本法确立的原则、立场和目标，回到秩序初造的开端，用根本法批判、规制腐化的现实和人性的缺陷。

2. 代际综合

先定承诺是祖先为后人设定的权威意志和长期契约。接下来存在的问题在于，如何确认根本法和其中的先定承诺？能不能简单推定，宪法（Constitutional

---

① 基础假定不一定是"事实"，而是学科共同体都要遵守的、不言自明且不再争议的起点或公理（axiom）。譬如数学和平面几何中的欧几里得公理（Euclid's Axiom and Postulates），经济学上的个人作决策、自私假定。张五常：《经济解释（卷一）：科学说需求》，中信出版社2014年版，第69~75页。法学领域，凯尔森的"基础规范"就是这样一个postulate，总有人批判凯尔森的基础规范没有实质内容，是"建立在流沙之上的空洞和虚无"。殊不知作为postulate的基础规范本来就不是实体论要素，而是认识论意义上的法学方法，是凯尔森建构纯粹法学体系的逻辑原点，一如上帝从空虚和混沌中（void and formless）以"言"创世。"The postulate of purity is the indispensable requirement of avoiding syncretism of methods, a postulate which traditional jurisprudence does not". Cf. Hans Kelsen, Law, "State and Justice in the Pure Theory of Law", *Yale Law Journal* 57, 1948, pp. 377-390.

② 不限于建国一代的国家缔造者（Founding Fathers），那些具有深刻历史洞察力和政治动员能力，能够以行动团结社会共识并推动宪法变迁的法律人—政治家群体都属于这里的"制宪一代"。从这个意义上说，我们是"温和"而不是"强硬"的原旨主义者。也不用过于担心这种立场上的缓和，会导致后来人可以任意变更甚或否定根本法。事实上，随着历史的延伸，根本法会产生自我确认的制度惯性和抵抗的能力，反抗一切试图违背根本法使命的程序变动。时间越久，根本法自我保护的能力越强。从这个意义上说，宪制的危机更有可能发生在创立后五十到一百年左右这个阶段。在这之前，有建国一代来守护宪制；在这之后，根本法已经产生了自我保护的能力，中间阶段才是最危险且脆弱的时期。这就是林肯的"葛底斯堡演讲"开篇第一句"八十又七年之前"（four score and seven years）和党的十八大提出"两个一百年"奋斗目标的法理意涵。

③ [美]汉娜·阿伦特：《论革命》，陈周旺译，译林出版社2011年版，第9~11页。

Law）就是根本法（Constitution）呢？显然不能！一来，根本法作为国家长期的生存/发展目标，并非仅存于宪法典文本之中；① 二来，绝大多数国家宪法中都明确规定了修宪程序，如果先定承诺是制宪一代为后人设定的"尤利西斯的自缚"，② 那该如何保证后代人不会受到各种诱惑，径行通过修改宪法的方式背弃根本法呢？

对此，阿克曼在其系列作品《我们人民》第一卷中初步给出过一个"代际综合"（multi-generational synthesis）的解决方案，颇有启发意义，但没有深入论证。据说正在写作的第四卷《解释》中将会有全景式阐释。③ 从目前已出版的论著来看，阿克曼的理论意图大致是为了批判民权革命之后，美国宪法学研究将联邦最高法院无限拔高，视之为"改革先锋"的错误倾向。反其道主张联邦最高法院应代表保守的力量，大法官在司法审查时应"把美利坚合众国看成一列火车，法官们坐在列车的尾部，注视着身后"，而不是"勇敢者，向前"。具体而言，"我们人民"在宪法时刻用这一代主权者的意志与行动，修改了根本法的"某些而不是全部的内容"，大法官不能无视这种历史变迁，但也不能放任时间和民主冲动悬置乃至废弃根本法。大法官们的宪法解释要实现一种代际综合，"把如此不相协调的过去置于当下的宪政整全中"。为此，阿克曼将美国宪政史类型化为建国、重建和新政三种传统——后期加上了民权革命——联邦最高法院的解释要在上述

---

① ［美］乔治·P. 弗莱切：《隐藏的宪法：林肯如何重新铸定美国民主》，陈绪刚译，北京大学出版社 2009 年版，导论。

② 在英雄传说《奥德赛》中，西西里岛附近海域有一座塞壬岛，岛上有鹰翅女妖日夜唱着魅惑人心的魔歌引诱过往船只。凡是听到歌声的水手都会调转航向寻着魔音驶去，最后在那片暗礁密布的大海中触礁而亡。特洛伊战争的英雄尤利西斯曾路过塞壬女妖居住的海岛，为了能活着经过，尤利西斯下令水手们用蜡封住耳朵，免得被女妖的歌声所诱惑。但他自己却没有塞住耳朵，想听听女妖的声音到底有多美。为防止意外，他命令水手们把自己绑在桅杆上，并叮嘱他们无论如何不能给他中途松绑，而且他越是央求，他们越要把他绑缚得更紧。果然，船行中途，尤利西斯看到女妖们翩跹而来，歌声婉转动人心智。他心火欲焚，急于奔向她们，高呼同伴们放他下来。但水手们根本听不见他在说什么，奋力向前划船。其中一位叫欧律罗科斯的同伴眼见他的挣扎，知道英雄此刻正饱受诱惑的煎熬，反而上前将他绑得更紧。就这样，他们最终平安通过了塞壬岛。经济学家布坎南曾引用过埃尔斯特的《尤利西斯和塞壬》，并把这个寓言视为"对未来选择做出先期限制（pre-commitment）"。参见［美］布坎南：《宪政经济学（下）：规则的理由》，秋风、冯克利等译，中国社会科学出版社 2004 年版。

③ 田雷：《重新讲述美国宪政史——〈阿克曼文集〉总译序》，载《社会观察》2013 年第 11 期。

几种传统之间实现代际综合，"辨别早期宪法中的哪些方面安然度过了……把这些存活下来的部分分离出来以后，再将它们综合到新的原则性整全里面，这个新的原则性整全表达了……以人民的名义所肯定的新理念"。① 美国特殊的司法审查体制使得"美国最高法院通过司法审查来造就一个穿越世代（intergenerational）、弥合代际断裂的政治文化共同体"，其中"大法官只有终身任职，才能够超越数个时代，于其自身实现代际综合（intergenerational synthesis）"。② 但这种解决方案对美国以外的国家，显然不具有普适性。

事实上，在一个拥有多重传统的历史国家，型构代际综合具备多元化的实践路径。精英群体主动运用高度自觉的理论意识，在多种学术、文化传统之间寻求平衡的知识重构，本身就是一种有效的代际综合方式。③ 这方面甘阳早在2005年就提出过"通三统"的问题，他认为当下中国同时并存邓小平的改革传统、毛泽东的革命传统和孔夫子的儒家文化传统，共同构成"一个中国"历史文明连续传统，中华民族复兴的希望就在于实现三种传统的融会。④ 张旭东在中华人民共和国成立60周年的时候，从"两个六十年"的角度讨论过"人民共和国的根基"。⑤ 而真正的深邃来自政治家的历史眼光和政治智慧。在1979年"文化大革命"结束之初，论及对毛泽东和毛泽东思想的评价问题时，邓小平就明确表示，"确立毛泽东同志的历史地位，坚持和发展毛泽东思想，这是最核心的一条"，"对毛泽东同志的评价，对毛泽东思想的阐述，不是仅仅涉及毛泽东同志个人的问题，这

---

① ［美］布鲁斯·阿克曼：《我们人民：奠基》，汪庆华译，中国政法大学出版社2013年版，第91~105、124~126页。

② 刘晗：《合众为一：美国宪法的深层结构》，中国政法大学出版社2018年版，第121~123页。

③ 刑法学方面的一个学术尝试，参见邵六益：《法学知识"去苏俄化"的表达与实质——以刑法学为分析重点》，载《开放时代》2019年第3期。

④ 甘阳：《通三统》，生活·读书·新知三联书店2007年版，上篇。

⑤ "第一个60年（1919—1979）是一个整体，是一个完整的合法性论述，不应机械地以1949为界把它割裂开来——我们今天纪念人民共和国的第一个60年，不是为了把1949变成一个时间之外的纪念碑，而是要在此前和此后的历史运动中，重新把握它的伟大意义。离开内在于第一个60年的'新旧对比'，我们就无法建立起有关新中国第一个三十年自身历史正当性的正面论述。不先验地确立这样的正当性论述，在第二个60年（1949—2009）的框架里面，我们面对两个三十年的连续性和非连续性问题时，就会进退失据，语焉不详。"张旭东：《试谈中华人民共和国的根基——写在国庆60周年前夕》，载《原道》2010年第1期。

同我们党、我们国家的整个历史是分不开的。要看到这个全局","毛泽东思想这个旗帜丢不得。丢掉了这个旗帜,实际上就否定了我们党的光辉历史"。① 习近平则明确指出,改革开放前和改革开放后两个历史时期绝不是彼此割裂的,更不是根本对立的。"对改革开放前的历史时期要正确评价,不能用改革开放后的历史时期否定改革开放前的历史时期,也不能用改革开放前的历史时期否定改革开放后的历史时期。改革开放前的社会主义实践探索为改革开放后的社会主义实践探索积累了条件,改革开放后的社会主义实践探索是对前一个时期的坚持、改革、发展。"②

从"先定承诺"和"代际综合"的逻辑关联来看,二者之间的理论紧张来自上代人—当代人—后代人之间自然生命的断裂。制宪一代当然希望根本法能够管"千秋万代",但人注定会死,这就产生了子孙后代是否会背离祖宗成法的承诺效力问题。③《三体·黑暗森林》中刘慈欣借助科学技术——长期冬眠延续了制宪者的长久生命来守护面壁宪法,但那毕竟是科幻。反倒是社群主义与共和主义的理论资源,给我们提供了一条建构主义叙事法理学的解决方案:把上代人—当代人—后代人,用"讲故事"的方式建构为完整的命运共同体。

社群主义哲学领军人物麦金太尔提出了"叙事性自我"的概念,认为"人不仅在他的小说中而且在他的行为与实践中,本质上都是一种讲故事的动物",人的生活故事始终镶嵌在那些人由之获得自我身份的共同体故事之中。"叙事性自我"使"我"在故事过程中被他人合理地理解,同时让"我"成为他人故事的一部分,正如他人也是"我的故事"的一部分。就此,每一个人具体的生活叙事都成为彼此相互联结的叙事系列,共同体的同一性变成了叙事的统一性,"除了通过构成社会之最初戏剧资源的那些储存的故事,我们无从理解任何社会,包括我们自己的社会"。④ 共和主义理论健将麦克尔曼基于对美国宪法文本"权威—书写综

---

① 转引自张国祚:《邓小平评价毛泽东的大局观及现实意义》,载《红旗文稿》2014年第14期。

② 习近平:《关于坚持和发展中国特色社会主义的几个问题》,载《求是》2019年第7期。

③ 孔子在这方面无疑是个悲观主义者,"三年无改于父之道,可谓孝矣",能管三年就不错了。参见(春秋)孔子:《论语·学而》,杨伯峻译注,中华书局2017年版,第7页。

④ [美]A. 麦金太尔:《追寻美德:道德理论研究》,宋继杰译,译林出版社2011年版,第273~274页。

合征"的判断，提出了"自治政府"与"法治政府"这对范畴："自治"的主体是"我们"，属于当下之治；而"法治"的主语是法律，其必定生成于某个先于当下的时刻，是过往之治。二者存在显见的紧张。解决这一紧张的关键在于形成一种"法律生成的政治"，让法治的主语"法律"同时也是自治的主体"我们"，进而赋予其立法产品以一种作为"我们的法律"的效力感。① 而实现这一融合的关键，就要求"我们"以积极公民的姿态参与到慎议民主（deliberative democracy）的公共政治当中。

带着这些启示，让我们回到中国问题本身。根本法——在本书语境中就是围绕"可燃冰"生成的生态文明与能源安全的话语和实践——如何跨越时间？这首先需要借助科学话语的力量，充分证明可燃冰的安全价值、商业价值和环保价值。后代人长期坚守根本法的理据就在于，先定承诺代表了自然正当（Natural Right）因而是正确（Right）的。② 作为知识精英，孔子恪守"先王之道斯为美"是出于信而好古的信念，舍斯托夫笃信"道成肉身"是源于"惟其荒谬，故而可信"（Credo quia absurdum est）的宗教虔诚。这种信念或信仰来自古典哲人对宇宙天地自然等级秩序的真理确认，是一元、客观的自然正确。然而，在一个"祛魅"（disenchantment）③的现代世界里，"正确"意味着经得起科学程序的检验，并符合多数人的利益预期。根本法如欲动员当代及未来世代的多数人，共同参与到共同体的叙事和想象中，就必须依赖前述自由主义斗争的技艺，包括题中应有之义的理性科学机制，从而让后代拥有足够的知识确信，相信根本法是正确的，进而使得这种相信成为正义的。

---

① 麦克尔曼宪法理论的详细介绍，参见田雷：《宪法穿越时间：为什么？如何可能？——来自美国的经验》，载《中外法学》2015 年第 2 期。

② 施特劳斯区分了自然正当（Natural Right）和自然权利（Natural Rights）。前者来自古典政治哲学必然性的规定，后者来自现代政治哲学人为的同意。中译本用"自然权利"同时指称了古典自然正当与现代自然权利的双重意涵，显得颇为混乱，甘阳在书前的长篇导读中就批评了这个翻译。参见甘阳：《政治哲人施特劳斯：古典保守主义政治哲学的复兴》，载［美］施特劳斯：《自然权利与历史》，彭刚译，生活·读书·新知三联书店 2003 年版。相关辨析的最新文献，可参见刘洋：《对〈自然正当与历史〉中的古典自然正当的辨析和阐明》，载《南京社会科学》2020 年第 8 期。

③ "从原则上说，再也没有什么神秘莫测、无法计算的力量在起作用，人们可以通过计算掌握一切。而这就意味着为世界祛魅。"［德］马克斯·韦伯：《学术与政治》，冯克利译，生活·读书·新知三联书店 1998 年版，第 29 页。

其次，针对可燃冰的研究，自然科学和人文社会科学要联手形成"叙事共同体"。自然科学不能有知识的傲慢，认为可燃冰就是个"科学"问题，拒绝人文社会科学的介入；反过来，人文社会科学也要有恢宏的问题视野，要认识到可燃冰开采所涉及的新能源战略，事关生态文明和国家的能源安全，要在科学技术的管理下形成一套整体可欲的秩序安排。科学话语和法学话语携手，需要围绕可燃冰形成若干共通的"核心语汇"。核心语汇或因抽象而略显空洞，但也因此生发出一个开放性反思空间，可以允许身处不同价值立场的利益群体投入自己的利益和想象，建构有利于自己的解释。这就是前述"以积极公民的姿态参与到慎议民主的公共政治当中"的一种现实途径——话语参与和叙事争夺。申言之，慎议民主区别于激进民主的核心意涵就在于，不必依靠"群众必得出场"的广场政治，而是凭借受宪法保障的表达自由针对重大公共议题辩论发声，借助真理的自由市场凝结共识、遴选"核心语汇"。如此，过去、现在、未来世代的所有重大争议可以依托在这些"核心语汇"上获得符号层面的统一，针对这些"核心语汇"发生的话语权争夺，也因此造就出一个属于"我们的法律"的解释共同体，"我们"在叙事中诗意地栖居。

最后，每个时代都有深化改革的现实需求，与祖先和解，恪守先祖政制的根本法不等于抱残守缺。从"深化改革"的角度，每个世代都将面临自己特有的挑战和时代任务。王进喜那一代要解决的问题是"这困难那困难，国家缺油是最大的困难"；而在"两个一百年"奋斗目标完成前的这一代乃至下一代，要解决的或许就是"天然气水合物勘查开采产业化进程"。每一代人都有权将自己的解决方案和斗争技艺注入根本法，并在诸如绿色发展、生态文明、能源安全这些"核心语汇"下达致表面共识。但至关重要的是，每一代人必须清楚意识到，他们只是所有"死了的——活着的——未来的"无数世代中的一代，当下的"深化改革"理应对每一代人负责。这也意味着，如果"深化改革"的进程过于迅疾，矛盾空间激烈，导致"核心语汇"下的表面共识可能破裂，法律人—政治家们"要通过修辞甚至'高贵的谎言'来掩盖这种突破或断裂……这可能也是宪法在现实中打败时间唯一的可能"。① 于是，看不见摸不着的"社会契约"变成了"一代人讲给一代人

---

① 左亦鲁：《一代人来一代走——〈三体〉、宪法与代际综合》，载《读书》2020 年第 7 期。

听"的故事。故事在流传中，细节可能发生变化，但故事里的角色和框架会一直保存，形成传奇。而那些有能力创造、发展并维护叙事共同体"核心语汇"的法律人—政治家，就成为根本法的守护者和先定承诺的监督者。

第二节　能源安全视域下的可燃冰

中国自从"新文化运动"确立了"德先生"（Democracy）与"赛先生"（Science）的历史地位，民主与科学就成为百年中国的时代关键词。两位先生其实个性不同，"德先生"主张将权威建立在多数人同意的基础上，关心的是如何组织、动员、教育大众参与到公共事务中的政治问题；相比而言，"赛先生"显得更为高冷疏离，倾向认定"真理往往掌握在少数人手中"，注重收集客观数据作出可靠结论，"有一分证据说一分话"。正是凭借颠扑不破的中立客观事实和可操作性的复现验证程序，科学的"经验真理"构成了对民主"多数激情"的有效制约。

对于中国当下的能源安全问题，我们也必须坚持一种科学的求真意志。要客观正视到，尽管经过李四光、余秋里、王进喜等那一代最优秀中国人的不懈努力，我们已经能自己出产原油。但相对于中国正在进行的现代化建设尤其是规模工业所需求的石油总量而言，我国还远不达自给自足标准。总体而言，中国依然处于"贫油时代"。[①] 改革开放以来，中国经济一直保持着高速发展的强劲态势，并已成为仅次于美国的世界第二大经济实体。大量的基础设施建设和工业增长势必消耗海量的能源、物质资源，于是，旺盛的石油进口需求一方面反映出中国依然具备稳步提升的发展潜力，同时也暴露出我国石油对外依存度过高的能源缺口问题。在 2017 年的时候，国际能源署（IEA）在北京发布了《世界能源展望 2017 之中国特别报告》就预测，到 2020 年左右中国将成为世界第一大石油进口国。该报告具体指出，能源需求的重心正向新兴经济体转移，尤其是中国、印度和中东地区这些新兴经济体将推动全球能源需求增长超过 1/3。预计 2020 年后中国将成为世界最大的石油进口国，而美国受益于页岩气开发，将在 2035 年前实现能源自给自足。该报告同时还预计，到 2035 年中国能源消耗总量将比当前水平增长50%，人均能源需求增长 40%，达到与欧洲相同的水平，届时中国将成为世界最

---

① 杨青：《中国又回到"贫油时代"》，载《中国国家地理》2004 年第 12 期。

大的能源消费国。① 而事实上,我国石油已探明储量较低,2015—2019 年中国原油进口量持续增长。截至 2019 年年底,我国石油储量为 36 亿吨,占全球储量1.5%,储采比为 18.7%,石油严重依赖进口。据海关总署数据,2019 年中国原油进口量达到 5.0572 亿吨,同比增长 9.5%,石油进口规模创下历史新高。② 而根据国家海关总署的最新统计,中国 2020 年全年原油进口 5.4239 亿吨,逆势上涨了 7.3%,进口金额为 1.22 万亿元。总体来说,中国的能源格局将长期处于"富煤、贫油、少气"的局面,③ 这正是"推进煤炭清洁化利用"在 2019 年写进国务院政府工作报告,以及能源产业界呼吁警惕盲目"去煤炭化",提倡发展"煤制油"的科学基础。④

然而必须注意到,煤炭作为一种不可再生资源,除了过度开采可能产生的环境污染和资源枯竭问题外,在当前国际社会重点关注全球气候变化,并由此形成了《联合国气候变化框架公约》《京都议定书》和"巴厘路线图"等一系列相关国际立法的"碳政治"语境下,⑤ 煤炭消费所不可避免产生的高二氧化碳排放问题,容易引起国际舆论的关注甚至批评,不排除还会引发西方国家的"碳关税"反制。⑥

---

① 《中国 2020 年将成为全球最大石油进口国》,载《能源与节能》2018 年第 1 期。

② 前瞻产业研究院:《2020—2025 年中国石油天然气开发行业市场前瞻与投资战略规划分析报告》,调研报告;亦可见前瞻网:《十张图带你看 2020 年中国石油进出口发展现状与趋势分析原油进口增速加快》,载维科号:https://mp.ofweek.com/chuneng/a756714114047,2021 年 2 月 10 日最后访问。

③ 贾科华:《能源结构不合理不能仅归因于资源禀赋》,载《中国能源报》2016 年 1 月 25 日,第 3 版;王庆、刘坤伦:《打破"富煤缺油缺气"能源格局》,载《当代贵州》2013 年第 36 期。

④ 李斌:《让煤不再"英雄气短"》,载《人民日报》2017 年 12 月 27 日,第 5 版;刘虹:《我国能源转型中的煤炭战略定位必须鲜明》,载《煤炭经济研究》2017 年第 9 期;袁亮:《"智慧"出击,推动煤炭利用清洁化——院士把脉能源高质量发展》,载《中国能源报》2019 年 3 月 18 日,第 3 版。在这篇采访中,中国工程院袁亮院士将中国的能源格局表述为"缺气、少油、相对富煤"。

⑤ 马建平、罗文静、辛平:《国际碳政治》,国家行政学院出版社 2013 年版。

⑥ 李静云:《"碳关税"重压下的中国战略》,载《环境经济》2009 年第 9 期。有人站在"阴谋论"的角度认为"碳关税"是西方国家针对发展中国家实施的关税"讹诈",这种认知恐怕不妥。我国政府为了降低化石能源消费比例实现节能减排,早在 2009 年,财政部财科所等三个国家部委的科研机构就几乎同时发布报告,探讨中国碳税的征收时机和条件。2013 年 5 月,环保部提交的《中华人民共和国环境保护税法(送审稿)》就有将碳税写入了环境税的税目(该法于 2016 年 12 月 25 日通过,并于 2018 年 1 月 1 日起开始施行,但考虑到条件尚不成熟,正式通过的法案删除了"碳税"项目);7 月初,时任财政部部长楼继伟表示,政府将适时开征碳税。参见李凤桃:《碳税来了?》,载《中国经济周刊》2013 年第 36 期。

而"煤炭清洁化利用"则势必会增加企业的生产经营成本,生产企业可能消极抵触的同时,还将影响我国工业产品在国际市场上的竞争力。这些制约我国社会主义现代化建设跨越式发展的现实能源困境决定了,在巩固传统能源基本盘同时,政府必须以更积极有为的姿态着力推动新能源战略,重视开发包括可燃冰在内的氢能、海洋能、生物质能、潮汐能等多元能源格局,为解决本土能源安全和全球能源困境提供中国方案和中国智慧。

一、政治家的远见与行动

在一个走向法治的时代,民众和媒体都倾向于关注制度的宏大叙事,却忘记了祖先"徒法不足以自行"的教诲——再理想完美的制度,也离不开行动者的挣扎、斗争和推动,以至于今天法学院的学生可以把 Law in Action 挂在口上,却没有——还是懒得?——进一步思考"行动者是谁"的命题。于是现代法治也就成了一种"无主体的法治",这无疑是一场关于法治的"古今之争"。有争议是好事,并不是所有的争议都一定要有一个输赢分明的结果。正如上一节所言,只要"法治"还是共同体生活中的"核心语汇",所有关于法治的辩论、争拗和反思都有助于"我们"形成一个跨越世代的话语共同体,坚守根本法的先定承诺。但这至少可以带给我们一项反思,就是在继续推进现代法治"制度之治"的同时,也有必要重新梳理古典法治的思想遗产"认真对待人治",[①] 特别是在重大历史关头涉及共同体前途命运的重大事项,有必要高度重视先进政治精英的远见卓识和独断行动,正如没有了邓小平和罗斯福的名字,改革和新政也就不再成其为"邓小平改革"和"罗斯福新政"。

类似采用可燃冰这种新能源战略的重大转型,历史上也有相关事例,那就是工业时代石油取代煤炭的能源革命。今天史学界一般都承认,"一战"中英国海军的胜利,不是大炮的胜利,而是石油对煤炭的胜利。而推动这一胜利的,正是当时担任英国海军大臣的丘吉尔。

自 1776 年詹姆斯·瓦特改良并制造出第一台有实用价值的蒸汽机,推动世界工业进入"蒸汽时代",蒸汽机迅速成为船舰航行的动力,而煤炭正是其主要燃料。当时欧洲强国普遍拥有优质煤田,其中英国的南威尔士和德国鲁尔区出产

---

① 苏力:《认真对待人治》,载《华东政法大学学报》1998 年第 1 期。

的无烟煤，含硫量低，发热量高，是军舰的上佳燃料。[1] 然而，历史自有惯性，一旦加速就不再停留，能源革命很快到来。1859 年美国人埃德文·德雷克（Edwin Drake）首次采用机械装置，在宾夕法尼亚州泰特斯维尔镇成功进行了石油商业开采，揭开了世界石油工业的序幕。[2] 人们经过使用对比发现，石油相较煤炭具有无可比拟的优势。军舰使用改进过的燃油锅炉后，推进效率、航速和加速性获得大幅提升。燃烧与煤炭同样重量的燃油，军舰活动半径增加了 40%，燃料携带和补给也更为便捷安全。尤为重要的是，石油发热量和燃烧效率比煤炭更高，能够用更少数量的锅炉驱动更重吨位的军舰，这意味着可以腾出更多空间，荷载更多武器弹药，提升了军舰战斗力，缩减了战时的后勤人力消耗，推动了战争胜利天平的倾斜。基于上述原因，1904 年出任第一海军大臣的约翰·费希尔勋爵，力主用石油替代燃煤并断言："石油燃料将使海军战略发生一场根本的革命。它将是一个唤醒英国的事件！"但由于受到石油资源获取及运输保障问题困扰，外加负责煤炭供应的利益集团阻挠，出于妥协，他上任之初只得考虑先用一部分燃油锅炉置换并逐步替代燃煤锅炉。1905 年 3 月改装完成的战列舰"玛耳斯"号是最早搭载油煤混烧锅炉的主力舰。而后新造的英王"爱德华七世"战列舰直接采用了油煤混烧，并在续造的战列舰上逐步推广。[3] 费希尔"煤改油"的政策推动得异常艰难，于 1910 年壮志未酬就带着遗憾卸任了，所幸海军很快迎来了一位与他志同道合的接班人，1911 年，37 岁的丘吉尔由内政大臣转任为英国历史上最年轻的海军大臣。

丘吉尔决心用自己的政治生命为筹码，赌注是日不落帝国的国运。他坚定认为"煤改油"将决定帝国海军的未来，是以上任即下令，从 1912 年起新造军舰全部使用石油燃料，放弃燃煤锅炉，并亲自督造了同年规划的无畏级战列舰——"伊丽莎白女王"号（Queen Elizabeth）。该舰装备 8 门 15 英寸主炮，侧舷齐射火力 15600 磅，能将 871 公斤重的炮弹射到 32000 米开外。动力选择上完全采用燃油锅炉，这使得该级舰的输出功率达到 5 万马力，航速从 21.25 节大幅提高到 25

---

①　何庆倍：《一战，石油定乾坤》，载《中国石油石化》2018 年第 23 期。

②　张卫东、王瑞和、张锐：《论德雷克精神的形成与影响》，载《石油教育》2011 年第 3 期。

③　刘美清、张卫东：《英国"石油教父"的传奇人生》，载《石油知识》2011 年第 2 期；沈小波：《英国海军的石油之变》，载《能源》2012 年第 11 期。

节。在丘吉尔的主持下，1912—1914 年三个年度英国所造军舰全部使用燃油锅炉，到了 1914 年，英国海军总吨位达到 271.4 万吨，实力大幅提升。① 丘吉尔坚定推行把"海军优势建立在石油之上"，为了确保战争期间石油"必须绝对能够保障获得安定而切实的供应"，他设立了皇家石油供应委员会，任命前述费希尔勋爵为委员长，专门负责解决石油问题。② 并在 1914 年 6 月 17 日向下院提出了《英波石油公司筹资法案》，主张英国政府向英商于波斯卡扎尔王朝时期成立的英波石油公司投资 220 万英镑，掌握该公司 51% 股份，以此获得伊朗境内大部分石油、天然气的勘探、开发、精炼运输以及销售权。英国政府为此将派出两名董事进驻董事会，对涉及海军燃料合同问题和部分重大政治问题保留否决权。此外，还另外签订了一份颇具吸引力的合同，规定在 20 年内向海军部提供石油，英国海军将从公司利润中获取部分回扣。该议案最终以 254 票对 18 票的压倒多数通过。经过丘吉尔的高明斡旋，英波公司获得了巨额资金和海军这个可靠的买家，英国海军则解决了燃油供应问题，而政府成为英波公司股东后，财政经费问题也得到部分缓解。③

该法案通过后不久，"一战"爆发。德国海军战前也在加紧推进燃料石油化计划，但直到开战，他们也未全然完成"煤改油"的燃料转换。当时德国的主力战列舰"巴伐利亚"号 11 台锅炉中只有 3 台燃油锅炉，最高航速 21 节。这使得即便双方武器战力相当，但 4 节航速的优势让英国海军在海战中赢得了更大的战术机动。战争开始，英国海军根据长期对法作战的经验总结，坚定执行"我们的第一道防线是敌人的海港"，把战略前线从英吉利海峡转移到了北海。对德国黑尔戈兰湾进行远程封锁，以阻截德国从北海进入大西洋出口，断绝德国与世界的商业联系，"预期由这样的封锁产生的经济与财政压力将致命地伤害德国进行战争的力量"。④ 1916 年 5 月 31 日爆发的日德兰海战，是德国海军有望突破英国封锁的最佳也是最后机会。当时英国海军中将贝蒂在指挥战列巡洋舰编队执行诱敌任

① ［英］阿瑟·J. 马德尔：《英国皇家海军：从无畏舰到斯卡帕湾（第一卷）：通往战争之路，1904—1914》，杨坚译，吉林文史出版社 2019 年版，第十章、第十一章。

② 伊然：《丘吉尔让石油成为首要战略物资》，载《石油知识》2014 年第 2 期。

③ 江泓：《英国战列舰全史 1906—1914》，中国长安出版社 2019 年版，第 130 页。

④ ［英］温斯顿·丘吉尔：《第一次世界大战回忆录 1：世界危机（1911—1914）》，吴良健译，译林出版社 2013 年版，第 124~135 页。

务途中，突然遭遇德国公海舰队主力，英国海军主力救援不及，舰队即遭德国海军攻击。贝蒂旗舰被击伤，下令北退，但舰队还是落入德国军舰火力网。尽管情况危急，最终英国海军却倚靠石油燃料的航速优势，在主力舰队增援不力的情况下，与德国海军周旋20多分钟后，从容撤出了德舰炮火射程。日德兰海战后，英国海军依靠石油燃料的优势，牢控制海权，把德国海军困死在北海。[①] 后者虽拥有世界上第二大海军，却始终无力突破英国海军封锁，导致海上运输生命线被扼住，德国战败已成定局。

丘吉尔没有以海军大臣的身份负责整个一战。由于在达达尼尔战役指挥失当，丘吉尔受到非议，并于1915年5月，因政坛树敌过多而被迫退出海军部。卸任海军大臣后，他一度到西线服役，一个月后即调回伦敦，不久出任劳合·乔治政府的军需大臣，致力于坦克研发。在他的主持下，到1917年11月的康布雷战役之时，英国已可投入近400辆坦克参战，显示出巨大战争潜能。而在1918年8月的亚眠战役中，首次出现的以内燃机为动力的511辆坦克，大破德军防线，制造了战后德军鲁道夫将军形容的"那是德国陆军作战史上最黑暗的一天"。一战也由此被理解为"协约国是在石油的海洋上漂向胜利"。[②]

一位卓越的政治家可以成就一个伟大的帝国。当年丘吉尔坚持"煤改油"打赢了第一次世界大战，如今中国正走在实现中华民族伟大复兴的新长征上，也要以可燃冰新能源开发应对全球范围的能源之争。国际政治领域有一条屡试不爽的历史经验，小国或许可以依附某个大国获得安全保护与物资支援获得经济发展（例如战后的日本、韩国）；但大国却必须走自力更生独立发展的道路，依靠内在的力量把命运掌握在自己手中。古往今来所有的历史都证明了，没有哪个大国可以在关涉国家安全的战略物资掌握在其他国家手中的前提下，实现和平崛起或大国复兴。如果说，强大如美国都要通过开发页岩气摆脱中东石油输出国家的掣肘，那么，就看不出有任何理由支持中国通过进口油气的方式实现和平发展。其实，政治上的绝大多数问题从来不是硬性突破，而是另辟蹊径迂回解决的。打破

---

① ［英］温斯顿·丘吉尔：《第一次世界大战回忆录3：世界危机（1916—1918）》，刘精香译，译林出版社2013年版，第205~217页。

② 张志前、涂俊：《国际油价谁主沉浮》，中国经济出版社2009年版，第7~9页。书中记录的亚眠战役动用的坦克数是456辆，但笔者在网上搜索的多数资料统计是511辆，细节不影响结论——对石油的重视令协约国取得了胜利。

西方国家油气垄断的希望，不应该寄望于国际贸易市场的自由定价，而是借重对石油替代能源的开发上，期待用可燃冰、页岩气这类新能源革命取代石油霸权。正是站在这种国家安全和政治自主的立场，"法律对权利的界定不是为了降低交易费用，而是为了通过使交易不可能而实现治理……国家是在自由交易不可能的情况下才出现的强制性力量"。① 丘吉尔在一战备忘录中曾写道："主宰本身就是冒险的奖赏。"②今天，哪个国家的政治领导人有丘吉尔的勇气、远见和坚持，谁可能就主宰下一个新能源时代，并获得历史常青的赞美与命运对"冒险的奖赏"。可燃冰的未来对于企业来说意味着利润和市场，对于政治家而言意味着权力和全球秩序，这或许就是开篇贺电中更深一层的微言大义了。

二、国家能力与自主创新

一般认为，科斯对于经济学最大的贡献是在《企业的性质》中将"交易费用"（transaction cost）引入了经济学分析，这"引起经济学理论——至少是价格理论或微观经济学结构的彻底变革"。③ 此文同另一篇文章《社会成本问题》的核心论点"清晰的产权界定是市场交易的先决条件"，共同构成科斯获得诺贝尔经济学奖的实质理由。科斯的学术挚友也是诺奖宴会上代替他致辞的张五常，后来把科斯的贡献总结为："科斯强有力地说明了产权的清晰界定和足够低的交易成本是市场交易的先决条件。"④科斯的问题意识来自生活中的经验观察：从亚当·斯密创造了经济学开始，主流理论都认可市场受到价值规律"看不见的手"影响，能有效实现社会资源的最优配置。可如果市场真是最有效率的，微观个体在价值规律引导下的生产、消费、交换活动就能保证市场自发运作，为何会存在企业这类组织呢？企业规模的大小又是由什么因素决定的？科斯站在微观经济学的立场，看到了"企业的性质"，认为企业管理层的行政手段能够以更高效调节生产，从而

① 强世功：《科斯定理与陕北故事》，载《读书》2001 年第 8 期。
② 转引自［美］耶金：《石油风云》，东方编译所、上海市政协翻译组译，上海译文出版社 1997 年版，序言。
③ ［美］科斯：《论经济学和经济学家》，茹玉骢、罗君丽译，上海三联书店、上海人民出版社 2010 年版，第 3 页。
④ 张五常：《关于新制度经济学》，载［美］科斯、哈特等：《契约经济学》，李风圣主译，经济科学出版社 1999 年版，第 26 页。

回避或降低交易成本。因此，企业与市场是两种可以互相替代的资源配置方式。但如果站在凯恩斯所创建的宏观经济学立场，国家岂不是一种比企业更有效率的行政管理手段和资源配置方式？古典经济学为什么会那么敌视"国家"，认为"管得越少的政府是越好的政府"？社会主义国家的计划经济体制又为什么会普遍失效呢？

正是带着这些问题，我们看到了西方经济学理论"显白教诲"和"隐微教诲"的两面。我们首先要区分政治哲学和社会科学中的"国家理论"与"政府理论"。国家(country；commonwealth)是一个自然的历史概念，由山川、河流、土地、民俗这些具体的事物构成，① 如同环境法中的"环境"不是来自当代人的创造，而是继承自祖先的自然遗产并细心保存给未来的世代，由此"国家"沟通历史与未来，并联结了当代不同阶层、地域、民族、宗教、党派等利益群体，将其整合为一个命运/文明共同体。而政府是一个人为的理性概念，是通过动员选举、资源分配、公共行政、责任轮替这些行政的手段组建的管理组织，因此政府内部可能由于利益归属和派别立场的不同，存在彼此竞争、博弈和攻讦的侧面。由于"政府"内部存在不同的利益派别和立场站队，为了避免其中的强势集团利用行政公权力过度介入市场，谋取优势地位和私人利益，所以微观经济学对内强调政府退出市场，退出社会，让价值规律自发实现资源的优化配置；但站在国际政治经济竞争的对外层面，"国家"本身就是一个完整的命运/利益共同体，国富民强不是并列关系而是因果关系，国家理应毫不犹豫地为企业保驾护航参与国际竞争，占据更大市场，这正是"导弹射程决定市场边界"的"国家理性"(raison d'etat；reason of state)②学说。混淆了两种理论不同的边界用场，不区分国家与政府的差异，就一相情愿地主张干预或不干预市场，无疑是一种智识上的糊涂。

这当然不是在指责西方的经济学家们缺乏"智性真诚"在搞理论欺骗。事实

① 此处国家理论与政府理论的区分受到强世功教授 Country vs. State 的启发，当然他是在"一国两制"的范畴下区分两种不同的国家理论，参见强世功：《"一国"之谜：Country vs. State——香江边上的思考之八》，载《读书》2008 年第 7 期。

② 关于国家理性的思想史梳理，参见[德]弗里德里希·迈内克：《马基雅维利主义——"国家理由"观念及其在现代史上的地位》，时殷弘译，商务印书馆 2008 年版；关于该概念不同译法及其背后的理论争议，参见周葆巍：《"国家理由"还是"国家理性"？——三重语境下的透视》，载《读书》2010 年第 4 期。

上，在中国正式成为世界第二大经济体之前，绝大多数西方经济学家——科斯是个难得的例外——并不关注中国。他们的经济学文献是用英文写的，预期的受众也是西方国家，至少是以英语为主要工作语言的国家和地区的读者或决策者，或许这种理论适用场域的区分对于西方学者而言是不言而喻的默会的知识，他们实在没有必要刻意在文献中标注一个注释，清楚交代这是对内还是对外的主张。①又或许按照施特劳斯学派"秘传真理"的古典立场，"隐微教诲"本身就是需要经过专业训练，通过"字里行间"（reading between the lines）阅读术才能获取的真知。读不懂或者读懂了却没搞清楚理论的用场边界，应当反思的是囫囵吞枣、生吞活剥、盲目信靠西方理论的中国学者们——也包括本书作者自己——如何发展健全的阅读能力，平心静气、全面透彻地深入理解西方理论，这是中国朝野需要长远坚持的目标。

借助"国家理论"的视角，我们看到了国家深深介入国际经济竞争和资源掠夺"火枪加账簿"的冷酷一面。很多人经常批评清朝的"闭关锁国"导致了鸦片战争，然而"事实上，早在16世纪之前很久，中国就一直在亚洲东部和印度洋东部经济圈中扮演着非常重要的角色。到了16世纪，欧洲人从海路到达中国之后，以中国为中心的亚洲东部地区和以欧美为中心的世界其他地区，开始在经济上紧密地联系在一起，从而掀起了真正意义上的经济全球化的大潮。"②鸦片战争的真实原因是英国对华贸易长期存在巨额逆差，当正常的贸易竞争无法奏效，英国人就用走私鸦片的卑鄙手段来平衡贸易逆差，"闭关锁国"不过是英国拿来掩饰罪恶的借口和发动战争的"国家理由"。正如马克思当年所批判的："鸦片战争是英国用大炮强迫中国输入名叫鸦片的麻醉剂。"③

当英国取代了西班牙成为新的"日不落帝国"后，欧洲列强在全球争霸中逐渐取得军事、科技、贸易和金融领域的优势地位，并相应产生了"自由贸易"的经济学思想，用硬实力与软实力结合打开全球市场，将边缘国家纳为西方主要国

① 更激进的理论认为没必要区分国内市场和国外市场，市场治理术和治国术是一枚硬币的两面，都是政府的核心功能。参见［美］斯蒂文·K. 沃格尔：《市场治理术：政府如何让市场运作》，毛海栋译，北京大学出版社2020年版，第8~14页。

② 李伯重：《火枪与账簿：早期经济全球化时代的中国与东亚世界》，生活·读书·新知三联书店2017年版，第49页。

③ 《马克思恩格斯文集》（第2卷），人民出版社2009年版，第607~608页。

家的原材料产地和商品销售市场。为此，经济学先后产生了依附理论、（国际）劳动分工理论和全球价值链理论，这些理论背后的实质依据又来自李嘉图的"比较优势理论"：李嘉图区分了"绝对优势"和"比较优势"，绝对优势是针对不同个人、企业或国家间的生产优势；比较优势则针对个人、企业或国家自身而言，不涉及对外部他者的比较。"在一个具有充分商业自由的体制下，每个国家把它的资本和劳动置于对自己最有利的用途"，一个国家的比较优势就在于对自身"自然赋予的特定力量"的有效利用，由于每个国家都可能拥有不同"某种具有优势的产品……这种优势还相当可观"，那么"各国都更为合理地分配它的劳动资源，生产这种具有优势的产品"，然后"将其用于相互交换，各国就都能得到更多的利益"。①

李嘉图在原作中是以英国和葡萄牙在生产呢绒和葡萄酒的贸易分工来举例，理论表述含蓄而又克制。我们把英国和葡萄牙替换成发达国家与发展中国家，把呢绒与葡萄酒替换成自然资源和资源利用技术再作对比，理论的反讽效果就出来了：发达国家的加工制造和资源利用的技术水平，相对本国自然资源的开采更具比较优势；而发展中国家哪怕相对发达国家在技术和资源上都处于绝对劣势，但发展中国家至少在劣势较轻的自然资源储备和开采方面，相对本国的技术利用水准具有比较优势。于是按照比较优势的贸易原理，发展中国家应该提供原材料和自然资源，出口给发达国家；发达国家则应该研发更先进的资源利用技术，或者干脆由发达国家技术输出，直接在发展中国家投资设厂，利用当地原材料及廉价劳动力。

至此我们看到，标榜"价值无涉"②的经济学理论是如何正当化了一个不公正不合理的全球经济体系：发达国家为保护本国环境而限制资源开采，但却借助劳动分工和比较优势的国际贸易体系，收割了发展中国家的大量宝贵资源，将其永

---

① ［英］大卫·李嘉图：《政治经济学及赋税原理》，郭大力、王亚南译，译林出版社2011年版，第116~142页。

② 诺贝尔经济学奖获得者弗里德曼主张：（1）经济学中不存在价值判断。（2）这种矛盾的现象，部分地来自于这样一种趋势：将这些所谓的价值判断方面的分歧，用以回避对政策结论方面的分歧的说明。（3）市场本身是发展价值判断的一种机制，而不仅仅是价值判断的反映。［美］米尔顿·弗里德曼：《经济学中的价值判断》，载《弗里德曼文萃》，高榕、范恒山译，北京经济学院出版社1991年版，第37~55页。同样的立场，也可参见樊纲：《"不道德"的经济学》，载《读书》1998年第6期。

久地固定在资源输出国的地位。反过来还要用环境政治的话语机制，批评发展中国家不注重自然资源保护，影响了全球生态平衡，以此给发展中国家刻画下荒诞不经的"资源诅咒"。① 借助这种对思想话语的谱系学分析，给当代中国的可燃冰新能源战略带来了重要启示：必须高度重视国家在资源保护与配置，尤其是在国际政治经济竞争中的主导地位，强化科技创新和技术转化方面的比较优势，进而建立我国新能源产业在全球能源格局中的绝对优势。哪怕是出于建构一个更公正合理的全球治理秩序的角度考虑，中国也必须在确保自身能源安全和能源效率的前提下，才有能力运用自己所掌握的可燃冰创新技术，帮助广大发展中国家实现技术升级和资源有效开发，保护生态环境，对抗强权国家的能源霸权与资源诅咒，这恰恰是一个有志于建构人类命运共同体的文明国家践行"负责任主权"②的必然要求。为此，要注意以下几点：

1. 国家要形成新能源安全方面的顶层设计和协调保障机构

要把可燃冰的开发和应用与包括核电技术、光伏技术、氢能技术等前沿能源科技整合起来，实现内部的信息共享和无障碍的技术、设备交流。我们经常说，前文贺电中也强调，要"发挥我国社会主义制度可以集中力量办大事的政治优势"。什么是"社会主义制度可以集中力量办大事的政治优势"？要义就在于，社会主义国家以人民的根本利益和整体意志为依托，协调部门利益，集中资源和人才优势，通过计划、政策、方针、规划等多元途径，直接介入市场主体不愿做或者想做但无能力完成的，涉及国计民生和国家安全的重大工程项目中。降低甚或取消交易成本，克服市场的局限。这同时意味着，要实现马克思主义法理学的与时俱进——超越利润最大化的"资本逻辑"和"产权—竞争"话语，在内部抑制知

---

① 经济学家 Auty 在 1993 年提出的一项假说，把自然资源丰富却限制经济增长的现象称为"资源诅咒"，引起了发展经济学的广泛讨论。用该理论检视中国经济发展的文献，可参见 Ian Coxhead：《国际贸易和自然资源"诅咒"：中国的增长威胁到东南亚地区的发展了吗?》，载《经济学》(季刊) 2006 年第 2 期。

② 传统主权观认为主权就是不干涉他国内政，新的"负责任主权"由非洲政治家弗朗西斯·邓(Francis Deng)首倡，主张"国家政府有义务保障国民最低水准的安全和社会福祉，对本国国民和国际社会均负有责任"。后来经过不同学者拓展，"负责任主权号召所有国家对自己那些产生国际影响的行为负责任，要求国家将相互负责作为重建和扩展国际秩序基础的核心原则、作为国家为本国国民提供福祉的核心原则"。参见[美]布鲁斯·琼斯等：《权力与责任：建构跨国威胁时代的国际秩序》，秦亚青等译，世界知识出版社 2009 年版，第 8~13 页。

识私有，保护平等协作的集体创新，以牺牲、奉献精神作为神圣的天职/使命和自由的最高实现，牺牲小我，把个人利益和部门利益融入集体权利与责任的统一之中，让创新组织和创新精神在社会主义制度下达到资本主义国家难以企及的高度。① 事实上，新中国总体国家安全的基础工程建设，无论是创建核工业体系还是制订疟疾防治药物研究工作规划的"五二三任务"或者北斗导航系统，都是"在大协作中真正做到了思想上目标一致，计划上统一安排，任务上分工合作，专业上取长补短，技术上互相交流，设备上互通有无的 523 式全国大协作，充分发挥了部门、单位的人才和设备的优势"②得以实现的历史成就。

2. 建立长期目标的战略性思维，在解决可燃冰开采和应用技术时，坚持走技术自主路线

"'战略性思维'的实质是在力量或资源有限并存在不确定性的条件下，仍然相信存在获胜的机会，并据此做出最有利于获胜的行动选择。"③战略性思维与战术性筹划最大的区别是，前者着眼于未来，定位长远，是历史趋势的把握者甚至创造者；后者关注的是当下，即时回应，是历史趋势的尾随者，二者之间存在思想价值上的等级差序。战略性思维侧重的是事物的内因，要求自己掌握斗争的技艺，走独立自主的发展路线；战术性筹划侧重事物的外因，认为"造船不如租船"，试图依赖技术引进走追赶型的发展路线。不能说战术性筹划就一无是处，归根到底这是个文明气度的问题，涉及"我们是谁"（Identity）的自我定位。正如狮子可以而且应当考虑如何统一整个草原，狐狸就只能摇旗呐喊，追随强者吃几口肉，不同维度的猎食者拥有不同的生存智慧。这种生存智慧甚至并不来自学习或推理，而是源于生命本能的力量推动。正如涉及共同体历史命运的重大抉择从来不是思考的产物，而是在行动中绽现的权力意志。当"中国制造、中国创造、中国建造共同发力，继续改变着中国的面貌"，④ 中国实际上已经用自己的权力意志和行动伦理做出了关键决断。目前可燃冰的开采技术尚不成熟，商业前景并

① 李斯特：《创新与知识私有的矛盾》，载《中国法律评论》2017 年第 1 期。

② 张剑方主编：《迟到的报告——五二三项目与青蒿素研发纪实》，羊城晚报出版社 2015 年版，第 3 页。

③ 路风：《被放逐的"中国创造"——破解中国核电谜局》，载《商务周刊》2009 年第 2 期。

④ 习近平：《二〇一九年新年贺词》，载《人民日报》2018 年 12 月 31 日，第 1 版。

不明确，全世界没有哪个国家宣传已经完全掌握可燃冰开发手段，我们甚至还走在世界技术发展前列。正因为如此，这块领域孕育了新能源未来的无限前景，是中国制造走向中国智造的关键一步。一百年前，英国通过"煤改油"的能源转型，挽住了帝国余晖的最后一抹夕阳；一百年后，中国能不能通过"油化冰"的能源升级，捕捉到人类命运共同体新时代的第一抹朝阳呢？

三、通过技术创新引导国际规则制定

现代国家与传统帝国的一个最大差别在于，传统帝国是一个事实的概念，将权威建立在赤裸裸的实力政治之上，凭借领土控制、军事征服和权力优势来维持对国际体系的统治，"帝国之间甚少存在共通的价值观与利益，且几乎没有提出什么规则或制度来处理彼此之间的关系"。① 而近现代(欧洲)民族—国家和国际关系肇始于 1648 年的威斯特伐利亚条约体系，② 形成之初就与条约规则密不可分，"外向型的、权利本位的、重规则、权威文本至上"的规则之治也由此被理解为是一种内生于欧美社会的法律文明秩序。③ 借助启蒙理性"新型实验科学"和"工程科学"推动，西方文明完成了向现代国家转型，"从实践的角度来看，现代国家形成时期(1650—1900 年)是一个政府与科学之间的关系持续快速发展的过程，形成了我所说的科学与国家网络：科学与统治实践之间非均匀连接的密集网络"。④ 在这种国家转型过程中，西方文明以火枪(军事)—账簿(经济)—法律(政治)形成三位一体的攻防体系进行文明扩张，用法律文明秩序取代了传统的宗教文明秩序(伊斯兰诸国、印度)和道德文明秩序(古代中国与朝鲜)。以至于传统国家如果不想亡国灭种开除球籍，就不得不变法图强，对内立宪改革，对外加入国际法体系，以获得国际社会的承认，成为"正常国家"。从这个角度而言，现代国家是一个规范的概念，将正当性(Legitimacy)建立在合法性(Legality)之

---

① Robert Gilpin, *War and Change in World Politics*, Cambridge：Cambridge University Press, 1981, p. 111.

② 吴忠超：《〈威斯特伐利亚条约〉与近代民族国家体系建立的新思考》，载《历史教学问题》2000 年第 2 期。

③ 於兴中：《法治东西》，法律出版社 2015 年版，第 61 页。

④ [英]帕特里克·卡罗尔：《科学、文化与现代国家的形成》，刘萱、王以芳译，上海交通大学出版社 2017 年版，第 29~31 页。

上，是"使人类行为服从规则治理的事业"。①

因此，现在衡量一个国家的综合实力绝不单单是看他的 GDP 总量、基础设施、军事装备、产业体系、外汇储备这些硬的指标。反倒是民族精神、文化意识形态、顶尖大学和人才培养数量、自然环境与人文环境、营商条件这些软实力的要素越来越获得看重，而"法治能力"就是软实力构成要件的重中之重。这里所强调的"法治能力"不仅是法律适用层面上"有法可依、有法必依、执法必严、违法必究"的法律行使能力，更是重塑现代国家与全球治理意义上的法律建构能力，是与人类命运共同体美好生活理想和公平正义国际秩序有关的国际规则的创制能力。

国际规则的创制能力和国家基础实力不同，国家基础实力是一种客观的物质的力量，国际规则的创制能力是一种"主体间"的力量，是对某种特定意涵之想象性秩序的创设、维护和推广能力。有的国家基础实力强大，却缺乏创制能力(譬如"二战"后的苏联)；有的政治实体即使不具备超强的基础实力，但仍然可以在某个或某些特定领域具有强势的创制能力(譬如欧盟在环境政治领域，日韩在流行文化领域)。创制能力和基础实力的概念区分，给综合实力仍然处于相对弱势的中国，凭借重点领域的技术创新——例如可燃冰、高铁、激光、量子通信——参与国际规则的制定，增强国际规则制定中的话语权，提供了弯道超车的捷径。这"不仅事关应对各种全球性挑战，而且事关给国际秩序和国际体系定规则、定方向；不仅事关对发展制高点的争夺，而且事关各国在国际秩序和国际体系长远制度性安排中的地位和作用"，② 是未来中国国家能力建设③的重中之重。

参与国际规则的制定必须正确评估本国的基础实力。虽如前文所述，基础实力和创制能力不能直接画等号。但总体而言，强大的国家基础实力更有助于规则创制能力的发挥。这正如实力弱小的国家有可能基于特殊的地缘战略，能够在几个大国之间纵横捭阖游刃有余，可归根结底，强悍的军政实力才是灵活外交策略

---

① [美]富勒：《法律的道德性》，郑戈译，商务印书馆 2005 年版，第 138 页。

② 习近平：《推动全球治理体制更加公正更加合理　为我国发展和世界和平创造有利条件》，载《人民日报》2015 年 10 月 14 日，第 01 版。

③ 强世功就批评了王绍光关于国家能力的研究中没有考虑"法治能力"，参见强世功：《国家法治能力建构：法律治理能力和法治技艺》，载《经济导刊》2019 年第 8 期。

的可靠保障。中国是个大国，我们在国际交往中也主张"中国必须有自己特色的大国外交"，① 中华人民共和国成立 72 年来，在执政党的正确领导和全国各族人民的共同努力下，中国已经成为世界上第二大经济实体，"我国经济实力、科技实力、综合国力跃上新的大台阶，续写了中国奇迹，彰显了中国力量"。② 但越是在亮眼的成绩面前，越是要保持谦虚谨慎、戒骄戒躁的优良作风和冷静客观的科学态度，必须看到，如果把这些成绩用我国目前 14 亿人口总量进行平均的话，中国目前离西方发达国家仍然存在不小差距。③ 这就决定了，在参与国际规则制定的时候，我们不能齐头并进，样样都抓，要具备"有所为，有所不为"的大智慧，突出重点，在关键领域的国际规则制定中发出中国声音，以此建立"负责任大国"形象。

具体而言，我们可以尝试以客观的、经得起评估验证的"领域优势"为标准，对"国际规则"进行类型化。"一国在某一问题领域的独特优势也可以使该国参与相关领域国际规则的制定与变革……霸权国家为整个国际体系制定规则，某一具体问题领域内的强国为该领域制定国际规则。"④领域优势其实就是李嘉图说的在不同主体之间予以比较的"绝对优势"，基于特殊的自然禀赋、生理条件、创新技术，不同的国家甚至不同的人群之间都会存在各自相异的领域优势。譬如受到体格和肌肉密度的限制，总体而言，亚洲人在篮球、足球、拳击这些强对抗竞技体育领域成绩不如欧美人和非洲人，但是在乒乓球、游泳、体操这些技巧型的竞技体育领域，亚洲人就拥有特殊优势。对于国家而言，"沙特阿拉伯、伊朗和科

①　习近平：《推进中国特色大国外交》，载《习近平谈治国理政》（第二卷），外文出版社2017 年版，第 97 页。

②　人民日报评论部：《提质增效，增强综合国力——"十三五"经济社会发展的启示》，载《人民日报》2020 年 11 月 12 日，第 5 版。

③　2018 年 4 月 16 日美国商务部宣布，美国政府在未来 7 年内禁止中兴通讯向美国企业购买敏感产品事件发生后，《科技日报》从 4 月 19 日起，以"是什么卡了我们的脖子"为主题，至 7 月 4 日总共连载了 35 项"亟待攻克的核心技术"，引发社会争议和讨论。2019 年 11 月 1日，该系列报道荣获第二十九届"中国新闻奖"三等奖，获奖评语认为："这是一组针对社会舆论中对我国科技发展水平的不理性声音推出的系列报道，彰显了作为中央主流媒体的责任与担当。""报道以客观分析我国关键核心技术短板为核心，理性评析与发达国家之间的差距，呼吁科学界、产业界集中力量奋力攻关。系列报道产生强烈社会反响，有效扭转了舆论风向，同时为国家战略决策提供意见参考。"

④　潘忠岐等：《中国与国际规则的制定》，上海人民出版社 2019 年版，第 18~19 页。

威特在石油问题上一言九鼎，但在海洋、世界粮食问题、有关制成品贸易的关贸总协定规则等国际机制问题上，这些国家就无从轻重了"。① 运用"领域优势"这个概念有两个好处：首先，领域优势是可以借助科技手段或验证程序予以客观评估的，避免了主观主义的情感偏执或一厢情愿；其次，领域优势是一个动态、竞争、开放的概念，某个国家今天在这个范畴不具备领域优势，不代表它未来就不可能借助斗争技艺的突破，建立起领域优势(中国的 5G 通信技术和国际贸易是适例)；甚至不能排除具备强大创新能力的国家或组织，运用技术爆炸的方式进行"降维打击"，开辟全新的领域优势，彻底废弃旧的领域范畴(美国开发页岩气，苹果公司淘汰诺基亚——可燃冰取代石油——允许我们在这加上一个未来时态的祝福)。

我们可以根据中国在"领域优势"的实现程度，把国际规则细分为：(1)那些中国不具备领域优势的规则范畴，属于国际关系和国际法中的"支配规则"，对于目前暂时无力改变的支配规则，我们只能做一个"规则接受者"(Rule Taker)；(2)而那些中国具备较大领域优势的规则范畴，属于国际关系和国际法中的"承认规则"，对于部分已经可以施加足够影响力的承认规则，中国应当以"负责任大国"态度积极推动修改当中不合理的条款，做一个致力于型塑更公正合理国际新秩序的"规则撼动者"(Rule Shaker)；(3)至于那些中国已经拥有领域优势或下决心未来将建立领域优势的规则范畴，属于国际关系和国际法中的"建构规则"，对于这些尚未成型"宜粗不宜细"的建构规则，中国要有"规则制定者"(Rule Maker)②的历史远见，运用战略性思维，以人类命运共同体理念引领全球文明秩序。而可燃冰的开发和应用，正属于中国"领域优势"的范

---

① ［美］罗伯特·基欧汉、约瑟夫·奈：《权力与相互依赖》(第 3 版)，门洪华译，北京大学出版社 2002 年版，第 140 页。

② 此处提出"支配规则——承认规则——建构规则"的类型划分，受到了 Gregory Shaffer 与 Henry Gao 文献中 Rule Taker——Rule Shaker——Rule Maker 的启发，但他们提出的三种规则角色并不是一个学理类型的概念，在论文中也并没有阐述其实质内涵，而且似乎过度理想化和线性化了中国在 WTO 组织及规则中的能动角色——根据中国国际贸易实力的增长和法律专业能力建设，就直接认定"中国成功地由规则接受者变成规则撼动者，进而成为规则制定者"。Gregory Shaffer, Henry Gao, "China's Rise: How it Took on the U.S. at the WTO", *University of Illinois Law Review* 1, 2018, pp. 115-184.

畴,① 如何以科技创新为突破口,为人类命运共同体的生态文明和能源安全,贡献中国智慧的建构规则,将是中国各领域的社会精英们未来需要长期思考的时代命题。

---

① 操秀英:《试采创纪录我国率先实现水平井钻采深海"可燃冰"》,载《科技日报》2020年 3 月 27 日,第 2 版。

第二章　可燃冰开发的现状

从倡建"人类命运共同体"的角度来看，可燃冰开发同时还是一个全球能源治理的问题。通过引领可燃冰开发参与到全球能源合作，进而引导国际规则和新能源技术标准的制定，这既是中国国家利益所在，也是中国作为负责任大国的态度和担当。在此过程中，我们既要从科学的角度，深入研判可燃冰的物理本性和化学构成，妥善平衡专业研究与大众宣传之间的张力；也要抱着洋为中用的实用立场，正视不同国家在可燃冰研究领域的比较优势，积极吸收借鉴其他国家的前沿科技，推动并促进不同国家，以及来自各专业领域科学家在可燃冰新能源开发方面开展分工合作，共同致力于天然气水合物早日"化冰为火"造福人类，为全球气候治理和环境治理贡献中国智慧。

第一节　什么是可燃冰

可燃冰，学名为天然气水合物，在大自然神奇力量和微妙环境的共同作用下形成，因其外观非常像冰，而且遇到火就能燃烧，故而被形象地称为"可燃冰"，全球主要国家和科学家们如今正在尝试揭开她的神秘面纱。乐观估计，继人类能源革命所缔造的"黑金国度"（煤炭）和"石油帝国"之后，可燃冰作为"21世纪最有希望的潜在战略资源"，[①] 将有可能为人类命运共同体谱写一曲"冰与火之歌"，令人期待。

---

① Trevor M. Letcher, eds., *Future Energy: Improved, Sustainable and Clean Options for Our Planet*, Third Edition, London, Elsevier Press, 2020, pp. 111-131.

一、词与物

命名，是万物由本体论走向存在论，获得自身合法性的基础，也是命名者与其建立权力支配关系的开始——耶和华"取尘土造了飞禽走兽，带到亚当面前，让他命名；每一种生灵都要由他口中得一名字"，"亚当给妻子取名夏娃，因她是一切生民的母亲"。① 命名象征着主权者从混沌中开辟秩序，建立自由的新生——"同胞们！中华人民共和国中央人民政府已于本日成立了！"②"无名，天地之始；有名，万物之母"，③ 自生自发的自然存在获得命名后，即形成"事物的秩序"（The Order of Things），④ 并转变为稳定可传授的知识。从此人类对于事物的掌握不一定需要事必躬亲地一一接触，而可以借助对语词和概念外延内涵的识记、理解获得真知。就好像牛顿提出"万有引力"后，人类对万物运动的理解就进入了一个全新的层次，事物的命名，由此成为想象性秩序的关联节点。这也使得国家与国家之间的竞争变得愈发多元化，和平与发展成为时代主流后，传统的战争手段慢慢成为一种背景性威慑，大国竞争更多是围绕概念命名技术、思想创造技术、科技创新技术和权力组织技术之间展开的综合较量，是不同想象性秩序之间的碰撞与对抗。如此，究竟是叫"可燃冰"还是"天然气水合物"就不再是一个口头用语或者书面用语的使用习惯问题，背后还涉及对特定想象性秩序的文化建构。

在第一章开篇引用的贺电中，把试采成功的物质称为"天然气水合物"。但必须注意到，贺电是以中共中央和国务院的名义发出，刊发在权威媒体上，且表彰的直接对象是作为专业部门和科研工作者的"国土资源部、中国地质调查局并

① 冯象译注：《摩西五经》，生活·读书·新知三联书店 2013 年版，第 6、9 页。

② 开国大典，至圣至穆，乃主权者对新生国家政权的至高祝福和唯一命名。毛泽东主席当年在开国大典上庄严宣告仅此一句："同胞们！中华人民共和国中央人民政府已于本日成立了！"坊间广为流传的另外一句"中国人民从此站起来了"是人民政协开幕致辞中说的，开幕词标题就是这句话，并曾收入《毛泽东选集》第五卷。参见袁起、邹国良：《60 年语录》，载《辽沈晚报》2009 年 11 月 24 日，第 A08 版。

③ （春秋）老子：《道德经》，汤漳平、王朝华译注，中华书局出版社 2014 年版，第 1 页。

④ 福柯名作《词与物》（Les Mots et les Choses）英译本就是《事物的秩序》（The Order of Things），参见［法］福柯：《词与物：人文科学的考古学》（修订译本），莫伟民译，上海三联书店出版社 2016 年版。

参加海域天然气水合物试采任务的各参研参试单位和全体同志",要特别注意措辞的精确性和科学性。而作为对外报导,一旦考虑到新闻/News的特殊性——必须是小众少见的现象才有可能成为"新闻"——和受众的广泛性,权威媒体都普遍选择用"可燃冰"来指称这项技术突破。① 这两种细微而又精确的语用区别背后,反映出了"精英话语"和"大众话语"之间的区分。

在既往的学术思辨场域,似乎存在有意无意地把两种不同话语范式对立起来的倾向。又由于学者大多属于各自专业领域的"精英",自然易对"精英话语"产生审美偏好。② 学者将观察到的民众法律意识和社会法律文化,借助理论分析工具将其类型化为精英话语/大众话语两种的不同范式,并将其一般化以拓展解释其他新的法律现象,这当然无可厚非。它首先符合了我们导论部分指出的,法律是卢曼意义上一个利用二元符码(法/不法)和条件性纲要(法律文本)来简化世界复杂性与偶然性的自创生系统。出于对复杂、抽象社会的进行俭省治理的目的,法律领域的主流分析范式大多呈现二元符码化结构。其次,更重要在于,从实用主义的角度来说,"解释现象的用场是衡量理论的最重要准则。理论不应该以对或错来衡量"。③ 精英话语/大众话语在效用上能大致成功地解释当前中国在国家转型过程中,所发生的多数光怪陆离、波动人心的法律现象。④ 除非是哪一天中国社会发展出现了新的阶层结构变化,导致精英话语/大众话语的分析范式不再

---

① 李刚:《我国首次海域可燃冰试采成功:打开一个可采千年的宝库》,载《人民日报》2017年5月19日,第12版;常钦、李刚:《可燃冰试开采创多项世界纪录》,载《人民日报》2017年7月10日,第3版;常钦、李刚:《我国海域可燃冰第二次试采成功》,载《人民日报》2020年3月27日,第12版;常钦:《开采可燃冰有望再提速》,载《人民日报》2020年3月31日,第12版;黄晓芳:《中国领跑可燃冰开采》,载《经济日报》2017年6月12日,第5版;杨舒:《我国"可燃冰"试采创造两项世界纪录》,载《光明日报》2020年3月27日,第10版。

② 参见刘星:《法律解释中的大众话语与精英话语——法律现代性引出的一个问题》,载《比较法研究》1998年第1期;车浩:《从"大众"到"精英"——论我国犯罪论体系话语模式的转型》,载《浙江社会科学》2008年第5期。

③ 张五常:《经济解释(卷一):科学说需求》,中信出版社2014年版,第47页。

④ 试举几例,刘涌案、李天一案、许霆案、邱兴华案、药家鑫案当中都涉及精英话语和大众话语的对立,用这种范式进行论证或批判的理论文章,参见陈兴良:《刘涌案改判是为了保障人权》,载《理论参考》2003年第10期;苏力:《法条主义、民意与难办案件》,载《中外法学》2009年第1期;苏力:《从药家鑫案看刑罚的宽及效果和罪责自负》,载《法学》2011年第6期;桑本谦:《理论法学的迷雾:以轰动案例为素材》(增订版),法律出版社2015年版,第7~19页。

能解释或更合理地解释新出现的法律现象，否则没必要废弃这样一个有用的理论。最后但并非最不重要的，即便随着中国社会变迁使得旧理论被新的经验现象推翻或证伪，也不一定要废弃既有理论，而应当在权衡理论创新的信息费用和制度变革的成本前提下，[①] 附加条件以资挽救。[②] 学术创新不意味着彻底"另起炉灶"，完全可以在"推陈出新"的前提下，通过重新定义关键概念、调适局限条件和限定功用效果的方式，谨慎修正理论。

因此，妥恰的学术立场在于，我们应当正视"天然气水合物"与"可燃冰"两种不同用语背后呈现的"精英话语"与"大众话语"之间的区分，但没必要把这两种话语范式对立起来。不要一提到"精英话语"就联想到居高临下的知识心态和专业傲慢，更不要一提及"大众话语"就认为符合民主多数决，从而自带天然正当性。二者与其说是非此即彼的择一关系，不如说是实践用场的分工不同。精英话语主要由专业术语和职业表达构成，简练精确，更少含混性与模糊性，交流起来能节省信息费用，避免不必要误解；大众话语主要由日常用语和生活表达构成，形象生动，更具有感染力和多维意象，交流过程中能有效激活不同群体之间的丰富想象，营造重叠共识。

如果以上对"天然气水合物/精英话语"和"可燃冰/大众话语"的理论界分尚属合理(reasonable)的话，我们可以大致认为：当自然资源和生态环境部门、化工和能源行业内部进行专业交流和技术研讨时，"天然气水合物"是更精准的用法；当上述机构、行业包括新闻媒体进行跨专业讨论或对社会进行公共宣传的时

---

① 葛云松和徐国栋当年围绕"民法典制定应当采用德国模式还是意大利/罗马法模式"进行理论论战时，葛云松提出的一项实质性批判就是"制度成本论"："要知道，制定法律不是追求新鲜感。概念和体系的变化，意味着法律界乃至整个社会付出巨大的成本！最起码的，教科书需要全部重新编写，教师需要重新备课，律师、法官需要重新学习，普通民众也可能需要为了对新的法律做基本的了解而付出更多的时间精力。即便是有若干实质性的制度创新，也要尽可能在旧的概念和体系的范围内作出革新。"双方的详尽论争细节，收录在徐国栋：《认真地对待民法典》，中国人民大学出版社 2004 年版，第 61~82 页。

② 黄宗智不满意当前社会学沿用"政治国家/市民社会"传统范式来理解现代中国，提出"第三领域"的概念，认为"现代中国介于国家和社会之间的'第三领域'"。但他清楚意识到，"我们不该因为其两者互动合一而拒绝将那样的实体概括为'国家'和'社会'，但我们同时要明确，在中国的思维中，'国家'和'社会'从来就不是一个像现代西方主要理论所设定那样的二元对立、非此即彼体"。参见黄宗智：《重新思考"第三领域"：中国古今国家与社会的二元合一》，载《开放时代》2019 年第 3 期。

候,"可燃冰"的称谓无疑更形象且易于理解。能够激发公众更持续广泛的讨论热度和关注热情,进而可以产生一个额外的社会经济效果——公众群体哪怕是基于"浪漫的误会"基础上的注意力投入,也能够促进社会共识的形成,推动政策和立法的跟进,最终形成一致行动决议。正如当年关于数学家陈景润的报告文学引发社会关注后,① 民间很多数学爱好者自发跟进,仅凭好奇或热忱试图证明"哥德巴赫猜想"。这些"证明"由于没有受过专业训练,在数学家们看来显然幼稚且不规范,甚至被斥为"民科"。但却不能否认,这触动了政府和社会对中国基础数学的重视和研究人才的培养,引发了对科学家生活境遇的关注。

就本书的研究主题而言,除非涉及对研究对象物理特性和化学构成的科学分析,总体上我们倾向使用"可燃冰"这个概念进行理论阐述。除了上述理由,这当中也包含我们的一项重要关切:中国的可燃冰研发不能只依靠国家层面的单边政策推进,必须结合社会资本与商业机制实现多元共治,② 强调体制创新和企业能力构筑。这意味着要在国家/政策与社会/市场之间形成合力与分工,分步骤、分领域共同推进。而在吸引多元资本投入层面,"可燃冰"显然比"天然气水合物"这个概念更具有市场想象力,就像"虚拟货币"要远比"区块链技术"更能获得商业资本的青睐。职是之故,涉及术语翻译时,我们也没必要在真理鉴别的意义上细致区分,是使用 gas hydrate/natural gas hydrate 还是 flammable ice/combustible ice 更恰切,③ 词与物之间不是本质主义的一一对应关系,这一切都要依据概念使用的语境和受众来决定。

---

① 徐迟:《哥德巴赫猜想》,载《人民文学》1978 年第 1 期。

② 刘超:《海底可燃冰开发环境风险多元共治之论证与路径展开》,载《中国人口·资源与环境》2017 年第 8 期。

③ 这几个术语翻译是潘令枝统计了 BBC、CNN、New York Times 和国内媒体 CCTV、XINHUANET 及中国知网、《海峡两岸材料科学技术名词》等报导和文献后提炼出来的,参见潘令枝:《"可燃冰"小考》,载《现代语文》2018 年第 1 期。不过她似乎没有注意到,至少国外的法律类文献中表述"天然气水合物"更常用的术语是"methane hydrate"。Cf. Roy Andrew Partain, "Governing the Risks of Offshore Methane Hydrates: Part II Public and Private Regulations", *Electronic Journal* 7, 2014, p. 77. Yen-Chiang Chang, "The Exploitation of Oceanic Methane Hydrate: Legal Issues and Implications for China", *International Journal of Marine and Coastal Law* 35, 2020, p. 55.

二、回到事物本身

(一)可燃冰的特质

可燃冰,学名为"天然气水合物"(natural gas hydrate)或"甲烷水合物"(methane hydrate)。在地球储量丰富,根据目前的乐观估算,全球可燃冰资源总量约为 $2.4×10^{16}m^3$,其中海域可燃冰储量约为 $1.6×10^{16}-2.0×10^{16}m^3$,陆域冻土层储量约为 $4×10^{15}m^3$。[①] 远大于现已探明的其他常规能源储量储备,足够人类使用千年,研究者普遍视其为"二十一世纪最有希望的能源资源之一"。[②]

可燃冰是天然气(主要成分为甲烷(CH_4),其含量一般为80.0%~99.9%,此外还有少量多碳烃类、二氧化碳与氮气等)和水在低温(-10℃~+28℃)、高压(1~9MPa)条件下,通过范德华力相互作用,形成的结晶状笼形固体络合物,其中水分子借助氢键形成结晶网格,网格中的孔穴内充满轻烃、重烃或非烃分子。这保证了可燃冰在(高压低温)稳定状态下,不会轻易分解。[③] 根据可燃冰的分子晶体结构,可分为三种类型:Ⅰ型为立方晶体结构,组成的气体分子主要为甲烷(含量大于93%);Ⅱ型为菱形晶体结构,组成的气体分子除甲烷外,还含有相当数量的乙烷、丙烷和异丁烷;Ⅲ型为六方晶体结构,由直径较大的气体分子构成,如二氧化碳等。[④] 目前研究表明,可燃冰的分子式为 $CH_4·8H_2O$,其中 $1m^3$ 的可燃冰在常温常压下,可释放 $164m^3$ 的天然气及 $0.8m^3$ 淡水,其燃烧方程式为: $CH_4·8H_2O+2O_2=CO_2+10H_2O$,燃烧所释放的能量远高于煤、石油、天然气等传统能源。[⑤] 此外,可燃冰没有煤的粉尘污染,没有石油的毒气污染,甚至和

---

① Maslin M, Owen M, Betts R, et al. "Gas hydrates: Past and Future Geohazard?", *Philosophical Transactions of the Royal Society A: Mathematical, Physical and Engineering Sciences* 368, 2010, pp. 2369-2393.

② O. S. Gaydukova, S. Ya. Misyura, P. A. Strizhak, "Investigating Regularities of Gas Hydrate Ignition on a Heated Surface: Experiments and Modeling", *Combustion and Flame* 228, 2021, pp. 115-127.

③ Peter Englezos, Ju Dong Lee, "Gas Hydrates: a Cleaner Source of Energy and Opportunity for Innovative Technologies", *Korean Journal of Chemical Engineering* 22, 2005, p. 5.

④ 梁金强:《揭开海洋可燃冰的奥秘》,载《国土资源科普与文化》2017年第3期。

⑤ 叶清:《可燃冰:天然气水合物》,载《厦门科技》2017年第3期。

天然气相比没有其他杂质污染。而对于温室气体排放而言，每 $1000m^3$ 可燃冰燃烧相较等热值煤炭，可分别减排二氧化碳、二氧化硫约 4.33 吨和 0.0483 吨，且基本不含铅尘、硫化物以及 PM2.5 等有害物质。[①] 与此同时，可燃冰还具有"一物两用"的环保特质，其分子构成可以实现从可燃冰中提取天然气的同时，输入二氧化碳进行碳捕获与封存（Carbon Capture and Storage），用碳中和达成低碳化排放，[②] 是公认的绿色清洁能源。

可燃冰在低温高压状态下呈现白色或乳白色的固体形态，外观以块状、薄层状、结核状、脉状、分散状为主，其成因主要有两种类型：一种是由于气体渗漏到地层的孔洞或裂缝中，呈块状、脉状或结核状；另一种是气体扩散到沉积物的孔隙中，形成微小的可燃冰颗粒充填于沉积物的孔隙中，通常不为肉眼所识别。天然气水合物分子中近 85% 含量为水分子，密度约为 $0.9g/cm^3$，这使得它与冰的物理性质极其相似，在水中将呈漂浮状。[③] 看上去像冰，点火可燃，故业界形象地称之为"可燃冰"。

（二）发现可燃冰

科学史上最早发现"气水合物"这种物质的是英国化学家约瑟夫·普里斯特利（Joseph Priestley）。普里斯特利于 1765 年获爱丁堡大学法学博士学位，后来成为一名牧师，但让他成名的却是他在化学领域的系列成就。尽管有争议，仍有为数不少的科学家认为，是他发现了二氧化氮、氨、二氧化硫以及对后世影响最大的氧气（O_2）。[④] 产生争议的根源，或许与科学无关，更多来自上文所强调的法理

---

① 吴能友：《可燃冰：未来潜在的替代能源》，载《紫光阁》2017 年第 7 期。

② Roy A. Partain, "The Application of Civil Liability for the Risks of Offshore Methane Hydrates", *Fordham Envt'l Law Review* 26, 2015, p. 79.

③ 张光学、梁金强等：《南海东北部陆坡天然气水合物藏特征》，载《天然气工业》2014 年第 11 期；廖静：《可燃冰试采记》，载《海洋与渔业》2017 年第 8 期。

④ 科学强调客观性，但历史不是无谓细节的胡乱堆砌，需要基于特定标准对社会事实进行遴选、组合与编写。科学一旦进入历史书写的领域形成科学史后，科学引以为豪的客观性就变得不再确定。究竟是牛顿还是莱布尼兹发明了微积分，迄今聚讼仍旧；而到底是谁最先发现氧气，化学界也存在舍勒、普里斯特利、拉瓦锡之争。Cf. Kathryn R. Williams, "The Discovery of Oxygen and Other Priestley Matters", *Journal of Chemical Education* 10, 2003, p. 80；J. B. West, "Joseph Priestley, Oxygen, and the Enlightenment", *American Journal of Physiology—Lung Cellular and Molecular Physiology* 306, 2014, pp. L111-L119.

学意义上命名技术所生成的产权支配。瑞典科学家舍勒和普利斯特利几乎同在 1774 年(舍勒实验时间稍早，但论文发表更晚)且相互不知情的情况下，通过实验发现了"氧气"这种物质，但都受到传统"燃素说"观念的影响，未能基于其化学特性进行正确定名，反而称之为"脱燃素空气"。而法国科学家拉瓦锡于 1775—1777 年经过多次实验，证明了燃烧的本质是物质和"生命气体"，并将这种气体命名为"氧气"，确认氧是一种元素，提出燃烧的氧化学说，推翻了燃素说，开启了化学革命。正是在这个意义上，恩格斯称拉瓦锡为"真正发现氧气的人"，而舍勒和普利斯特里是"当真理碰到鼻尖上的时候还是没有得到真理"。[1] 同样的遗憾也发生在"气水合物"的发现上，普利斯特利于 1778 年在实验室条件下，用低温和大气压强将气泡化的二氧化硫(SO_2)与零摄氏度的水结合，获得了最初的"气水合物"结晶，但并没有对之命名。[2]

同样发现并给"气水合物"(Gas Hydrate)这一概念命名的是英国化学家汉弗莱·戴维(Humphry Davy)。据信汉弗莱·戴维是发现化学元素最多的科学家，钙、钡、镁、锶、钾、钠等元素，都来自他的发现。1810 年，戴维同他的学生法拉第一起把氯气(Cl_2)通入冰水中，水凝固了并形成了"冰"，戴维由此发现了通过液化而保存氯气的方法。他于次年正式提出"气水合物"(Gas Hydrate)这一概念，并沿用至今。氯气水合物也是冰，还是可以燃烧的冰。但他没进一步考虑把甲烷气体或其他烃类气体通入冰水，未能发现更多可燃冰种类。戴维的发现启发了后人沿着他开拓的道路推进，科学界陆续发现了溴水合物、二氧化碳水合物、硫化氢水合物。1888 年法国学者 Villard 发现了甲烷、乙烷等烃类气体水合物。但一直到 1910 年，距离戴维合成并命名气水合物整整 100 年过去，水合物的研究始终停滞在试验室试管阶段，未能向工业领域应用迈出关键一步。[3]

科学史上的部分突破来自偶然和意外。石油作为现代工业的血液，到处供不应求。要将开采的石油卖到市场，最经济有效率的办法是采用管道运输。但在 1930 年代，美国工人发现特别到了秋冬季，油气运输管道容易出现堵塞的现象，

[1] 佟多人、林永忱：《现代化学之父：拉瓦锡》，吉林人民出版社 2011 年版，第 41~42 页。

[2] Yuri F. Makogon, "Natural Gas Hydrates—A Promising Source of Energy", *Journal of Natural Gas Science and Engineering* 2, 2010, pp. 89-94.

[3] 郭友钊：《钻冰取火记——新盗火者的故事》，科学出版社 2017 年版，第 31~33 页。

导致运输不畅。当工人们打开被堵塞的管道检查，意外发现里面竟然结满了固态的"冰"。这之后，这种"冰"就被认为是个"麻烦的东西"（nuisance），严重影响了油气运输效率。为了实现油气运输的"破冰之旅"，美国化学家 Hammer Schmidt 在 1934 年通过实验确认了堵塞油气管道的固态物质正是天然气与水形成的水合物，并在日后致力于找出解决办法。[①] 由于石油工业对于现代经济意义重大，为了在管道运输和加工过程抑制天然气水合物产生，提高流通利用效率，大量政府、企业、大学相继投入相关研究当中，"但在 1970 年以苏联和其他国家对它进行研究的主要目的并非开采和利用它，而是为了防止气体水合物在天然气开采、运输、储集、保存和加工过程中形成和聚集"。[②]

随着研究深入，经验与直觉启示科研人员，自然环境下那些具备气水合物生成条件的区域，将大概率发现天然的固态水合物。这项猜想很快得到证实，1965年，苏联在西西伯利亚永久冻土层麦索亚哈（Messoyakha）油气田区首次发现天然气水合物储层及其矿藏存在，且具备商业开发价值，1969 年其试采总产气量为 $129 \times 10^8 m^3$，当中约 47% 为可燃冰。[③] 1970 年，俄罗斯学者瓦西里耶夫、马克贡诺姆、特列宾、特洛菲姆克、切尔斯基提出科学发现《地壳内固态天然气特性》，指出俄罗斯 20% 冻土层和 90% 海洋底部存在天然气水合物，该著作破例被列入苏联国家登记簿，对后来的俄罗斯天然气水合物研究起到了重大推动作用。1972年，全俄天然气研究所科研人员叶夫列莫夫和杰士琴科，在黑海深水区海底取得了可燃冰样品，该成果后来多次被其他学者引用。根据该研究成果，俄罗斯首次对外宣布其领土内天然气水合物大规模存在。1980 年，叶夫列莫夫和杰士琴科完成了里海可燃冰储量预测，在此基础上，俄罗斯金斯堡、索洛维约夫等学者陆续完成了里海南部可燃冰区域划分。1984 年，俄罗斯学者查哈罗夫和尤金等研

---

①　E. G. Hammer Schmidt, "Formation of Gas Hydrates in Natural Gas Transmission Lines", *Industrial & Engineering Chemistry Research* 26, 1934, pp. 851-855; E. G. Hammer Schmidt, "Gas Hydrate Formations: A Further Study on Their Prevention and Elimination from Natural Gas Pipe Lines", *Gas* 15, 1939, pp. 217-226.

②　郭玉琨：《新的后备能源——天然气水合物矿藏》，载《能源技术》1988 年第 3 期。

③　罗佐县：《唤醒沉睡的可燃冰》，载《中国石化》2013 年第 4 期；张寒松：《清洁能源可燃冰研究现状与前景》，载《应用能源技术》2014 年第 8 期。

究确认鄂霍次海存在大量天然气水合物。[1]

　　美国对天然气水合物研究的投入相对较晚，却高度重视。如前所述，美国科学家最初只将这种冰状物质视为石油工业的冗余，研究目的是抑制，最好是消除其产生。但随着苏联对可燃冰商业价值的肯定，美国科学家迅速跟进。先是1970年实施深海钻探项目（Deep Sea Drilling Project）Leg 10，在墨西哥湾首次获得天然气水合物存在的直接证据；然后于1972年在阿拉斯加西布鲁德霍湾冻土层的艾林钻井岩芯中发现天然气水合物；1974年又在美国东海岸近海地震物探中发现"海底模拟反射层"（Bottom Simulating Reflector，即地震波速度异常的现象）存在，经钻探发现可燃冰，此后BSR被看作天然气水合物存在的标志。[2] 1982年，美国利用Glomar Challenger海洋考察船，在危地马拉沿海采集到了3.28英尺长的厚度可燃冰。1983年美国国家科学基金（NSF）资助启动了由美国领导，加拿大、法国、德国参与的海洋钻探计划（Ocean Drilling Programm）实施可燃冰钻探。并于1995年10月执行ODP Leg 164航次计划，在美国东海岸布莱克海脊（Blake Ridge），通过保压岩芯取样器在海底钻遇天然气水合物。1995年美国地质调查局（USGS）首次对本土天然气水合物资源进行系统评估，认为美国天然气水合物资源量为9066万亿 m^3，储量巨大，远超常规天然气资源。[3] 2004年，美国执行ODP Leg 204航次计划，在俄勒冈州西部大陆边缘的卡斯卡迪亚海脊（Cascadia Ridge）成功取得54项沉积物样品。[4] 科学家的发现令政治家欣喜若狂，1998年5月，美国参议院能源委员会一致通过"天然气水合物研究与资源开发计划"，将天然气水合物资源作为国家发展的战略能源列入长远计划；2012年年初，美国能源部（DOE）正式将"可燃冰"勘探与开发纳入其国家发展计划。[5]

---

[1]　杨明清、赵佳伊、王倩：《俄罗斯可燃冰开发现状及未来发展》，载《石油钻采工艺》2018年第2期。

[2]　宣之强、李钟模等：《天然气水合物新能源简介——对全球试采、开发和研究天然气水合物现状的综述》，载《化工矿产地质》2018年第1期。

[3]　T. S. Collett, "Energy Resource Potential of Natural Gas Hydrates", *AAPG Bulletin* 86, 2002, pp. 319-335.

[4]　于晓果、李家彪、Young-Joo Lee 等：《Cascadia 边缘与天然气水合物共生沉积物中有机质碳、氮同位素组成及意义》，载《中国科学 D 辑：地球科学》2006年第5期。

[5]　戴明阳：《"可燃冰"分离技术试验成功或将改变全球能源结构》，载《工人日报》2013年3月27日，第7版。

(三)可燃冰的形成与分布

如前所述,可燃冰在特定低温($-10℃\sim+28℃$)和高压($1\sim9MPa$)条件下形成,广泛分布在大陆永久冻土和海洋中岛屿的斜坡地带、大陆边缘隆起处、极地大陆架及海洋深水环境等。[①] 自然环境下可燃冰的生成途径主要有两类:一类是形成于海底沉积物中的可燃冰。当海洋底部微生物与生物的尸体不断沉积并分解成甲烷等有机气体,有机气体钻入深海底的沉积岩微孔中与水构成笼状包合物,进而形成固态凝结物质;另一类是陆地冻土层中形成的可燃冰。由低温严寒气候导致温度变低的矿层在地层压力下,使地壳内的碳氢化合物和水构成水融合的矿层,进而形成可燃冰矿藏。[②] 从目前所取得的岩芯样品来看,可燃冰主要蕴存:(1)以球粒状散布于细粒沉积物或岩石中;(2)占据粗粒沉积物或岩石粒间孔隙;(3)以固体形式填充在裂缝中;(4)出现在海底的块状水合物伴随少量沉积物。[③] 科学评估认为,全球天然气水合物资源总量约为$21000\times10^{12}m^3$,约为全球已探明化石能源总量的两倍,其中3%分布在极地、冻土带、陆海及湖泊,97%主要分布在1000米以下的深海。海洋天然气水合物资源量巨大,总量在陆地冻土带的100倍以上。[④] 这或许是目前世界各国对可燃冰开发主要集中在海洋试采阶段的重要原因。

目前可燃冰的识别和发现技术已较为成熟,科学家可以通过底质沉积物取样、钻探取样和深浅考察等方式直接识别可燃冰;也可以通过海底模拟反射层、速度和振幅异常结构、地球化学异常、多波速测深与海底电视摄像分析特殊地形地貌、生物活动等方式间接识别。可燃冰储备的发现手段则包括:地震地球物理探查、流体地球化学探查、电磁探测、海底微地貌勘测、海底热流探查、海底地

---

① 马宝金、樊明武、王鄂川:《海域天然气水合物产业与技术发展及对策建议》,载《石油科技论坛》2020年第3期。

② 王祝:《可燃冰的研究与开发进展》,载《中国石油和化工标准与质量》2016年第17期。

③ Ray Boswell, Tim Collett, "The Gas Hydrates Resource Pyramid: Fire in the Ice", *Methane Hydrate Newsletter*, US Department of Energy, Office of Fossil Energy, National Energy Technology Laboratory, Fall Issue, 2006, pp. 5-7.

④ Charles K. Paull, William P. Dillon eds., *Natural Gas Hydrates: Occurrence, Distribution, and Detection*, American Geophysical Union, 2001, p. 41; Demirbas A. "Methane Hydrates as Potential Energy Resource: Part1—Importance, Resource and Recovery Facilities", *Energy Conversion and Management* 51, 2010, p. 244.

质取样、深海钻探等等。① 从当前勘探所钻遇样品的区域来看，全球可燃冰分布主要集中在被动大陆边缘、汇聚大陆边缘弧前盆地、边缘海盆地三类构造背景。② 具体包括：（1）西太平洋海域的白令海、鄂霍茨克海、千岛海沟、日本海东南缘上越盆地（Joetsu）、冲绳海槽、四国海槽、南海海槽（Nankai Trough）、苏拉威西海、韩国郁陵盆地（Ulleung）、新西兰北岛东海岸附近海域；（2）大西洋海域的巴尔的摩海槽、布莱克海脊、墨西哥湾、加勒比海、南美东海岸外陆缘、非洲西海岸陆缘；（3）东太平洋海域的中美海槽、北加利福尼亚—俄勒冈滨外、秘鲁海槽、巴拿马盆地；（4）印度洋的阿曼海湾、东帝汶海沟、澳大利亚西北陆架盆地；（5）巴基斯坦南部阿拉伯海 Makran 海岸；（6）北极的巴伦支海和波弗特海；（7）南极的罗斯海和威德尔海以及黑海和里海等。③ 总体而言，可燃冰分布存在与石油天然气产区重合或部分重合的规律现象，这固然对油气工业开发带来不少安全问题，却也为可燃冰的试采造就许多便利条件，可充分利用油气工业原有钻探开采和生产管道等基础设施减少投资。④

中国从 1996 年开始筹备对本土可燃冰资源分布的调研考察。当时的地质矿产部先是设立"西太平洋气体水合物找矿前景与勘查方法的调研"项目（1996 年）进行前期技术准备，随后中国地质调查局组织了"青藏高原多年冻土区天然气水合物地球化学勘查预研究"（2002 年）、"我国陆域永久冻土带天然气水合物资源远景调查"（2004 年）、"青藏铁路沿线天然气水合物遥感识别标志研究"（2004年）、"陆地永久冻土天然气水合物钻探技术研究"（2005 年）等重大攻关项目。⑤ 查明我国的陆地可燃冰资源主要分布在南海北部坡陆、祁连山冻土区、青海木里

①　陆晶：《可燃冰的识别与开采技术研究》，载《中国战略新兴产业》2017 年第 48 期。

②　吴时国、王秀娟等：《天然气水合物地质概论》，科学出版社 2015 年版，第 5～7 页。

③　此处系作者根据下列文献梳理，参见赵汗青、李春雷、吴时国、王征：《澳大利亚西北陆架盆地天然气水合物成矿地质条件及资源潜力》，载《海洋科学》2014 年第 3 期；张洋、李广雪、刘芳：《天然气水合物开采技术现状》，载《海洋地质前沿》2016 年第 4 期；付亚荣：《可燃冰研究现状及商业化开采瓶颈》，载《石油钻采工艺》2018 年第 1 期；宣之强、李钟模等：《天然气水合物新能源简介——对全球试采、开发和研究天然气水合物现状的综述》，载《化工矿产地质》2018 年第 1 期；ANSARI Ubedullah、程远方、周晓晖等：《巴基斯坦天然气水合物潜力：满足未来能源需求的可能解决方案》，载《华东师范大学学报（自然科学版）》2020年第 S1 期。

④　庞名立：《非常规油气资源》，中国石化出版社 2013 年版，第 67～75 页。

⑤　郭友钊：《钻冰取火记——新盗火者的故事》，科学出版社 2017 年版，第 33～36 页。

冻土区、珠江口盆地东部海域、青藏高原昆仑山垭口盆地、琼东南盆地、青藏高原哈拉湖地区和东北漠河盆地、台西南盆地、西藏羌塘盆地等。① 海域可燃冰资源主要分布在我国南海、东海海域，其中南海北部陆坡的可燃冰储量高达 186 亿吨油当量，相当于南海已探明油气储量的 6 倍，占陆上石油总量的 50%之多。② 此外，在我国东海和台湾省海域也发现有大量可燃冰储存。2016 年在我国海域圈定了 6 个可燃冰成矿远景区，在青南藏北地区优选了 9 个可采区块，根据可燃冰储量预测，我国拥有超过千亿吨油当量的可燃冰远景储量，其中陆域资源量大约 350 亿吨油当量；南海海域的可燃冰有近 800 亿吨储量，③ 潜力巨大前景可观。2017 年首轮试采和 2020 年第二轮试采的可燃冰均来自于南海神狐海域水深 1266 米海底以下 203~277 米的海床中。

第二节 可燃冰开发的技术与进展

从"发现"到"开发"，一字之差的背后，是事物从"自然"领域进入"人为"领域，经由人类技艺理性改造，服务于美好生活需要的递进过程。人类为了追求更美好的生活方式，必须要对客观环境进行符合自我需求的改善。这里的改"善"与其说是事实性、描述性的概念，不如更恰切地说是一个规范性、修辞性的定义，是我们依据特定标准、立场、偏好进行的主观界定，不可避免带有一定程度的专断性或任意性。当一个童趣纯真的小朋友，看到动物纪录片里弱肉强食的生存竞争场景时，大概率会认为"凶残"的狮子吃了他心中"可怜"的小羊因而是"恶"的。然而，在人类制定的动物保护法令中，狮子因为更具稀缺性反而才是予以倾斜性保护的对象。这么看来，即便是法律哲学强调的"公共善"（Public Good；Common Good）也无非是站在主体哲学的视角，对主体更具优益价值的（Beneficial）事物按照特定逻辑和程序进行的秩序安排。差别仅在于，传统法理学

---

① 上述所列地区皆有各考察团队发表的调研报告和正式论文，详尽的文献来源参见付亚荣：《可燃冰研究现状及商业化开采瓶颈》，载《石油钻采工艺》2018 年第 1 期，注 22~31。

② 胡杨、郑剑、王晓宁：《国内外可燃冰研究发展现状及前景展望》，载《科技风》2016 年第 11 期。

③ 牛振磊、南莹浩、刘一凡、申丑孩：《浅谈"未来能源"可燃冰开采研究现状》，载《华北科技学院学报》2017 年第 3 期。

强调的是"绝对自我",① 现代法理学关注"反思的自我",力求借助审慎理性和斗争技艺尽可能将物自体(thing-in-itself)或存在(being)周全合理地纳入"我们"的范畴。归因于此,法学理论出现了从"主客体二分"转变到"主客体一体化"的反思,在坚持人类法律主体地位不动摇的同时,主张赋予动物以法律主体地位。② 环境法开始区分"环境的权利"(Environmental Rights)与"对环境的权利"(the Right to Environment),从生态中心主义的视角,将环境置于与人类等同的地位;③ 宪法学则考虑从"弱"人类中心主义的立场,承认"尽管其首要的焦点在人类利益上……当相对微小的人类利益与极其重大非人类利益相冲突时,很可能就不赋予前者以优先地位……对人类而言如果不存在一个严重的代价,那么就有一个积极的理由去主动地关照非人类环境的要素和特点,不管人类能否从中获得直接的福利"。④

强调这些,绝不是在暗示为了保存一个自在的自然,我们应当全面退出并彻底否定人为的技艺理性。人类通过长期实践把自己生存斗争的历史印记与自然环境紧密地嵌合在一起,已然创造出一个属人的自然,否定这种实践理性就是在拒斥文明,恰恰是反自然的。但这却是一个善意的提醒,强调盈亏同源,解决问题的办法和问题往往是一枚硬币的两面,机会成本不会因为是一个经济学概念就只产生在经济领域。就好像人类对自然环境在某个层面的改善努力,却有可能在另一个层面造成其他生态问题。⑤ 这也意味着,环境法是关于"人类技艺的技艺",

① 近代民法三大基本原则——所有权神圣、契约自由、自己责任——可理解为就是对这个"绝对自我"的同义反复。参见傅静坤:《〈法国民法典〉改变了什么》,载《外国法译评》1996年第1期。

② 滕延娟:《关于动物法律主体地位研究综述》,载《洛阳理工学院学报(社会科学版)》2009年第4期。

③ Dinah Shelton, "Human Rights, Environmental Rights, and the Right to Environment", *Stanford Journal of International Law* 28, 1991, pp. 411-415.

④ [英]蒂姆·海沃德:《宪法环境权》,周尚君、杨天江译,法律出版社2014年版,第24页。

⑤ 尽管有争议,但值得思考。譬如为了实现节能减排,全面推广电动车。然而电动车所使用的动力电池里面含有电解液和大量重金属钴、锰以及非金属砷、氟等元素,如果处理不慎,将可能对环境造成比燃油车尾气更严重且不可逆的污染。当然,这需要基于更详尽且长期的数据收集和分析对比才能得出科学结论,但这至少应当引起环保部门、能源产业部门和环境法学者的重视。对新能源车"污染转移"的质疑观点,参见朱成章:《对我国发展纯电动汽车的质疑与思考》,载《中外能源》2010年第9期;苏利阳、王毅等:《未来中国纯电动汽车的节能减排效益分析》,载《气候变化研究进展》2013年第4期;钟发平:《难以表述的真相:纯电动车既不节能也不减排》,载《广西电业》2014年第4期;刘小勇:《谁来结束这些质疑》,载《汽车观察》2016年第1期。

当社会醉心于用更新更富效率的技艺改变环境以造福人类时，环境法则要考虑用法律的技艺来平衡甚或制约这种改造的技艺。改造的对象与自然资源和环境正义越是密不可分，改造的利益冲动和技术手段越是剧烈且激进，平衡与制约的要求就越高且精细，战略性与策略性缺一不可。这项环境法的内在诫命在涉及可燃冰这种于开发技术、生态风险、市场远景都处于探索阶段，因而充满巨大不确定的新能源领域时，显得尤为重要。

一、开发技术

（一）降压开采法（Depressurization）

降压开采法是目前可燃冰开采技术中最简单也是最成熟、成本最小、应用最广泛的开采方式，特别适用于大规模的开采场景。这种方法的核心思路在于通过泵吸作用人为降低可燃冰储层压力的方式，促使气体水合物分解。为此，科学家们建立了解析解模型和数值解模型两类不同的数学模型来模拟降压开采过程，并在多孔介质中水合物的分解反应动力学方面取得较大进展。[1] 具体施工方法包括：（1）通过钻井井眼的人为降压；（2）在可燃冰层之下的游离气聚集层中"降低"天然气压力；（3）借助热激发及化学试剂作用控制生成一个天然气"囊"，使与天然气接触的可燃冰变得不稳定，从而分解为天然气和水。目前采取的降压途径主要有利用低密度泥浆钻井以及通过泵压抽出天然气水合物储层下方存在的游离气体和其他流体来降低压力。[2]

降压法由于波及系数大，不需要连续激发，分解压力敏感程度高，一直受到国内外同行的认可。日本 MH21 研究财团在日本海域从事可燃冰勘探开发，"而通过模拟实验及加拿大陆上生产试验实证，最终确定减压法最具生产有效性和经济性"。[3] 其不足之处在于水合物相态环境处于温度与压力平衡边界时才更有效，

---

① 梁海峰、宋永臣：《降压法开采天然气水合物研究进展》，载《天然气勘探与开发》2008 年第 2 期。

② 宗新轩、张抒意、冷岳阳等：《可燃冰的研究进展与思考》，载《化学与黏合》2017 年第 1 期；徐兴恩、蒋季洪、白树强等：《天然气水合物形成机理与开采方式》，载《天然气技术》2010 年第 1 期。

③ 田顺花：《日本可燃冰开发技术发展进程》，载《当代石油石化》2013 年第 5 期。

又由于水合物分解所需消耗的热量很大，易引起地层局部温度降低而结冰或二次生成水合物，强行提产可能导致地层失稳、大面积出砂堵塞渗透路径，影响长期开采效率。[①] 对此，研究人员新提出了循环降压的方法予以改进。认为可燃冰矿藏在最初降压开采的前几年可以维持高产气率，然而随着水合物的持续分解，可燃冰矿藏的显热(sensible heat)逐渐耗尽，产气率将大为降低。如开采 10 年后封井，余下的可燃冰储藏仍会随着地热流动(geothermal heat flow)而继续分解一段时期，但会随着因封井导致初始压力回复又重新形成新的矿藏。而根据案例研究，20 年的封井期是进行二次降压重采的最有效恢复期。理论估算，采用循环降压法，可燃冰矿藏的生产周期可以从 70 年延长到 120 年。[②]

(二)热激开采法(Thermal Stimulation)

热激开采法是利用蒸气、热水、热盐水、井底微波加热、火驱及电磁加热、太阳能加热等手段提高局部地层可燃冰温度，使其分解并释放天然气的方法。目前主要的热激操作方法包括：(1)提取上层温暖的海水注入地层，优点在于可直接利用体积巨大的海水，不用对水额外加热耗能，操作简单并能循环使用。缺点在于要使用长达千米以上的管道将水输送进地层，工程量巨大。(2)注入温度较高的热水或热盐水或热蒸汽，这种方法因耗能量大而备受争议。因为注热过程中不仅要提供破坏水合物分子平衡使之分解的热量，且可燃冰矿藏主要分布在超过 300 米甚至上千米深的海底沉积物中，在海底埋藏也还有一定厚度。这将导致热液需要在很长管线中循环，热量损失太大，只能用于局部加热。(3)利用地下热能，好处在于耗量少，但是地下设置建设复杂，且并非所有可燃冰矿藏空间都存在可利用的地热资源。(4)利用电磁或微波将地层加热，好处是加热快易控制，但是设备复杂、耗能高，成本无法控制。(5)少数人提出利用太阳能加热，清洁无污染，但该方法极受天气影响，更重要的是，在可燃冰储量最多的海域开采中

① 马宝金、樊明武、王鄂川：《海域天然气水合物产业与技术发展及对策建议》，载《石油科技论坛》2020 年第 3 期。

② Konno Y et al., "Sustainable Gas Production from Methane Hydrate Reservoirs by the Cyclic Depressurization Method", *Energy Conversion and Management* 108, 2016, pp. 439-445.

无法应用。①

考虑到出于节约能耗，在较低的换热温度条件下，可燃冰产气速率低，开采时间长，不具备经济效益和工业产值；而在较高换热温度条件下又会导致能耗过度，经济成本无法控制。近来有研究通过另定义热效率并引用无限长圆柱体换热反应釜概念的新方法，推导出间壁换热过程中传热量和传热时间的解析表达式，求得热激开采法最优注入温度为 65℃，热效率为 0.536。② 而日本科学家则用实验证明，把热激法或抑制剂注入法与降压法结合使用，将比任何单一方法拥有最快的产气率，这种方法在可燃冰储层压力越大的情况下效果更为明显，并且随着降压过程产气率反而越快。③ 但 2002 年在加拿大麦肯齐三角洲永冻带实施的 Mallik 3L-38 和 4L-38 研究项目，对比了降压法与热激法的试验，试采数据表明同等条件下，降压法(产生 830m³ 的气体)相对热激法(获得 470m³ 的气体)于可燃冰开采是一种更正确可取的方法，热激法的优点在于能有效防止井筒及近井筒水合物堵塞。④

(三)抑制剂注入法(Inhibitor Injection)

抑制剂注入法是通过在井口附近注入水合物抑制剂(如盐水、甲醇、乙醇、乙二醇、丙三醇等)，改变可燃冰形成的平衡条件，导致地层中的温压条件不足以保持水合物的稳定，促使水合物分解以生成甲烷气体的方法。⑤ 抑制剂包括两种类型：动力学抑制剂(Kinetic Inhibitor)和热力学抑制剂(Thermodynamic Inhibitor)。盐水、甲醇、乙醇、乙二醇等就属于热力学抑制剂，其作用原理是改

① 思娜、安雷、邓辉等：《天然气水合物开采技术研究进展及思考》，载《中国石油勘探》2016 年第 5 期。

② 陈花、关富佳等：《间壁换热开采天然气水合物注入温度优化》，载《天然气与石油》2019 年第 2 期。

③ T. Kawamura et al., "Gas Recovery from Gas Hydrate Bearing Sediments by Inhibitor or Steam Injection Combined with Depressurization", *International Society of Offshore and Polar Engineers* 108, 2009, p. 292.

④ 左汝强、李艺：《加拿大 Mallik 陆域永冻带天然气水合物成功试采回顾》，载《探矿工程(岩土钻掘工程)》2017 年第 8 期。

⑤ 魏镜郦：《天然气水合物开采方法的研究进展》，载《武汉工程职业技术学院学报》2015 年第 4 期。

变水合物的相平衡条件，使水合物的相平衡曲线向低温高压方向移动，与抑制剂接触的天然气水合物无须改变温压条件便可发生分解。动力学抑制剂并不改变水合物生成的热力学条件，而是通过分子间的相互作用阻碍了气体分子与水笼的结合，降低水合物成核速率、延缓临界晶核形成、干扰晶体优先生长方向。[1]

抑制剂注入法的优势在于可显著降低开采初期的能量输入，无须大幅降压或升温，其缺点在于耗量大、成本高、效率低、试剂带有一定毒性易造成环境污染等。此外，要想通过注入抑制剂来获得可观的产气量，就必须使抑制剂快速并大范围地扩散到水合物储层中与水合物接触，这在目前可燃冰的海域开采中难以实现。因此抑制剂注入法并不适合作为可燃冰开采的主要手段，但能起到较好的辅助作用。随着研究深入，人们又发现了另外两种新型的抑制技术，即以表面活性剂为基础的防聚结技术和阻止晶核成长的动力学技术。[2] 但总体而言，随着新能源开发中的环保意识增强，动力学抑制剂因用量小，环境友好、成本较低，成为目前的研究重点——关键在于开发性能优良，价格低廉的动力学抑制剂。而随着VC-713、PVCap、P（VP/VC）、PVP 等代表性产品研制成功，并与其他醇类、醚类等复配使用，[3] 动力学抑制剂注入法在陆域开采实践中已取得较好效果。

（四）置换开采法（Gas Replacement）

置换开采法是一种新型的经济环保的可燃冰开采方法，在一定的温压条件下，将二氧化碳或电厂烟气作为置换气体往可燃冰中注入，以置换出天然气，同时把二氧化碳温室气体永久储存在海底的技术。这种技术最大的优点在于环保，开采时可以使甲烷生产可能导致的环境影响（如水污染和海底沉降）最小化，同时又可用来处理工业排放的温室气体，以达到封存和减排二氧化碳的目的，[4] 符

---

①　李守定、孙一鸣、陈卫昌等：《天然气水合物开采方法及海域试采分析》，载《工程地质学报》2019 年第 1 期；孟庆国、刘昌岭、业渝光等：《天然气水合物动力学进展》，载《海洋地质动态》2008 年第 11 期。

②　赵悦、曹潇潇：《天然气水合物开采方法的研究》，载《广州化工》2020 年第 9 期；徐勇军、杨晓西、丁静、叶兴国：《复合型水合物防聚剂》，载《化工学报》2004 年第 8 期。

③　胡耀强、何飞、刘婷婷等：《动力学型天然气水合物抑制剂研究进展》，载《现代化工》2015 年第 3 期。

④　Farell. H et al., " $CO_2 - CH_4$ Exchange in Natural Gas Hydrate Reservoirs：Potential and Challenges"，*Fire In The Ice* 10，2010, p. 226.

合当下气候政治的话语正当性。日本科学家 Ebinuma 在 1993 年申请了用置换法开采可燃冰的专利。Ebinuma 认为当温度低于 10℃时，二氧化碳水合物比天然气水合物更加稳定，此时将二氧化碳注入天然气水合物地层后，甲烷水合物将被二氧化碳水合物代替。借助这种技术，所开采地层的力学性质可基本保持稳定，同时还能封存温室气体。[1] 该假说随后由其他同行在 CO_2—CH_4 混合气水合物的平衡实验中得以验证，并进一步获得了压力、气水合物组分及置换比之间的热力学关系。[2] 而在 2012 年 5 月，美国康菲石油公司、日本国家油气和金属公司（JOGMEC）及美国能源部（DOE），联合在阿拉斯加北坡 Prudhoe 湾区完成了首个调研可燃冰中 CO_2—CH_4 置换潜力的 Ignik Sikumi（伊努皮克语，意为冰中的火）现场试验工程，成功注入约 $6000m^3$ 二氧化碳和氮气混合气体，累计产生天然气近 $3\times10^4m^3$，且未对储层造成压裂破坏，证明"置换法是天然气水合物开采重要而有效的方法之一，它可在较大程度上减少对环境的污染和破坏"。[3] 这为可燃冰领域的深入研究提供了大量宝贵数据和全新认知。

目前，置换开采法的科学共识认为：（1）天然气水合物相平衡压力高于二氧化碳水合物，从动力学分析得出以二氧化碳和甲烷在气液两相中的逸度差作为驱动力，能够促成置换反应；（2）二氧化碳水合物的形成不仅可以消耗可燃冰分解所产生的水，且释放出的热量有利于可燃冰的继续分解并维持着地层的稳定性，实现二氧化碳地下封存；（3）温度升高能进一步促进可燃冰被二氧化碳置换出甲烷；适当降压有助于天然气水合物被二氧化碳置换；提高烟气中二氧化碳的浓度也可以提高置换效率。[4] 但缺点在于施工工序和细节过程远较降压法、热激法等更复杂，且必须准备充足的二氧化碳气源，前期投入较大，置换率总体不高，置

① Ebinuma Takao, Method for Dumping and Disposing of Carbon Dioxide Gas and Apparatus Therefor, US：5261490A，1993.

② Ohgaki K et al.，"Methane Exploitation by Carbon Dioxidefrom Gas Hydrates-Phase Equilibria for CO_2-CH_4 Mixed Hydrate System"，*Journal of Chemical Engineering of Japan* 29，1996，pp. 144-178.

③ 张炜：《天然气水合物开采方法的应用——以 Ignik Sikumi 天然气水合物现场试验工程为例》，载《中外能源》2013 年第 2 期；左汝强、李艺：《美国阿拉斯加北坡永冻带天然气水合物研究和成功试采》，载《探矿工程（岩土钻掘工程）》2017 年第 10 期。

④ 彭昊、何宏、王兴坤、李禹：《CO_2置换开采天然气水合物方法及模拟研究进展》，载《当代化工》2019 年第 1 期。

换速度较慢，如何提高置换速率和置换率将是未来研究重点。此外，采用此法形成二氧化碳水合物后，可能阻碍可燃冰分解、降低地层的渗透性、导致气体产出和置换无法继续。[①] 从这个角度来看，置换开采法在商业上不宜作为主动开采方法，但却适合用作开采后对地层恢复的环境保护手段，值得进一步深入研究。

(五) 其他开采方法

上述四种方法是目前可燃冰开采实践中，理论上已有定论，实验上得到证明或数据支持的可行性方案。除此之外，近几年随着国际社会对可燃冰战略地位的进一步提升和工程科技水平的发展，产业界和科学界还提出了一些其他的创新性开采方案，尽管多数还处在实验假设阶段，却昭示了可燃冰商业化未来可期。

1. 水力压裂开采法

水力压裂的实质是在地面通过钻孔，向地下被压的目标岩层注入一定量高压流体，在钻孔底部一定范围内诱发人工裂缝，将目标岩层沿垂直于最小主应力方向压裂。该技术最初应用于地应力测量，20 世纪 40 年代得以引入石油天然气工业，用于低渗透性难采储集层的激化，以提高石油天然气的采收率和产量。之后该技术又用于干热岩体的地热开发与盐类矿床的开采，均取得良好效果。

水力压裂开采可燃冰技术，利用浅层温度相对较高的海水或在管路系统设置加热装置，由高压泵通过注水井注入水合物储层，在加热水合物储层同时使其产生人为裂隙，为分解气体提供运移通道，产生的连通裂隙可以降低储层孔隙压力，从而达到高效开采水合物储层的目的。从生产井流出的气水两相流体经气水分离器分离后，所产气体经加工再直接运输。这种方法通过人工控制增加储层裂隙，促进储层压力降低，同时借助温热海水提供分解所需热量，可以认为水力压裂开采是一种强化的综合热激法与减压法开采的新方法。[②]

2. 机械—热联合开采法

这是中国学者针对热激法热传导效率低的缺陷，而提出的一个新设想，并申请了国家专利。基本思路是用机械设备挖掘可燃冰地层并将其粉碎成小颗粒，然

---

① 魏伟、张金华、于荣泽等：《2017 年天然气水合物研发热点回眸》，载《科技导报》2018 年第 1 期。

② 赵建忠、石定贤：《天然气水合物开采方法研究》，载《矿业研究与开发》2007 年第 3 期。

后与一定温度的海水掺混，并沿管道输送到分解仓或直接在管道内分解完毕，再将沉积物土颗粒分离回填。天然气通过管道收集，这样既可增加传热面积，又利用海水热量和对流传热提高了能量供给效率。[①] 有乐观评估认为，该方法由于采用机械采掘，不受分解范围限制，可以在更大空间对可燃冰地层实施开采，采收率与日产量会更高。而将可燃冰沉积物粉碎成小颗粒后与温度较高的海水混合，增加了换热面积，缩短了热传导特征时间，产气速率加快。此外还可合理利用气体膨胀做功并在近海底处分离沉积物碎屑，避免了人工举升可燃冰沉积物消耗过多能量。但该方法更适合于具有可燃冰分布集中、储量大的未成岩地层。[②] 当然，该法既然是采用机械挖掘，将势必对矿藏地层产生较大破坏，事后如何对地层进行回填和恢复，具体该采用何种机械施工采掘等，是下一步亟待解决的关键问题。

3. 冷钻热采法

这是我国吉林大学科研团队用 12 年时间实现的拥有自主知识产权的技术攻关，荣获"国家科技发明二等奖"。与国际上通用的"被动式保压保温取样"钻探原理不同，新技术首次提出"主动式降温冷冻取样"原理。[③] 具体创新包括：（1）天然气水合物孔底快速冷冻取样。可燃冰开采取样时，由于压力骤降极易发生分解，必须及时采取保温保压措施。而此项技术改善了传统保压措施的缺点，通过外部冷源（液氮）来降低可燃冰温度（≤-30℃），抑制水合物分解。（2）钻井液"动态强制制冷"。该技术由载冷剂箱和同轴泥浆由泵连接换热器制冷机组，又通过泵和管线将同轴泥浆换热器连接泥浆池，采用乙二醇为冷流体，逆流换热，能快速将泥浆温度限制在允许范围（-3℃~3℃）。（3）高压热射流开采可燃冰。该技术采用高压热射流冲击，热流体经高压泵喷出，高速射流高速冲击直接作用于开采标的，进行切割、分解。由于流速很快，那些没来得及分解的可燃冰，将

---

① 张旭辉、鲁晓兵：《一种新的海洋浅层水合物开采法机械—热联合法》，载《力学学报》2016 年第 5 期；张旭辉、鲁晓兵、王淑云等："水合物分解实验方法及实验装置"，中国科学院力学研究所，申请/专利号：CN201510282569.6，2016.08.03。

② 李守定、孙一鸣、陈卫昌等：《天然气水合物开采方法及海域试采分析》，载《工程地质学报》2019 年第 1 期。

③ 李双溪、孟含琪：《我国科学家发明可燃冰冷钻热采技术》，载《石油化工应用》2017年第 2 期。

会随回流带入开采管，随气—水混合物一同上升至气液分离装置，经气液分离装置，待开采的气体被捕集入收集装置，完成开采。[1]

4. 原位补热降压充填法

我国中科院重点部署项目团队的科学家在总结了现有开采方式面临的三大瓶颈：可燃冰分解热补给缓慢导致产气效率低、分解可能导致储层结构失稳、储层渗透率低影响产气速率之后，提出了"原位补热降压充填开采方法"。通过钻井将氧化钙（CaO）粉末注入可燃冰储层，钻井降低压力后，天然气水合物（$CH_4 \cdot nH_2O$）分解产生天然气和水，氧化钙粉末与水迅速反应释放出大量热量，补充了天然气水合物的分解热。同时，氧化钙与水反应后生成的固态氢氧化钙（$Ca(OH)_2$）体积增大，孔隙增大，既填充了可燃冰分解后留下的空隙，又提高了储层的渗透性，从而有效解决降压法规模化开采面临的"补热""保稳""增渗"问题。他们还为此设计了开采的核心技术方案，即采用高压气体压裂并将氧化钙注入储层，主要技术方案由水平井钻完井、高压粉末—气体压裂、降压开采三部分组成；包含关键技术：控温压高速钻井技术体系、高压空气粉末压裂注入技术、井筒砂堵与气水混合的多相流降压开采技术；以及具体的工艺步骤：定井位—钻井—完井—注入充填—降压采气—重复注入采气。[2] 这充分证明了我国在可燃冰开采技术上领先世界的科研实力。

二、开发进展

尽管多数国家都认识到可燃冰潜在的巨大商业价值和对人类能源革命的重要推动作用，但在政策和技术上跟进开发的并不太多。这与其说是受到自然资源的限制，毋宁说是国家能力不同，包括思想软件上的战略构想能力和技术硬件上的实验开发能力都存在差异。有的国家仍旧沉醉在资源大国的迷思当中，完全没注意到以可燃冰、页岩气为代表的新能源革命，对人类政治经济生活可能兴起的全面重塑作用，抱残守缺地片面坚持传统能源的支配地位，为了避免新能源经济对本国既有资源优势的冲击，无视竞争，拒绝走出政策舒适区，接受新兴力量的挑

[1] 高大统：《"可燃冰"的工业化开采前景分析》，载《北京石油管理干部学院学报》2017年第6期。
[2] 李守定、李晓、王思敬、孙一鸣：《天然气水合物原位补热降压充填开采方法》，载《工程地质学报》2020年第2期。

战。也有的国家预见了新能源革命的未来，但囿于人才储备、技术能力、经济成本、集团利益或政治正确的话语，只能以旁观者的心态坐看新趋势的形成。如果说前者出自既得利益国家的倨傲与无知，后者就是小国的悲哀。这里的"小"不是国土面积和人口数量方面的"稀小"，而是政治抱负和文明视野的"狭小"。

文明进程中任何一次大的结构性变革，都是一次全球秩序的重新洗牌，也将给后发国家提供一个奋起直追、弯道超车的历史机遇，是命运对后发国家的垂怜与馈赠。一个国家能否牢牢地扼住命运的咽喉成就自我的主宰，这将决定这个国家兴衰成败的长久气运。遗憾的是，多数小国却受到主客观条件的局限，关键时刻不敢压上全部的筹码放手一搏，导致在下一段文明历程中，仍旧困顿于"历史的三峡"不得伸展志向。反倒是真正的大国，从来不会被一时的优势蒙蔽住双眼，时刻用历史的忧思与危机感警醒自己，以创新求发展，探索不同的未知可能性。这或许正是历史规律的冷酷本质——"天地不仁，以万物为刍狗"①——如果所有的国家都试图做自我的主宰，热衷尝试各种不同制度范式，地球资源将遭受极大消耗，国际政治经济秩序或许会因过度竞争而走向崩溃，和平与发展也就不再可能成为今天的时代主题。政治与法律归根结底是支配与被支配的秩序安排，少数(负责任的)大国思考、探寻、实践有限的几种美好的生活方式，再通过良性的秩序竞争，吸引其他国家在自我决定的基础上，自主选择追随或效法某个大国开辟的历史道路，听上去虽有些泄气，但却未必不是另一种"理性的狡计"。如果历史注定是由少数几个"获得了永远常青的赞美"的国家创造，就没有必要去一一检视所有国家在可燃冰领域的探索，让我们把关注的目光聚焦在几个有前沿原创性的国家，它们的实践决定了人类能源转型的未来。

(一)美国

美国历来高度重视本国的能源安全与独立，尽管是世界上石油储量最大国

---

① 对这句话的理解历来聚讼纷纭，我们这里是以"六经注我"的方式，匹配上下文予以引用。对于不可言说之事，不争论。老子:《道德经·第五章》，汤漳平、王朝华译注，中华书局出版社 2014 年版，第 89 页。

家,① 但仍然先后投入了大量资源和经费开发了包括页岩气革命、② 碳捕获与封
存技术、智能电网、氢能电池、替代燃料在内的新能源技术,既对中东的石油垄
断实施了有效打击,也在国际气候谈判中,给碳排放量大的发展中国家制造了巨
大的道义压力。③ 这种在新能源技术上的进取态度,无疑来自美国政治家的清醒
与远见:"一个控制不了能源的国家无法掌控自己的未来",而"增加美国竞争力
的最终关键在于投资能源基础设施"。④ 因此,早在冷战时期,美国就开始布局
可燃冰新能源的开发计划。

美国对可燃冰的研发采用的是"顶层设计"与"技术创新"相结合的方案,在
目前开采技术无法实现突破性进展的情况下,高度重视以政策导向建构能源独立
和清洁能源与气候变化之间的想象性秩序。对此,美国总统科学技术顾问委员会
(PCAST)在 1997 年的"21 世纪能源研究和开发面临的挑战"报告中,就明确提出
"通过能源研究与开发来提高能源技术是加强美国国力的关键",要"发展替代石
油的能源……立即停止对煤直接液化方面的资金拨款,与此同时增加能源部
在……天然气生产和加工技术方面的研究开发经费"。而对全世界范围可燃冰潜
在储量的调查评估,就是在这次报告中被正式列入建议研究计划,并每年获得千
万美元财政拨款推进研发。⑤ 到 1998 年 5 月,美联邦政府就通过了一项经费高达
2 亿美元的"海底可燃冰研究计划",将海底可燃冰作为战略能源列入长期研发计
划。⑥ 紧接着在 1999 年,美国参议院和众议院又分别提出 S. 330 和 H. R. 1753 议
案,设立"国家可燃冰长期研发项目计划"(National Methane Hydrate Multi-Year R

① 王传军:《美国已成世界石油储量最大国家》,载《光明日报》2016 年 7 月 10 日,第 5
版;高健:《美国石油储量何以跃居世界第一》,载《中国石化》2016 年第 8 期。
② 当中涉及的法律和环境问题,参见刘超:《页岩气开发法律问题研究》,法律出版社
2019 年版。
③ 赵宏图:《国际能源格局调整及其对气候谈判的影响》,载《现代国际关系》2013 年第
9 期。
④ Barack Obama, *Weekly Address*: *An All-of-the-Above Approach to American Energy*, Saturday,
February 25, 2012. See also Barack Obama, *Weekly Address*: *Taking Control of Our Energy Future*,
Department of State International Information Programs, November 16, 2013.
⑤ 贡光禹:《加强联邦能源研究开发迎接 21 世纪挑战》,载《国际技术经济导报》1998 年
第 3 期。
⑥ 孟昭莉:《可燃冰前景可期》,载《第一财经日报》2010 年 5 月 31 日,第 3 版;宗新
轩、张抒意、冷岳阳等:《可燃冰的研究进展与思考》,载《化学与黏合》2017 年第 1 期。

&D Program Plan），意在：（1）提供一个关于可燃冰储量评估、开采可能性、海底稳定性与安全性、对环境/气候影响的综合数据库；（2）于2010年解决可燃冰常规开采的技术阻碍，并评估其安全性；（3）于2015年解决可燃冰商业开采所需的知识和技术难题；（4）确保美国能源安全并在全球能源市场中占据重要地位；（5）回应产业界所关注的油气勘探、生产、运输过程中与可燃冰相关的安全性、海底稳定性和管道堵塞问题。[①]

2000年，克林顿总统正式签署上述议案，推动多部门协作，共同制定国家级可燃冰研发计划；2005年，布什总统签署了《国家能源政策法案》，对可燃冰研发方案进行调整，将2005—2010年的总拨款增加到1.55亿美元，并增设土地管理局（BLM）作为参与单位；2006年7月，美国能源部（DOE）公布了"跨机构可燃冰研发路线图"，当中根据2000年可燃冰研发法案和2005年能源法案，进一步制定了有关资源潜力、海底稳定性、钻探安全和环境问题等相应的活动计划。并分别在2007年和2013年先后制定"跨机构可燃冰研发计划2007—2012"和"跨机构可燃冰研发计划2015—2030"。[②] 2008年，布什签署《能源独立与安全法案》（EISA2007），通过税收优惠和资金补贴的方式，继续推动包括可燃冰在内的可再生清洁能源研发，减少对国外石油的依赖。[③]

奥巴马总统上台伊始，为应对金融危机，推动国会通过了《2009年美国复苏与再投资计划》，当中一半以上项目涉及新能源产业，其中与可燃冰相关的"清洁能源融资计划"高达85亿美元，仅次于"智能电网"（200亿）和"能效及可再生能源"（143.98亿）。[④] 2011年，奥巴马在华盛顿乔治敦大学发表了专门针对能源安全的演讲，强调"谁能领导21世纪的清洁能源经济，谁就能领导21世纪的全球经济。我希望美国成为这个国家，我希望美国赢得未来"。

① US Department of Energy Office of Fossil Energy Federal Energy Technology Center, *National methane hydrate multi-year R&D Program Plan*, 1999.

② 张炜、王淑玲：《美国天然气水合物研发进展及对中国的启示》，载《上海国土资源》2015年第2期。See also Ray Boswell. *An Interagency Roadmap for Methane Hydrate Research and Development*：2015—2030, US：Department of Energy, 2013.

③ Fred Sissine, *Energy Independence and Security Act of* 2007：*A Summary of Major Provisions*, CRS Report for Congress, RL34294, December 21, 2007.

④ Sanya Carley, "Energy Programs of the American Recovery and Reinvestment Act of 2009", *Review of Policy Research* 33, 2016, p.47.

为此他提出未来美国能源战略的"一个目标、两个途径"：一个目标是降低石油进口，并提出具体的量化指标和时间表，即在 2025 年将石油进口量减少三分之一；减少进口有两个途径，一是改变供应，二是调整需求。在改变供应方面，这意味着扩大其他可替代能源产量，对此美国政府将鼓励在确保安全的前提下进行近海油气开采，同时加强对包括核能、生物能、太阳能、风能等可替代能源的研发。① 在总统的推动下，2013 年 11 月由能源部资助，美国海洋发展领导联盟可燃冰项目科学小组发布了"海洋可燃冰现场研究计划"，目标在于为大洋科学钻探提供指南，以确定在数据和信息收集方面具有最大潜力的钻探靶区和航次。随后，2014 年 6 月 2 日，美国环保署（EPA）发布了《关于清洁能源计划的建议》，这被看作奥巴马政府应对气候变化问题的最强硬行动之一，明确要求到 2030 年美国所有发电厂的碳排放量将减少 30%，将颗粒、氮氧化物和二氧化硫污染水平降低至少 25%；提供相当于高达 930 亿美元的应对气候变化与公共卫生服务。其中，具有低排放特征的可再生能源可燃冰，就属于所认定的"清洁能源计划的主要技术和政策工具"。② 于是 2016 年 9 月，能源部继续宣布投入 403 万美元用于新的可燃冰研究项目，加强研究可燃冰系统受到自然环境影响和开采生产所诱导的变化规律，以此确定可燃冰大量开采的可行性并评估其在全球气候循环中的作用，该项目由美国能源部的国家能源技术实验室负责管理。③

作为军工和石油集团利益代表的特朗普总统上任后，就立即制定行政命令取消了奥巴马时期推出的《清洁能源计划》《气候行动方案》，使得美国的新能源政策出现了不确定性。但即便如此，特朗普仍然有选择地支持了生物乙醇、绿色氢气的新能源开发。2019 年，美国能源部甲烷水合物咨询委员会致信美国能源部部长 Rick Perry，提交了该委员会经研讨后最终制定完成的《美国国家天然气水合物研发计划 2020—2035 年路线图》报告，详细阐述了美国下一阶段可燃冰研发计

①　刘丽娜：《奥巴马的能源战略新目标：加大清洁能源投资》，载《中国证券报》2011 年 4 月 2 日，第 3 版。

②　谢伟：《美国清洁能源计划及对我国的启示》，载《学理论》2016 年第 1 期。

③　黄河：《美国可燃冰研究及开采技术发展现状》，载《全球科技经济瞭望》2017 年第 9 期。

划的优先重点研究领域,[①] 旨在确保美国在全球可燃冰研发领域的领导地位。而随着奥巴马曾经的副手,民主党总统拜登 2021 年上台执政,业界对拜登政府重新回复奥巴马时期的新能源政策普遍持乐观态度。

(二)俄罗斯

长久以来,俄罗斯主要凭借能源优势对抗西方技术优势,[②] 加上是首个在自然环境中发现可燃冰储层存在的国家,故而一直比较重视可燃冰开发。但由于俄罗斯自身油气储备异常丰富,且这几年国内经济发展一般,而可燃冰在商业前景不明确的前提下,前期投入的开发成本巨大。围绕是否主攻可燃冰新能源技术,国内的能源政策一直存在"两条路线"的斗争,反映在"俄罗斯现在缺少像其他国家一样专门研究和开采可燃冰的国家项目。纵观《俄罗斯 2030 年前天然气行业发展总纲要》草案,仅有一次在《天然气行业科技主要发展方向预测》中提到可燃冰"。[③] 尽管如此,考虑到可燃冰可能会成为俄天然气在世界能源市场上的主要威胁,俄罗斯能源部和科学家仍然对可燃冰研发投入了高度热忱。

2003 年 1 月 27—29 日,在新西伯利亚市召开了"俄罗斯 2003 地球生态体系中的天然气水合物会议",参会代表 100 多人,分别来自莫斯科、圣彼得堡、新西伯利亚、海参崴等 15 个城市的 40 多家单位。会议重大成就之一就在于总结了此前全球可燃冰研究中存在的重大误区:当前对可燃冰展开的基础科学研究之首要任务在于查明天然气水合物对地球气候、环境及地球各圈层中正在发生的各种作用的影响机制,弄清可燃冰在地球上的潜在储量、分布区域、矿体结构,测定天然气水合物的形成条件和稳定性,及其赋存的温度、压力、自身化学成分及地质条件,最终建立起统一的可燃冰形成与分解作用的地球化学、物理化学、数学模型,评价可燃冰开采对岩石圈及生物圈可能产生的影响。而现今全球各国政府及科学家对可燃冰在不同领域的研究是彼此孤立的,在地质学、化学、生态学及

---

① 邵明娟、张炜:《美国国家天然气水合物研发计划概述及启示》,载《地质评论》(增刊)2020 年第 1 期。

② 邢广程主编:《俄罗斯东欧中亚国家发展报告(2008)》,社会科学文献出版社 2008 年版,第 56~58 页。

③ 赵佳伊:《俄罗斯可燃冰相关翻译实践报告》,中国石油大学翻译系 2018 年硕士学位论文,第 34 页。

工艺学研究者之间缺少沟通与合作。有鉴于此，会议主张各国科研部门应加强协调，建立协调中心。为此会议先行达成如下共识：（1）来自俄罗斯国内可燃冰研究主要单位的与会者，一致通过成立"俄罗斯可燃冰研究协会"，协会旨在加强俄罗斯天然气水合物研究者之间的协作；（2）尽快制定"俄罗斯国家可燃冰的研究规划"；（3）各组成单位应完成的下一阶段任务部署，包括对可燃冰勘探方法的研究；可燃冰矿床的评价、取样、开采工艺等；规划出 4 个远景区并建立贝加尔湖、鄂霍茨克海、黑海俄属部分、西西伯利亚北部赛诺曼和上赛诺曼沉积层长期工作站。① 正是基于这种科学精神，俄罗斯对与其他国家联合开发可燃冰保持了灵活开放的态度。

受到美国开发页岩气的影响，近几年俄罗斯在政策上愈发重视可燃冰开发。2014 年 7 月 3 日，俄罗斯科学院高温联合研究所制定了《能源行业创新发展规划》。此规划按照《石油天然气创新发展战略：天然气开采与运输》要求，将总体规划分为三个阶段执行：第一阶段为"可燃冰结构特性、热物理性质、最优生成条件研究"；第二阶段为"可燃冰地质勘探技术研究、开发技术研究、潜力区块评估"和"可燃冰开采技术及设备研究"；第三阶段为"可燃冰开采设备样机研制及工业化应用"。力争经过三个阶段发展，到 2030 年俄罗斯可燃冰开发将达到全新水平，补充本土天然气生产，巩固俄罗斯国际能源市场的地位。② 与此同时，俄罗斯开辟多元国际合作的意愿也变得更积极主动，在得知中国南海的可燃冰试采取得突破进展后，俄罗斯科学院院长亚历山大·谢尔盖耶夫在参会"第五届东方经济论坛（2019）"时表示："中国有意探寻可燃冰矿床，传统上这一领域是俄罗斯的强项。中国和俄罗斯将对世界海洋的可燃冰矿床进行联合研究，这不仅是从未来的开采角度来看，还是对了解全球气候变化机制来讲，都非常重要。"③

事实上，俄罗斯一直没有停止在可燃冰前沿技术上的探索。譬如，可燃冰勘探目前公认最为安全、有效的就是地球物理法，包括钻井取样和测井技术，但目前广泛使用的射孔完井方式难以保证射孔周围没有阻塞畅通无阻，为此俄罗斯南

① 张春晖编译：《俄罗斯天然气水合物研究现状》，载《地质与资源》2003 年第 3 期。
② 杨明清、赵佳伊、王倩：《俄罗斯可燃冰开发现状及未来发展》，载《石油钻采工艺》2018 年第 2 期。
③ 俄科学院：《中俄将联合研究可燃冰矿床》，载俄罗斯卫星通讯社：http://big5.sputniknews.cn/russia/201909051029485593/，2021 年 7 月 20 日最后访问。

方国立技术大学的两位科学家通过对钻井周围物理场进行研究，于 2006 年开发出了一套分辨率高的井中地球物理检测技术，可以确定出射孔部位的位置、检查射孔部位是否阻塞和如何解阻，并已在库谢夫地下储气库 74 号钻井进行了成功检验，对可燃冰开采安全提供了有力的技术支撑。[1] 而在最近，俄科学院西伯利亚分院的石油天然气地质物理所，又开发出新型算法完善了地热探针的结构，并研发出洋底沉积层热性能研究新方法，可用于勘探洋底以及永冻层中的可燃冰。该算法可测量沉积层的所有热性能指标，由此直接确定是否蕴藏可燃冰。该方法是用专门的地热探针进行洋底勘探作业，此类仪器的关键部件是可依靠自身重量扎入沉积层的 3 米钻杆和带有加热器及特种传感器的测温管，测温管用于测量沉积层的温度梯度，根据温度梯度和导热性确定沉积层中的热流，以此来推测是否蕴藏可燃冰。[2] 这种勘探新方法为可燃冰开发提供了更准确的地质数据，节省了搜寻和判断可燃冰矿藏的信息成本。

（三）日本

在大众印象和固有认知中，日本一直被视为一个资源匮乏的岛国，这种刻板印象随着它在"二战"太平洋战场的失利被进一步固化，以至于中国民间社会可能会对日本的真实国力产生某种片面的误解。然而能源战略是国家总体安全观须臾不可分离的重要构成，事关国计民生的战略抉择不应当建立在盲目乐观和对潜在对手真实信息无知的前提下。作为一个基本事实，日本近年来借助节能环保立法体系建设，海洋新资源的开发，高效的资源回收技术，循环利用废旧机器和电子产品开发"城市矿山"，全社会高度一致的环保共识，已悄然晋升为一个"资源大国"。[3] 首先在公共法律政策上，为了实现节能环保，自 20 世纪 70 年代年起，日本相继颁布了《废弃物处理法》（1970 年）、《节约能源法》（1979 年）、《再生资源利用促进法》（1991 年）、《环境基本法》（1993 年）、《家电回收法》（2001 年）等

---

[1]　赵荣：《俄罗斯天然气水合物研究进展概述》，载《青海师范大学学报（自然科学版）》2014 年第 2 期。

[2]　通讯稿：《俄罗斯研发出可燃冰勘探新方法》，载《石河子科技》2020 年第 1 期。

[3]　刘军国：《日本充分利用"城市矿山"》，载《人民日报》2014 年 2 月 18 日，第 23 版；蓝建中：《资源回收利用达极致　日本成为资源大国》，载《今日国土》2011 年第 2 期；郭一娜：《日本靠回收家电成资源大国》，载《基础教育论坛》2012 年第 2 期。

一系列法律。其中，2000 年颁布的《循环型社会形成推进基本法》推行"3R+妥善处理"政策，即资源减省(Reduce)、二次利用(Reuse)和回收循环(Recycle)，另加对不可再生废弃物进行热回收，并妥善处理烧结后的废渣。如今该政策已成为 21 世纪日本可持续发展的主导社会战略，以及国际关系中实施能源外交的重要筹码。[①] 同时作为配套法规，又将之前的《再生资源利用促进法》修订为《资源有效利用促进法》，对 10 个行业的 69 种产品制造商规定了相应的减排义务。因此 2000 年也被日本媒体称为"循环型社会元年"；2008 年 3 月又在《环境基本计划》(2001 年)基础上制定二期计划的修正案——《成为 21 世纪的先进环保型国家战略》(*Becoming a Leading Environmental NationStrategy in the 21st Century*)，[②] 借助法治能力推动社会环保共识的形成。

政策和法律要想在实践中获得理想可欲的社会效果，就必须建立在尊重客观事实的基础上。科学的地质考察业已证明，日本本土煤、石油、天然气等常规能源缺乏，同时地震、海啸频发所引起的核泄漏事故，使得周边国家和本国居民对日本核电站的运营安全处于极度的焦虑和不信任状态，政治家也一度考虑"建立无核电社会"。[③] 因此，开发替代性的新能源，就不仅出于经济效益的考虑，同时还有政治正当性方面的考量。其实，早在 2003 年日本政府会同日本石油矿物

---

① 在 2008 年举办的八国集团(G8)环境部长会议上，日本成功将 3R 与生物多样性和气候变化共同列为主要会议议题，并共同发表"神户 3R 行动计划"，中国、印度、巴西和 OECD、UNEP 等国际组织也参加了此次会议。该法案已有中译稿，曲阳译：《(日本)循环型社会形成推进基本法》，佐藤孝弘校，载《外国法制史研究》2001 年第 1 期。

② 上述法案是作者根据下列文献(部分法案译名及时间细节有不一致)并进行网络搜索对比后的大致列举，参见郭廷杰：《日本"资源有效利用促进法"的实施》，载《中国环保产业》2003 年第 9 期；黄健、万勇、马廷灿、姜山：《3R 政策提升日本资源使用效率》，载《新材料产业》2009 年第 5 期；陈海嵩：《日本的节能立法及制度体系》，载《节能与环保》2010 年第 1 期。

③ 2011 年 3 月 11 日，日本东北部海域发生 9 级地震并引发海啸，受到影响，福岛第一核电站发生氢气爆炸与核泄漏。该事件成为仅次于 1986 年苏联切尔诺贝利核电站爆炸事件的重大核事故。事故发生后，日本朝野曾正式考虑放弃核电。2011 年 5 月 5 日，当时日本最后一座正在运营的核电站——北海道泊核电站停止发电。时任首相菅直人提出"建立无核电社会"，后任首相野田佳彦领导制定了日本新能源及环境战略，明确到 2030 年日本对核电的依赖度降为零。但在安倍晋三接任首相后，推动出台新的《能源基本计划》，将核能定位为"重要的基荷电源"，重启核电站建设。对政策终结原因的分析，参见刘伟伟、张博宇：《日本为何难弃核？——基于政策终结理论的分析》，载《社会科学》2017 年第 5 期。

联盟、日本钢铁联盟、日本土木工业协会、日本石油开发公司等 10 个与海洋开发事业相关的团体，组建"日本大陆架调查公司"，投入 1000 亿日元对本土大陆架的地形、地质情况进行全面勘测，并向联合国申请延伸本国大陆架范围，即在为了觊觎东海大陆架丰富的自然资源，"在这片大陆架地层中，钴的储量可供日本使用 1300 年，锰的储量可供日本使用 320 年，镍的储量够日本使用 100 年；那里还埋藏着够日本使用 100 年的天然气，丰富的、被认为可以代替石油的'可燃冰'（即含有甲烷的天然气水合物）以及渔业资源"。[①] 而"可燃冰的发现进一步将日本推上资源大国的行列⋯⋯2007 年，经济产业省对位于静冈县和歌山县近海的南海海沟地区进行了调查，发现这里蕴藏着 1.1 万亿立方米的可燃冰，相当于日本 14 年的天然气消费量。同时，利用可燃冰的技术也不断成熟。2008 年 3 月上旬，日本和俄罗斯合作从水深 400 米的湖底回收了可燃冰"。[②] 到 2013 年 3 月 12 日，日本经济产业省资源能源厅正式宣布，已成功从近海地层蕴藏的可燃冰中分离出天然气，[③] 后又于 2017 年实施了第二次、第三次只使用降压法的海域可燃冰试采，并总结出"井群生产"和"产气量峰值平缓化"的开发设想。[④] 从这个意义来说，可燃冰业已成为日本实现"能源逆袭"，变身资源大国的希望所在。

日本在可燃冰开采方面最大的特色在于采取了"政策驱动技术"的路径。从 2005 年确立了"海洋立国战略"，到 2007 年颁布《海洋基本法》，2008 年发表《海洋基本计划》，再到 2019 年修订《海洋能源和矿产资源开发计划》，并出台《可燃冰开发 MH21-S 计划》。日本在顶层设计的时序和内容上，坚定地执行了一条"战略—法律—规划—计划"，由大到小、以小博大、由高到低、由宏观到微观、由高阶到低阶的框架设计和制度体系，通过制定目标（Plan）、分步实施（Do）、过程评价（Check）、修订计划（Act）的 PDCA 循环型政策评价机制，分解任务、层

① 张莉霞、李浩宇：《解读日本的资源大国之梦》，载《环球时报》2003 年 11 月 29 日。

② 蓝建中：《日本何以成为资源大国》，载《半月谈》2011 年第 3 期。

③ 袁军：《日本成功分离近海可燃冰或将影响全球能源格局》，载《能源研究与利用》2013 年第 4 期；王莉莉：《日本成功分离可燃冰商业化开采尚需时日》，载《中国对外贸易》2013 年第 4 期。

④ 张炜、白凤龙、邵明娟、田黔宁：《日本海域天然气水合物试采进展及其对我国的启示》，载《海洋地质与第四纪地质》2017 年第 5 期。

层落实、保障推进。①

具体而言，早在 1994 年，日本石油协会就向当时的通产省（现在的经济产业省）呈报了一份关于可燃冰的咨询报告，介绍了可燃冰潜力评价的基础知识，并建议在日本周边海域开展勘探与试钻研究。通产省在此报告基础上于日本国家石油公团（JNOC）内部组建"可燃冰开发促进委员会"和一个高新技术研究中心（TRC），并于 1995 年由地质调查局与国家石油公团牵头，制订了为期 5 年的"可燃冰研发推进初步计划（1995—2000）"。② 该计划的前期成果，激励了日本经济产业省的政策热情，又于 2001 年 7 月发布了一个为期 18 年的"可燃冰开发计划"，并设立了执行此项计划的专门组织"可燃冰资源开发研究财团"（又称"MH21 财团"）。MH21 财团主要由独立行政法人石油天然气·金属矿物资源机构（JOGMEC）、独立行政法人产业技术综合研究所（AIST）和一般财团法人工程振兴协会（ENAA）组成。主要行动目标在于实现：（1）探明日本周边海域的可燃冰赋存状况和分布特征；（2）预测可能含有可燃冰海域的物资源量；（3）在可能含有可燃冰矿藏的海域优选天然气水合物气田并研讨开采的经济性；（4）对优选的可燃冰气田进行生产试验；（5）完善可燃冰的商业生产技术；（6）建立环保的开发体系。③ 该计划原定分三个阶段执行，第一阶段于 2008 年结束，成果主要是确认相关海域可供开发的可燃冰蕴藏。2009 年起进入第二阶段，主要目标是进行初步生产试验，从而为 2016—2018 年度第三阶段的商业化开采进行技术铺垫。但由于"除了需要解决技术和环境影响两个难题外，其经济效益还需要在更长的时间和更大的规模进行检验"，日本政府宣布将该计划推迟。经济产业省也在总结前期开发阶段遇到的问题的基础上，提出下一阶段将有针对性地重点突破储层类型认识、降低井口压力、水合物开采及控制以及环境保护等技术难点，并暂定 2023—2027 年商业化开发其丰富的可燃冰资源。④

---

① 姜雅、张涛、黎晓言：《日本天然气水合物研发最新动态及问题对策研判》，载《国土资源情报》2020 年第 6 期。

② 该计划的详尽内容，参见莫杰编译：《日本天然气水合物研究与开发计划（1995—1999）》，载《海洋地质动态》1999 年第 10 期。

③ 梁慧：《日本天然气水合物研究进展与评价》，载《国际石油经济》2014 年第 4 期。

④ 舟丹：《日本商业化开采可燃冰的时间》，载《中外能源》2015 年第 4 期；鲁东侯：《日本发展天然气水合物面临重重考验》，载《中国石化》2015 年第 11 期。

(四)其他国家

在可燃冰开采的政策、法律和技术的前沿探索方面,中美俄日四国一骑绝尘,是绝对的领军国家,而其他国家也在努力尝试建立了自己的领域优势。

1. 亚洲其他国家

(1)韩国

韩国在可燃冰方面的起步并不比日本晚太多。1997 年韩国海洋开发与资源调查研究所就开始在其东部海域郁陵盆地开展可燃冰调查,并确定了相关勘探参数和矿床存在的可能性,圈定了远景矿区。[①] 在此基础上,韩国能源部着手联合商业、工业部、韩国石油总公司(KNOC)、韩国天然气公司(KOGAS)设立联合研究项目和可燃冰长期规划蓝图。并于 2005 年正式启动"天然气水合物开发十年计划",开展地质与地球化学、地球物理、钻探和开发 4 个主题的研究。2007 年 6 月 19 日韩国在浦项市东北 135 千米、郁陵岛以南 100 千米处的海底成功采集到可燃冰。随后又在东海岸附近,1800 米以下的日本海海底进行 54 天钻探后,发现 3 个总储藏量超过 6 亿吨的海底可燃冰矿层。在此基础上,韩国科学家分别于 2008 年和 2010 年通过 UBGH 钻井在 13 个站位、从 18 个钻孔中,对 211 个非保压岩芯和 29 个保压岩芯进行取样,确证郁陵盆地可燃冰的形成和分布主要受岩性和裂隙构造控制,评估了可燃冰在盆地中存储和分布的基本数据。[②] 同时还采集了海底地貌、底层水的溶解态甲烷浓度,以及岩芯的相关数据。获取了郁陵盆地的地质和沉积记录,证实了可燃冰矿床中气体和水的来源,对盆地内可燃冰赋存分布的岩性深化了认识,并对盆地可燃冰原地资源量进行了评价,筛选了未来可燃冰试采的靶区。[③] 但总体而言,韩国近些年在可燃冰方面的研究进展不大。

(2)印度

印度开发可燃冰几乎与韩国同步。1995 年印度石油工业发展委员会(OIDB)

---

① Dong-Hyo Kang 等:《韩国东海 Ulleung 盆地天然气水合物地震识别标志》,杨传胜编译,载《海洋地质动态》2009 年第 2 期。

② 严杰、曾繁彩、陈宏文:《日韩海洋天然气水合物勘探研究进展及对我国的启示》,载《海洋开发与管理》2015 年第 11 期;肖力:《韩国重视可燃冰开发》,载《农村电工》2008 年第 5 期。

③ 池永翔:《韩国天然气水合物资源调查进展及启示》,载《能源与环境》2020 年第 5 期。

鉴于本国传统资源中天然气供给"入不敷出",只有依靠进口或从非常规资源(如煤层甲烷、原地煤气化、气体水合物)中获取天然气以满足需求的客观现实,同时印度东、西近海域又发现存在可燃冰的海底模拟反射层(BSR)证据。于是联合天然气管理有限公司(GAIL)、石油天然气委员会(ONGC)、国家地球物理研究所(NGRI)、国家信息研究所(NII)和国家水产委员会(DGH)发起实施投资额达5600万美元的"国家可燃冰'九五'计划(1996—2000)"。① 分阶段用于支付地震数据收集和解译以及技术开发的费用。该计划根据已有的地质、地球化学和地震资料,编写综合性报告:划定了"安达曼弧后盆地是以产有特征性 BSR 和空白带为标志的有潜力的"适合开展可燃冰勘探开采地带,对印度大陆架内可燃冰中蕴涵的天然气资源量进行排序,评估了当中的有机碳和微生物资源、碳氢化合物生成时间与圈闭形成的时间以及有效气体运动概率的变化,对含可燃冰多孔性岩石产状概率潜在储层相进行了初勘,并据此制定了商业性开采气体水合物的必要步骤。②

印度"国家可燃冰'九五'计划(1996—2000)"的成果受到高层重视,2000年在印度能源管理局(DGH)的全面协调下,石油和天然气部(MoP&NG)提出了全新的"国家天然气水合物计划"(NGHP),最终目标是引导可燃冰作为一种可行性的能源资源,强化开发利用的知识技术,为企业提供具有成本效益和安全的开采方式。NGHP 分别于2006年实施了 NGHP-01 航次和2015年实施了 NGHP-02 航次大型现场勘探,先后在克里希纳—戈达瓦里河盆地、曼哈纳迪盆地、安德曼海盆地、喀拉拉—康坎盆地执行实地钻取计划,除喀拉拉—康坎盆地外均获得了可燃冰样品,较全面地获取了各个盆地的沉积背景、沉积速率、沉积物厚度、总有机碳(TOC)含量以及可燃冰钻探情况。③ 特别是2015年的 NGHP-02 航次,被公认为是印度实施国家计划以来最全面的一次可燃冰调查,结论证明其近海盆地发

① 雷怀彦、郑艳红编译:《印度国家天然气水合物研究计划》,载《天然气地球科学》2001年第1期;郑军卫:《印度实施天然气水合物勘探计划》,载《天然气地球科学》1998年第Z1期。

② 莫杰、吴必豪编译:《印度调查开发天然气水合物"九五"计划简介(1996—2000年)》,载《海洋地质前沿》1999年第8期;[印]C.苏布拉赫曼亚姆:《印度天然气水合物勘查前景》,良可编译,载《地质科技动态》1999年第11期。

③ 孟明、尹维翰、龚建明等:《印度专属经济区天然气水合物的主控因素》,载《海洋地质前沿》2018年第6期。

现的可燃冰，多数以裂隙充填形式赋存于陆架和陆坡环境中的细粒沉积物中，这显示在印度东部大陆边缘可燃冰存在于异常复杂的地质条件下。[①] 为后期的商业化开采带来了极大施工难度，在开采技术取得突破性进展之前，印度的可燃冰开发可以说暂时处于停滞状态。

2. 欧洲其他国家

（1）德国

德国启动可燃冰研究相对较晚。2000 年 3 月德国联邦教育与研究部（BMBF）和德意志研究联合会（DFG）共同策划推出为期 15 年，经费投入计 5 亿马克的超大型研究计划："地球工程学——地球系统：从过程认识到地球管理"。该计划以地球整体为研究对象，目标集中在认识地球系统和从地球内部到岩石圈、沉积圈、生物圈直到大气圈各圈层耦合关系与变化过程，评估人类对于自然平衡和自然循环的影响。为此，该计划共设置 13 个重大项目，涉及地球内部驱动力的地质过程、地球系统的空间观测、地球表层 X 射线层析成像、大陆边缘、沉积环境、地球/生命耦合系统、全球气候变化、物质循环、气体水合物、矿物表层、地下勘查利用和保护、地球管理预警系统和地球管理信息系统诸方面。其中，涉及可燃冰的"气体水合物：能源载体和气候因素"就是该计划中的重要组成部分。[②]

事实上，"德国海域并不存在天然气水合物大规模的赋存条件"，但联邦海洋地球科学研究中心（GEOMA. R）仍以高度的历史远见，采取积极的国际合作方式，将科学家派往不同国家参与可燃冰调查研究；并设立和开展多个重要的可燃冰调查研究项目，全力推进深海可燃冰的调查研究国家计划。[③] 其中最瞩目的成果无疑是，历时两年的中德合作项目"南海北部陆坡甲烷和天然气水合物分布、形成及其对环境的影响研究"的成功实施，中德双方科学家围绕甲烷和天然气水合物的环境影响这一主题，继续开展了室内地质、地球化学资料处理、样品测试

---

① 王力峰、付少英、梁金强等：《全球主要国家水合物探采计划与研究进展》，载《中国地质》2017 年第 3 期。

② 具体计划纲要，参见赵生才编译：《德国气水合物研究计划简介》，载《天然气地球科学》2001 年第 Z1 期。

③ 许红：《德国联邦地学研究中心与全德天然气水合物研究》，载《海洋地质动态》2006 年第 10 期。

分析和综合解释,开展了沉积学、矿物学、同位素学、地球化学等综合研究。对研究区进行地质取样和海底声像探测等,接连取得了多项重大突破,并首次发现了面积达 430 平方公里的冷泉(即天然气渗漏)喷溢区——九龙甲烷礁。[①] 此外,德国还主导了黑海地区可燃冰的地质调查工作,"是在黑海地区开展调查航次最多,影响力最大的国家"。[②] 德国亥姆霍兹基尔海洋研究中心(GEOMAR)从 2002年开始,先后以四个科考航次 R/V Meteor M52(2002),F S Poseidon cruise P317/4(2004),R/V Meteor M72/3(2007)和 R/V Maria S. Merian MSM 15/2(2010),运用先进的高分辨率多道地震勘探方法、浅地层剖面方法、旁扫声呐方法、多波束测深方法、卫星成像海面调查方法,对黑海海底地形和可燃冰分布进行详细调查,圈定了矿藏分布范围,并在火山泥沉积物中进行了可燃冰取样和参数统计。[③] 使得德国成为可燃冰前沿领域的技术权威。

(2)挪威

挪威起初并未专门投入可燃冰研究,但在对全球气候变暖成因的调查中发现,近海开发造成的海底氯气泄漏,使得空气中甲烷成分增加将可能加速全球变暖。这促使挪威科学家尝试开发在海底灾害预防和深海二氧化碳封存方面的环保技术,并意外涉入可燃冰项目研究中。[④] 2006—2011 年,挪威地质调查局联合"挪威深水计划/海床项目"(Norwegian Deep Water Programme/Seabed Project III)、科研院所和大学密切合作,开展了"挪威巴伦支海——斯瓦尔巴特群岛边缘的可燃冰项目"。[⑤] 项目研究内容包括对可燃冰在海底稳定性进行科学评价,建构其与气候和生态间的互动关联模型,但更主要目的在于定量描述可燃冰矿藏,建立挪威巴伦支海——斯瓦尔巴特群岛边缘沉积物和生物的响应。该项目执行顺利,

---

① 参见通讯稿:《中德合作"可燃冰"研究取得重要成果》,载《地质装备》2006 年第 12期;谭蓉蓉:《我国将与德国合作钻探可燃冰实物样品》,载《天然气工业》2006 年第 4 期。

② 吴林强、张涛、蒋成竹等:《黑海天然气水合物地质调查现状分析》,载《地球学报》2021 年第 2 期。

③ 邢军辉、姜效典、李德勇:《海洋天然气水合物及相关浅层气藏的地球物理勘探技术应用进展——以黑海地区德国研究航次为例》,载《中国海洋大学学报》2016 年第 1 期。

④ Biastoch A et al., "Rising Arctic Ocean Temperatures Cause Gas Hydrate Destabilization and Ocean Acidification", Geophysical Research Letters 38, 2011, pp. 87-92.

⑤ Eberhard J. Sauter et al., "Methane Discharge from a Deep-sea Submarine Mud Volcano into the Upper Water Column by Gas Hydrate-coated Methane Bubbles", *Earth and Planetary Science Letters* 243, 2006, p. 214.

在斯瓦尔巴特群岛西部海域海底，借助多波束的测量仪器成功观测到气泡态甲烷羽状流，即甲烷泄漏导致的冷泉现象，[1] 这也是地质学上公认的证明可燃冰矿层存在的标志。此外，挪威在深海二氧化碳封存技术研究方面处于世界领先地位，近年来注重利用二氧化碳置换可燃冰中的甲烷气体试验研究，研究表明二氧化碳替代甲烷封存海底地层具有经济效益和环境保护的双重优势，为开采可燃冰和保护环境起到标准的示范作用。随着挪威 OMLANG 深水大型气田的开发，挪威在北海滑坡区域部署了海底可燃冰原位监测装置，有关矿层分解前后应力变化以及海底滑坡、工程设施等影响的相关研究目前正在进行中。[2]

三、总结与启示

可燃冰开发是人类未来能源革命的重彩篇章，世界主要国家都以各种形式，调动多种手段资源参与到这项事业当中。尽管技术策略和商业前景尚不确定，但全球政治科技精英共同参与到某种能源秩序的共同想象当中，无疑为推动人类科技进步和多元国际合作，开辟了一条全新的实践道路："环境与资源"从此不再是康德意义上没有加工过的，存在于人们感觉和认识之外的"物自体"，更多的"环境与资源"正在借助新的技术手段为我们所认识或者呈现出新的认知侧面，从而可能进入社会的想象域，成为一种"现象"，包括政治现象、法律现象、思想/人文现象乃至经济现象——搁三十年前，谁能够想象我们所排放的"二氧化碳"能够成为一种可交易的商品呢？既然如此，又焉知在三十年后，可燃冰会不会成为像今天的移动电源一样，成为一种更便携且清洁的能源，为我们的生活提供更大的便利和更妥善的环境保护方案呢！

所以，尽管目前可燃冰开采和商业化技术尚不成熟，但重要的是，我们要思考，新的资源变量生成后，对未来全球秩序的可能影响并及早布局。据说明朝洪武年间有个叫"万户"的官员，为了实现自己的航天梦想，双手持大风筝坐在绑上了 47 支火箭的椅子上，飞向天空，献出了自己的生命，却也为人类留下了"万

---

[1]　Carolyn D. Ruppel, "Methane Hydrates and Contemporary Climate Change", *Nature Education Knowledge* 3, 2011, pp. 136-142.

[2]　王力峰、付少英、梁金强等：《全球主要国家水合物探采计划与研究进展》，载《中国地质》2017 年第 3 期。

户飞天"的动人故事。① 今天，航天科技已经成为我们日用而不知的一项技术产业，中国的应用卫星、运载火箭发射次数和载荷质量已跃居世界第二。② 对看似不可能之新领域和新应用的想象与不懈探索，正推动着我们突破自身运动属性的局限，而"可燃冰"的研发则破解了"水火不容"又或"冰炭不同炉"物质属性的局限。正是这种对跃迁能力、物质属性和能量层级的不断突破，③ 体现了人类做自己主人，为自我立法的文明意识，呈现出人类命运共同体对自我、物质与生态文明关系的思考气象。如果说，人与神的差别来自对不同级别能量的自由调用能力——我们能想象到的"神迹"，无论是移山填海、瞬息千里还是点石成金，本质上都是一种能量跃迁——那么，对于新能源的探索与创造，也就成为中国共产党领导下的中国人民破除神明偶像崇拜，践行马克思主义辩证唯物论和历史唯物论的一项斗争技艺。

---

① 一说"万户"乃官职，本人名叫"陶成道"，祖籍浙江金华，飞天故事发生在李桥回族镇夏庄村，中国航天科技集团公司为纪念，还将此地授为"中国(新蔡)航天育种示范基地"。该传说其实最早来自美国火箭专家赫伯特·S. 基姆(Herbert. S. Zim)，在他1945年出版的《火箭和喷气发动机》(Rockets And Jets)一书中"据记载和文献"提及，称"Wan Hoo乃试图利用火箭作为交通工具之第一人"，但没有给出处，却还是为英国、德国的同行接受并广泛援引。中文典籍目前并未找到"万户飞天"的详实文献记录，但这并不妨碍万户和他的故事成为一种"想象性现实"并衍生出相关事件和作品。中国西昌卫星发射基地科技馆就竖立了万户的雕像，国际天文学联合会也将月球上一座环形山命名为"万户山"。参见李龙臣：《万户飞天的科学故事》，载《航天》1986年第3期；曹栋：《崇高的和谐——浅谈壁画〈万户飞天〉的审美意蕴》，载《美术研究》2012年第4期；赵慎珠：《故城·楚简·万户飞天》，载《河南日报》2019年1月4日，第11版。

② 空间瞭望智库：《中国航天科技活动蓝皮书(2020年)》，研究报告。

③ 1964年，苏联天文学家尼古拉·卡尔达肖夫(Nikolai Kardashev)提出过，根据掌握不同能量控制技术进行宇宙文明等级划分的"卡尔达肖夫指数(Kardashev scale)"。其中，Ⅰ型文明(母星文明)是行星能源的主人，这意味着他们可以主宰整个世界能源的总和；Ⅱ型文明(行星系文明)能够收集整个恒星系统的能源；Ⅲ型文明(恒星系文明)可以利用银河系系统的能源而为其所用。显然，人类目前尚远未达到Ⅰ型文明的程度。但从另一个角度看，从"钻木取火"到试采"可燃冰"，这些对能源掌控技术的长程想象、尝试、开发和利用，就不再是一个单纯的经济政治问题，还涉及人类命运共同体在宇宙社会学层面对自我文明属性(Nature)的证成与确立。对卡尔达肖夫"文明分类指数"的介绍，参见韩松：《我们都在开飞机》，载《财新周刊》2015年第14期。

第三章 可燃冰开发：环境风险与优势策略

风险是命运对弱者的考验，却是对强者的犒赏。弱者畏惧并回避风险，而强者则用智慧和策略来管理并化解风险。"天行健，君子以自强不息"，中华民族共同体正是在漫长的自然竞争和历史选择中，运用实践理性智慧和优势生存策略，克服了一次次自然或人为的风险威胁，并在守望互助的分工合作中形成了伟大的民族精神，① 铸牢中华民族共同体意识。随着全球政治、经济、文化、科技关联往来进一步加深，环境危机、气候变化、恐怖袭击、新冠疫情等新的风险类型层出不穷，人类命运共同体大概率面临"全球风险社会"的挑战，如何科学界定风险类型，选择恰当的政策工具和治理策略应对风险，这将决定我们能否创造一个公正合理稳定的国际政治经济新秩序。而可燃冰开发可能面对的环境风险以及优势策略选择，则为我们提供了一个难得的探索契机和思想战场，期待我们用建构主义的叙事法理学提交一份面向未来的满意答卷。

第一节 可燃冰开发的环境风险

中国目前在可燃冰开发方面已经先行一步，建成了首个天然气水合物实验平台(成藏子平台)，具备四大类 12 项实验模拟能力，能够开展可燃冰勘探评价、储层识别技术、成藏机理与模拟技术、可燃冰分解控制机理、资源评价方法体系等方面的综合研究。② 2017 年和 2020 年在南海神狐海域的两次成功试采，为我

---

① 习近平总书记将这种"伟大民族精神"诠释为"伟大创造精神、伟大奋斗精神、伟大团结精神、伟大梦想精神"。参见习近平：《在第十三届全国人民代表大会第一次会议上的讲话》，载《求是》2020 年第 10 期。

② 王芳、翟振宇：《中国石油首个天然气水合物实验平台建成投用》，载《中国石油报》2019 年 2 月 22 日，第 3 版。

国可燃冰的深入研发积累了大量珍贵的实验数据和一手材料,申请专利数量处于世界领先水平。[①] 受限于开采工艺和商业用途之间成本效益的差距,目前全球各国可燃冰开发普遍处于"技术沉淀期"。但这不意味着我们可以放缓步调,消极等候其他国家的技术突破乃至后来居上。一方面,产业研发人员应当深入钻研,继续探索技术攻关,争取早日实现科技创新和专利独占,促成可燃冰开采的知识产权附加值转化;另一方面,政策研究人员也要未雨绸缪,及早准确而详实地评估可燃冰大规模工业开采可能引发的生态环境风险,预先设计理性的风险防范政策和制度法律,避免"先污染后治理"的发展窠臼。努力通过可燃冰开发参与到全球治理当中,为世界能源革命和环境保护,贡献独具中国特色与中国智慧的"绿色发展方案"。

可燃冰,又称天然气水合物,简称水合物,是由水和天然气在高压低温环境条件下形成的一种冰态、结晶状笼形化合物。虽然可燃冰在性质上亦属于一种石化能源,使用过程会增加大气中的温室气体含量,但总体而言,可燃冰具有的高能量密度和高热值的特点,使之相较于传统石化能源,是一种清洁、低碳的优质能源。全球可燃冰能源所含天然气的总资源量约为$(1.8-2.1)\times10^{16}$立方米,仅海底可燃冰就足够人类使用千年,我国的南海与西藏地区可燃冰储量丰富,相当于我国常规天然气资源量的 2 倍。

一、海底可燃冰开发的收益

世界海洋陆坡 90%具备埋藏可燃冰的条件,海底可燃冰分布的范围约占海洋总面积的 10%,因此,可燃冰是迄今为止海底最具经济价值的矿产资源。我国海底可燃冰储量丰富,在南海、东海及邻近海域和台湾海域均赋存大量可燃冰,具有良好的商业开发利用前景。

首先,我们必须充分认识到可燃冰开发利用产生在能源供给、经济价值和生

---

① 据统计,目前国内外可燃冰行业主要机构专利情况排行前十位的分别是:三井造船株式会社/日本/492、西南石油大学/中国/230、中科院广州能源所/中国/184、中国石油大学/中国/161、青岛海洋地质所/中国/129、大庆东油睿佳公司/中国/105、贝克休斯公司/美国/90、吉林大学/中国/84、克莱恩产品有限公司/德国/83、九州电力株式会社/日本/74。参见智研咨询集团:《2021—2027 年中国可燃冰行业市场全景分析及发展趋势研究报告》,研究报告(No. R912989)。

态收益上的优势。可燃冰是由轻烃、二氧化硫及硫化氢等小分子气体和水在一定条件下相互作用形成的白色固体结晶物质，1 立方米的可燃冰燃烧后可释放 164 立方米的天然气和 0.81 立方米的水，可燃冰中的天然气主要成分为甲烷，甲烷含量甚至可高达 99.99%。因此，可燃冰是甲烷和淡水的潜在来源。在提取可燃冰中的甲烷气之后，甲烷可以迅速转化为常规天然气，用于工业和住宅能源供应。提取的水可用于消费和农业目的。当从可燃冰沉积层中提取出甲烷时，二氧化碳流可以注入相同的水合物结构中以提供碳捕集和储存（CCS）。与此同时，随着海底可燃冰研究的深入和勘探开采试验取得进展，海底可燃冰开采成本逐渐下降，可预期将来可能会对其他能源的价格产生竞争性，并且它可能已经与某些液化天然气（LNG）价格具有价格竞争优势。[①] 虽然，基于海底可燃冰赋存规律的复杂性和存在的未知风险，当今世界上尚没有国家进行大规模实质性的商业化开采。但是，由于海底可燃冰开发在缓解能源危机中的重要意义，世界上可燃冰储量丰富的国家都投入了大量智识与设备资源加速研发。

其次，海底可燃冰还是一种重要且值得期待的未来绿色能源选项。可燃冰的成分构成和性质特征决定了其相较传统石化能源，是一种优质清洁能源。主要由甲烷和水构成，杂质少，燃烧后几乎不会产生任何残渣和废气。因此，海底可燃冰开发对人类意义重大，因为其储量丰富、燃烧能量大，而且具有低排放特性，比煤炭、石油和天然气造成的不良环境影响要小得多。

二、可燃冰开发过程中的环境风险类型化梳理

虽然可燃冰因使用过程产生的污染比传统石化能源少，被学界普遍预测为传统油气资源的最佳替代能源。当前世界上部分传统油气资源匮乏的国家为此投入极大的开发热忱与研究经费，但迄今为止，尚未实现大规模商业开采。究其关键在于，对比于传统油气资源开发，可燃冰的形成机理和成藏特征决定了，对其勘探开发尚存较多难以攻克的技术难题、诸多不可预测的生态环境风险以及更为昂贵的经济成本。因此，如何清晰认识、全面揭示并有效应对可燃冰开发过程可能导致的环境风险，是突破开发瓶颈，促使其从技术试采转向商业开发的关键。概

---

① Roy Andrew Partain, "A Comparative Legal Approach for the Risks of Offshore Methane Hydrates: Existing Laws and Conventions", *Pace Envtl. Law Review* 32, 2015, pp. 791-927.

括而言，可燃冰开发导致的生态环境风险主要包括以下几个方面：

(一)可燃冰开发引致地质灾害

可燃冰的生成条件和成藏模式决定了对其开发存在地质灾害风险。可燃冰是由一定的天然气和大量的水资源在特定自然条件下形成，也只有在低温和高压状态下才能稳定存在。可燃冰的生成过程实际上是一个水合物—溶液—气体三相平衡变化的过程，并在特殊自然环境条件下保持一种敏感的平衡状态。这种生成条件和存在形式决定了可燃冰的稳定性较为脆弱，对其开发与常规的传统能源截然不同：煤炭在矿井下是固体，开采后仍然是固体；石油在地下是流体，开采后仍是流体；而可燃冰在洋底埋藏是固体，在开采过程中分子构造发生变化，从固体变为气体。[1]

这种矿藏平衡状态的脆弱性，使得可燃冰开发过程极易引发地质灾害，是其潜在最为严峻的环境风险之一。在开发过程中，可燃冰分解使海底沉积物的力学性质减弱，导致可燃冰层底部可能因重量负荷或地震等外界因素的扰动，而出现剪切强度降低的薄弱区域，进而发生大片的水合物的滑坡，并带动岩层流动或崩塌，发生地质灾害。这些地质灾害主要表现为：海平面升降、地震及海啸会导致可燃冰分解，可燃冰分解产生的滑塌、滑坡以及浊流可能进一步引发新的地震和海啸，这些地质灾害将对海底电缆、通信光缆、钻井平台、采油设备等工程设施造成威胁或破坏，甚至波及沿岸建物、危害航行安全和人们生命财产。[2]

(二)可燃冰开发加剧全球温室效应

可燃冰中的主要成分是甲烷，甲烷也是一种温室气体，且温室效应比二氧化碳更强。据相关研究显示，甲烷的温室气体效应比二氧化碳大21倍，虽然目前大气中的甲烷总量并不高，仅仅占到二氧化碳总量的5%，但甲烷对温室效应的贡献率却高达15%。[3] 据预测，圈闭在海洋和大陆冻土中可燃冰中的甲烷总量大

①　陈月明、李淑霞、郝永卯、杜庆军：《天然气水合物开采理论与技术》，中国石油大学出版社2011年版，第120页。

②　肖钢、白玉湖、董锦编著：《天然气水合物总论》，高等教育出版社2012年版，第116页。

③　杜正银、杨佩佩、孙建安编著：《未来无害新能源可燃冰》，甘肃科学技术出版社2012年版，第109页。

约是当前大气中甲烷总量的 3000 倍以上。如在相关关键技术尚未成熟的背景下，大规模商业开发可燃冰，将势必致使大量甲烷气体逸散大气空间，极大加剧全球温室效应，导致海水、极地和地层气温升高。而这又会进一步改变可燃冰赋存的低温环境，加速地层中的可燃冰分解，造成恶性循环，严重影响全球气候。

（三）可燃冰开发破坏生态系统

可燃冰赋存于大陆边缘外围的海底沉积物与陆地永久冻土带中，[①] 赋存于不同区域的可燃冰基于不同的地理环境和地质条件在成藏模式与勘探开采技术需求上存在差异，但总体而言，可燃冰在结构形态、力学性质和开发技术上具有的共通性，这使得不同类型与区域的可燃冰开发过程均会导致生态系统破坏。可燃冰是由一定数量与比例的甲烷与水在特定的温度与压力下形成的晶体结构，可燃冰与其所赋存的生态系统处于一种敏感的平衡中，非常脆弱，温度升降、压力变化、沉积盆地与海平面的升降、上覆沉积物的增厚等因素均会影响可燃冰的稳定性，导致可燃冰层破坏，而可燃冰层失稳所逸散的甲烷又进一步加剧破坏当地生态系统平衡，形成的正反馈效应引致其所在地域的生态破坏。这种生态破坏机理还可进一步进行解析。

1. 海底可燃冰开发的生态破坏

进入海水中的甲烷会发生较快的微生物氧化作用，影响海水的化学性质，消耗海水中大量的氧气，使海洋形成缺氧环境，从而对海洋微生物的生长发育带来危害。[②] 海洋生物大多需要从海水中吸取氧气以维持生命活动，由于缺氧，一些喜氧生物群落将会萎缩，甚至导致许多深海物种死亡或暂时消失，并致使生物礁退化，海洋生态平衡遭到破坏。[③] 导致海水含氧量减少的因素有很多，但可燃冰分解是诸影响因素中的主要因素，由此会进一步引发海洋生态破坏和海洋生物灭绝的连锁反应。具体到海底可燃冰开发过程中，由于可燃冰赋存的特殊机理，其开采的基本原理是围绕着如何人为改变可燃冰稳定存在的温度和压力条件，以促

---

①　王大锐：《冻土区天然气水合物形成的"风水宝地"》，载《石油知识》2019 年第 4 期。

②　杜正银、杨佩佩、孙建安编著：《未来无害新能源可燃冰》，甘肃科学技术出版社 2012 年版，第 105~106 页。

③　肖钢、白玉湖、董锦编著：《天然气水合物总论》，高等教育出版社 2012 年版，第 229 页。

使水合物分解来释放天然气，开发技术大体上有降压法、注热法和化学试剂法三类，各类开发技术均需要使用一些特殊化学试剂。这些化学品往往具有毒害性，影响水合物附近生命体的生活环境。这些动物不仅仅包括栖息于可燃冰附近的浮游动物等微型动物，也包括管状蠕虫和蚌类等大型底栖动物。[1]

2. 大陆冻土区可燃冰开发的生态破坏

由于地质条件不同，可燃冰失稳后甲烷逸散对生态系统影响在陆域永久冻土区与海域也存在一定差异。陆域可燃冰开发过程中释放的甲烷由于没有深厚海水覆盖，会迅速进入大气圈增强温室效应，加剧全球变暖，由此又进一步减少冰川覆盖面，形成恶性循环，其造成的负面影响包括冻土退化、沙漠化、植物物种减少、高原水土流失等生态破坏。不仅如此，冻土面积的缩减还会对该区域的铁路、公路、水工建筑和油气管道及矿山安全带来极大安全威胁。

第二节　路径转向：从管制到治理

围绕环境保护和生态发展，长期以来存在两条道路的抉择。一条是自上而下，以政府监管和硬性指标约束为主要手段的集中式"管制"（Regulation）路径；一条是多中心，以国家激励和包括政府在内社会多元主体共治的，以项目设定和政策任务导向为主要渠道的网络链结式"治理"（Governance）路径。不能从本质主义来认为，管制和治理中哪一种路径一定比另一条路径要更好。严格来说，二者之间不存在替代关系，更多是一种功能上的互补。即便是一个普遍走向"全球治理"的时代，在某些特殊领域和特定时刻，也必须承认管制的必要——例如战争状态下，严格统一的管制显然比治理更有效率；而在一个强管制的封闭社会中，也未尝不存在某些因地因时因事制宜的治理策略——譬如尽管传统宗教神权的势力很大，妇女地位普遍不高，但藏区却长期存在"一妻多夫"的制度实践。[2] 但总体而言，管制更适合一个几乎掌握所有资源的集约式政府，在管理一个相对简单的社会或社会领域时，以刚性命令和压力机制来推动政府意志和任务的无差别实

---

① Roy Andrew Partain, "Avoiding Epimetheus: Planning Ahead for the Commercial Development of Offshore Methane Hydrates", *Sustainable Development Law & Policy* 15, 2015, pp. 20-58.

② 苏力：《藏区的一妻多夫制》，载苏力主编：《法律和社会科学》（第13卷第2辑），法律出版社2014年版，第5~17页。

现。而治理作为一种社会管理方式创新的过程/机制，更适宜一个拥有强大而广泛执政能力的国家或政党，在涉及相对复杂的社会结构或前沿创新领域，以行政许可①、行政指导②、利益驱动、产业培育③等多种方式来引导治理任务和治理目标的达成。

　　具体到环境法领域，涉及石油、天然气、煤炭等基础能源领域开采的，运用管制措施更有利于中国社会经济的可持续发展；而关涉页岩气、可燃冰等新能源领域开发的，适用治理的进路显然更符合产业创新和内涵式发展的需求。再强调一次，本书后文对海底可燃冰开发治理策略的探讨，是建立在现阶段水合物新能源领域发展趋势和技术方案之不确定性的局限条件下，基于实用主义思考风格的取舍。我们并不武断认定，之于海底可燃冰的开采，治理必然优于管制。我们期待并乐于见到，中国能够迅速在可燃冰开采和商业应用领域获得压倒性的技术优势，然后通过技术管制或行业强制标准制定的方式，保障中国能源安全的国家利益。但在此之前，让我们先考察一下，现阶段海底可燃冰开采为什么需要采取一条治理优先于管制的进路。

一、海底可燃冰开采管制模式之证伪

　　成功的管制体系建立在一系列必要条件的基础上，包括对管制主体的选择和设定，管制对象构成特质的熟知了解，管制工具或管制技术的娴熟掌握，对管制目的之精确理解以及管制效能的恰切把握。换言之，管制体系的确定同样受制于成本/效益的理性考量，而非政府机构单方面意志决定。以现阶段海底可燃冰可采开发的技术发展和实验进程来看，不具备采用单一管制模式的条件。

(一)管制主体虚置

　　管制理论存在不同的学说版本和具体政策主张，但不论将其核心界定在自由

---

①　［爱尔兰］Colin Scott：《作为规制与治理工具的行政许可》，石肖雪译，载《法学研究》2014年第2期；新近的文献，参见汪燕：《行政许可制度对国家治理现代化的回应》，载《法学评论》2020年第4期。

②　刘亚娟、张晓萍：《政府行政指导下的软法治理新探》，载《领导科学》2018年第24期。

③　匡远配、易梦丹：《产业精准扶贫的主体培育：基于治理理论》，载《农村经济》2020年第2期。

主义抑或福利社会主义的意识形态区分，还是建立在公共利益本位或是公共选择理论的分歧之上。主流的管制理论都不约而同将管制的主体寄希望于政府，强调管制主体的单维性。有的把管制理解为是"市场的行政管制"，属于政府对"政策的执行"问题。① 也有的将政府管制理解为"一种特殊公共产品"，并在此基础上将其类型化为经济性管制和社会性管制，其中"政府对环境污染的管制"就属于社会性管制中的一种。② 然而，这种还原主义的单一管制主体假定，遇到了观念上和实践上的双重否定。

从观念论的角度来看，政府管制的支持者似乎认为有一个本质主义的、就在那儿的"政府"在现实行使管制权力。而且这个"政府"构成单一，拥有统一的行动意志和行为能力，能无偏差地将管制措施予以一体执行。如果只是从语用学的角度，在日常交流的意义上对付着使用"政府"这个概念，问题其实不大。语言是用来沟通的工具，信言不美，过度精确地在语义学上较真语词和概念，只会人为制造交流障碍，妨碍对话。一人对另一个人说"出去晒太阳"，双方大致清楚是邀约出去享受阳光取暖散心即可。如果非有人坚持太阳是名词，认为晒太阳和晒衣服等义，只能表述成"出去被太阳晒"才对的话，这是大愚若智的糊涂。但学术言语会更注重精确性，特别是当某种概念分析可能与特定的社会效果关联起来，产生出若干可操作性的对策建议时，精确界定概念的内涵与外延，按照科学标准将其类型化，针对不同的细分类型设定不同的具体而微的实践配套方案，这正是作为公共政策的法律或者说法律作为一项治理技术必须实现的目标。

将"政府"理解为单一管制主体，从政治科学的角度忽略了政府是由不同利益集团——在两党制或多党制下还包括不同政党——和不同职能部门组建的行政管理组织，拥有各自独立甚或对立的立场及主张。不同立场引致的主张分歧与角力将可能扭曲管制的意图和效果，并使得基于公共利益目的的管制政策，偏转为特定社会集团的利益寻租或偏好表达，从而导致"政府俘获"的问题。③ 而从政治

① ［美］丹尼尔·F. 史普博：《管制与市场》，余晖、何帆等译，格致出版社、上海人民出版社 2017 年版，第 190~215 页。
② 王俊豪：《政府管制经济学导论：基本理论及其在政府管制实践中的应用》，商务印书馆 2017 年版，第 275~288 页。
③ ［美］乔尔·赫尔曼、杰林特·琼斯、丹尼尔·考夫曼：《转轨国家的政府俘获、腐败以及企业影响力》，周华军译，载《经济社会体制比较》2009 年第 1 期。

哲学的角度审视，将"政府"理解为单一管制主体又混淆了国家理论和政府理论的差别。管制的权力仅仅是国家主权中的一项权能，由国家排他性占有。在古典政治视域中，国家与政府同构，国家理论和政府理论是一回事，就像一块硬币的两面。所以洛克虽然将自己的作品题名为"政府论"，但他实际讨论的是用"劳动"和"征服"同美洲印第安人争夺领土主权的国家问题；① 而现代政治与古典政治发生了背离，政府理论从国家理论中独立出来，国家被假定为是自然正当的至善存在，而政府则来自人为理性的建构，是围绕国家目的通过法律技术、程序技艺和行政管理机构组建的"政体"（System of Government）。按照亚里士多德的理论，好的政体就是能有效实现国家利益和国家目的的政体，反之则是变态政体，"依绝对公正的原则来评断，凡照顾到公共利益的各种政体就都是正当的或正宗的政体；而那些只照顾统治者们的利益的政体就都是错误的政体或正宗政体的变态（偏离）"。② 这就给管制理论带来了一项挑战，从国家"善治"（good governance）的角度来说，政府所实施的管制方案存在——至少逻辑上存在——背离国家目的和公共利益的可能，站在主权者立场，就需要运用主权这一"共同体（commonwealth）所有的绝对且永久的权力"③来修正、克服、规制政府权力的腐败或运行偏差。由此可见，政府非但不是单一管制主体，政府及其管制权力附属于国家主权，反而可能成为被主权者所规制的对象。至于现代宪法学则高度重视国家结构形式，在中央与地方分权的意义上，规范中央垂直管理体制和地方分级管理体制。承认中央与地方在整体利益统一的前提下，局部客观存在利益分化和利益竞争的现实，需要在"理顺中央和地方职责关系，更好发挥中央和地方两个积极性"的政治安排下，处理好"条""块"关系。④ 上述来自政治科学、政治哲学和宪法学的认知，在思想观念上否定政府单一管制主体的地位。

从实践论的角度来看，海底可燃冰的开采涉及各主要国家和科学机构，彼此

---

① 强世功：《立法者的法理学》，生活·读书·新知三联书店出版社 2007 年版，第 194~206 页。

② [古希腊]亚里士多德：《政治学》，吴寿彭译，商务印书馆 2014 年版，第 132 页。

③ [法]让·博丹：《主权论》，李卫海、钱俊文译，北京大学出版社 2008 年版，第 25 页。

④ 楼阳生：《健全充分发挥中央和地方两个积极性体制机制》，载《人民日报》2019 年 12 月 5 日，第 9 版。

围绕水合物研发人才培养、开采技术创新、专业设备生产、试验条件保障与商用标准统一之间，形成广泛而密切的合作攻关才能逐步有效推进。至少在现阶段，海底可燃冰开发绝非哪个大国政府可以依托自身科技实力，采用单一管制策略完成的前沿探索领域，而必须通过全球治理的方式，由多中心主体共同推进。同时，基于成本管理和风险控制的考虑，鉴于可燃冰的商业前景具有一定程度的不确定性，即便真的有一天，我国全面掌握天然气水合物的开采和应用技术，为了有效分散风险、降低成本投入，鼓励国际社会、跨国公司、产业机构和风投资本参与多元共治，共同开发也是比绝对单一管制更为可欲的现实路径选择。

（二）管制知识/工具缺位

管制不仅仅是一种意愿，更是一种实现有效统治的能力，而能力必须建立在一套可靠的知识储备和权力工具的基础上。传统的社会管理领域，行政经验与专业知识的联手越是牢固密切，管理者可供选择的管制工具越是多样，管制效果就会越成功。而管制效果的成功，会进一步激活作为管制主体的政府之权威，从而更易捕获社会公众的服从与认同，从而形成稳定的管制结构秩序。金观涛和刘青峰对中国传统社会"超稳定结构"的论述，[1] 在这个意义上是成立的。而他们的理论引起的争议，很大程度上却来自于其他学者延伸性的误读或误用，"把金氏的超稳定系统从时间和空间上分别从过去、现在拉向未来，从中国引向全世界，这使得金氏理论越出了其合理范围"。[2] 很明显，步入现代工商社会乃至信息社会，越是针对具有高度流动性和不确定性的前沿命题与创新领域，解决问题需要调用的知识信息越是精细专业复杂且困难，牵涉的复数行动主体越是多样化甚或跨越国界，就愈发难以建立固化稳定的管制结构秩序，这就是马克思在《共产党宣言》里对全球资本主义及其现代性所批判的："一切坚固的东西都烟消云散了。"

以海底可燃冰开采为例，如本书第二章所述，目前存在降压开采法、热激开采法、抑制剂注入法、置换开采法、水力压裂开采法、机械—热联合开采法、冷钻热采法、原位补热降压充填法等多种方法。根据现有的测试水平和开采手段，

---

[1] 在书中他们使用的不是"管制"而是"强控制"这个概念，来论证单一封建王朝的行政修复机制。参见金观涛、刘青峰：《兴盛与危机：论中国社会超稳定结构》，法律出版社2011年版，第117~146页。

[2] 方秋明：《多余的"超稳定结构"与刘康兄商榷》，载《科学文化评论》2016年第2期。

难以确定何种方法在自然科学知识的可验证性上最具技术应用价值。而可燃冰开发涉及能源安全与能源独立的国家利益，更不可能像撞大运一样，随机选择一种看似可行的方法，一条道走到底，等事后实践证明不可行再改试其他方法。除了前期付出的巨大沉淀成本所可能造成重大财政负担，更紧要的是，不可挽回的时间成本将会极大拖延我国在可燃冰开发上的业已积累的先期优势，造成一步慢步步慢的滞后效应。有鉴于此，一种看上去愚笨但实际更为有效的策略是，不做取舍，不错过任何一种可行的方法，以多机构任务分解或跨国合作的方式，同步试验所有的技术开采方案。然后在多方数据对比和实效检验的基础上，聚焦少数几项可行性更高、更有效率的开采技术。这将造成的制度后果就是，由于知识的弥散化和开放性，讯息误判的可能性变大，有效信息供给不足，进而导致管制费用高昂，难以建立可靠的管制工具，以至于政府管制在事实上变得不可能。

二、海底可燃冰开采治理模式之证成

治理（Governance）作为一种治国理政和管理社会的知识/权力，是 20 世纪末西方国家在应对"政府失范"和"市场失灵"时，主动调整统治策略而兴起的一场政治范式转换，可以确信的是，"西方政府面临的合法性危机是治理兴起的根本原因所在"。① 起初"治理"是以一种社会科学新思潮的方式在中国学界引起关注，当中福柯对"治理术"（governmentality）的研究随着其论著的译介为中国学者所广知。② 但真正让"治理"在中国国家转型过程中从学术话语转向政治实践的，是 2013 年中国共产党第十八届三中全会正式提出"推进国家治理体系和治理能力现代化"和"加快形成科学有效的社会治理体制"之后。

在全会公报中，治理区别于管制的卓越施政效能，为决策者所关注，明确提

① 曹任何：《合法性危机：治理兴起的原因分析》，载《理论与改革》2006 年第 2 期。

② 根据目前查阅的文献，福柯早在 1978 年 2 月 1 日于法兰西学院所讲授的年度课程"安全、领土与人口"中，第 4 讲就涉及了治理术的内容。这个比后来 1995 年全球治理委员会在"全球若比邻"研究报告中正式提出并为今天政界和学界所广泛接受和引用的"治理"定义，要早出十余年。北京大学由李猛、赵晓力、强世功等人成立的"福柯小组"读书会最早关注到这篇文献，并将其翻译发表在北京大学社会学系的内部出版刊物中。参见[法]福柯：《治理术》，赵晓力译，载《社会理论论坛》1998 年总第 4 期。后来，随着福柯的影响日深，他的这部关于治理研究的课程讲稿也被完整翻译出来，进一步推动了国内学界对治理的系统研究。参见[法]福柯：《安全、领土与人口》，钱翰、陈晓径译，上海人民出版社 2010 年版。

出"有效的政府治理，是发挥社会主义市场经济体制优势的内在要求。必须切实转变政府职能，深化行政体制改革，创新行政管理方式，增强政府公信力和执行力，建设法治政府和服务型政府"。① 在此之后，治理成为国内社会科学研究的新的学术增长点，围绕治理理论和实践所发表论文数量猛增。② 但治理作为一种新的秩序思考范式和话语实践，目前实务界和理论界只是在观念表达层面达成了话语共识。换言之，治理作为一个观念或概念，已经获得普遍接受，但治理的实质意涵、结构逻辑和实效用场仍未达至理念共享或思想成熟。这也给当下的治理研究带来一种潜在的概念危机，即治理究竟是一个"空洞符号"还是无所不包的"伞状术语"，"概念的混淆使用放大了公众对国家治理效能的预期，而现实却常常是国家治理的实际效果低于公众的期望值。这样治理概念的不当运用可能会带来危机：政治或行政宣传话语中的治理图景与实践中治理的现实存在巨大差距，这往往会削弱公民对国家和政府的信任以及对政党和政治家的支持"。③ 我们在后文中试图从三个方面推进治理研究的实质进展：（1）从知识考古学的角度简要梳理"治理"的学说脉络，并在此基础上尝试提炼现代治理的核心范畴与构成要件；（2）展示并总结中国共产党在生态环境保护和能源安全领域的治理之道；（3）从法律与公共政策的视角，提出海底可燃冰开发的可行性治理方案。

（一）治理的兴起

尽管福柯早在 1978 年就开始关注治理术，但这只是属于少数精英学者的私人学术关切。1989 年世界银行（WB）首次使用了"治理危机"（crisis in governance）这项术语来论述非洲的发展问题。治理开始获得部分国际组织关注，最初运用于国际政治发展的比较研究中，并频繁引用以描述后殖民地社会和发展中国家的政治经济状况。随后，世界银行在 1992 年提交了名为"治理与发展"的年度报告；

---

① 也可以做一个文本的数据对比分析，"治理"作为被执政党正式采纳的新的施政概念，在公报正文中频密出现达 24 次。而"管制"在全文中总共只出现了 5 次，且指向的是农村集体经营性建设用地、自然资源资产产权制度、国土空间规划这三项属于"宪法保留"的事务。参见《中共中央关于全面深化改革若干重大问题的决定》，人民出版社 2013 年版。

② 周巍、沈其新：《社会治理研究的文献计量学分析》，载《求索》2016 年第 4 期。

③ 臧雷振：《治理研究的多重价值和多维实践——知识发展脉络中的冲突与平衡》，载《政治学研究》2021 年第 2 期。

经济合作与发展组织（OECD）在1996年发布了"促进参与式发展和善治的项目评估"报告；联合国开发署（UNDP）同年提交了"人类可持续发展的治理、管理的发展和治理的分工"报告；联合国教科文组织（UNESCO）也于第二年跟进，形成了"治理与联合国教科文组织"专门文件。有鉴于此，《国际社会科学杂志》1998年第3期出了一期关于"治理"的专号，集中讨论治理在现代社会科学中的功用。①

1. 话语正当性的塑造

在今天看来，治理已经跨越了社会科学的藩篱，成为人文社会科学乃至自然科学共享的一套语汇，② 从庙堂到民间，从国内到国际形成了一套广泛的言说秩序，似乎任何复杂的问题都可以在治理的框架予以探讨并获得解决思路。而社会现实也印证了这种印象，譬如在应对新能源开发和环境气候问题时，你很难说这究竟是个自然科学问题还是社会科学问题，该由科学家决定还是政治家说了算？但如果放到"治理"的框架下，这些问题就变得不那么突兀，可以由不同国家和地区的不同群体，从各自的问题意识和专业领域对相关问题给出解答。从这个角度来看，治理的确为全球范围的跨领域合作提供了方法论指引。

传统的考古学作为历史学科的一个分支，其目的在于通过对空间器物的发掘，以建构时间秩序的连续性和完整性，服务于构造线性统一的历史光谱和文化传统。而福柯倡导的知识考古学和谱系学则侧重对思想、观念和语词进行追根溯源，以考察事物是如何在知识和话语的改造、挤压和控制下突现、断裂并产生变异的。譬如，福柯细致爬梳尼采的文本，根据基督教的历史神学叙事，"起源是高贵的"。但通过对神圣起源（Ursprung）的解构，却发现基督之诞生乃出自"怨恨"，基督教"关于真理的宗教"本质源于道德上的奴隶对主人造反起义。他由此教导我们通过滑稽和戏仿的方式，学会嘲笑起源的神圣性。认为在知识/权力的操作下，话语机制和叙事策略会模糊掉"真理"的出身，展现在我们面前的，实际上是各种谬识的重叠、繁衍和再生产。③

---

① 俞可平：《治理和善治引论》，载曹峰主编：《中国公共管理思想经典》（1978—2012）（上），社会科学文献出版社2014年版。

② 治理理论在自然科学中的运用，Cf. John Gillott, *SSK's Challenge to Natural Science Governance*, London, Palgrave Macmillan Press, 2014.

③ ［法］福柯：《尼采·谱系学·历史学》，苏力译，载《社会理论论坛》1998年总第4期。

"治理"作为一种知识型（epistemes）表达，从话语表达到话语实践的转变，就体现了福柯的洞见。最早使用"治理"这一概念的是世界银行、经济合作与发展组织、世界贸易组织（WTO）、国际货币基金组织（IMF）等国际金融机构。"二战"以后，以美国为主的西方发达国家一方面认识到，一个普遍动荡的世界不利于全球资本主义的扩张，另一方面也出于与苏联社会主义阵营的制度对抗和战略遏制考量。在复盘检验了"马歇尔计划"对战后西欧国家的经济复兴效应之后，美国联合欧洲少数发达国家外加国际组织、私人基金会等首先是在拉丁美洲和非洲开展了一系列实验性质的发展援助计划，形成了"经济与发展""法律与发展"运动的第一波浪潮。第一波发展项目从 20 世纪 50 年代开始，至 20 世纪 60 年代达到高潮，终止于 20 世纪 70 年代，总体而言以失败告终。失败的一个重要原因在于越战困境、水门事件和批判法学兴起，使法律与发展运动的理论预设和实践策略受到全面清算，而运动本身也给人留下了"种族中心主义""法律帝国主义""不合时宜"等负面印象。①

20 世纪 80 年代末冷战结束以后，西方世界出于"历史终结"的乐观，自信自由民主体制和市场经济可以塑造一个"普遍而均质"的全球资本主义体系，② 这也为"法律与发展运动"第二波复兴提供了一个良好契机。在总结了第一波运动的教训，特别是为了避免法律帝国主义外观所构成的对发展中国家主权干涉的质疑，"第二次法律与发展运动投入的资源、人力更多，覆盖范围更广，取得的成果和影响更为深远……且更多的时候借助国际经济组织来间接从事法律移植活动"。③ 其中，利用世界银行和国际货币基金组织这类发展机构发放定向贷款，编制具有科学中立外观的治理指数，引导发展中国家进行经济体制改革和法律移植，本身就成为一种迂回而隐蔽的治理术。

因为第一波"经济与发展""法律与发展"运动的失败，让人们意识到"市场失灵"的可能，纯粹的自由市场和经济政策不足以建立一个政治稳定的民主国家。不改革与经济发展休戚相关的政治体制和社会结构，再好的投资与援助计划都必

---

①　李桂林：《法律与发展运动的新发展》，载《上海政法学院学报》2006 年第 5 期。

②　[美]福山：《历史的终结与最后的人》，陈高华译，广西师范大学出版社 2014 年版，第十九章。

③　鲁楠：《"一带一路"倡议中的法律移植——以美国两次"法律与发展运动"为镜鉴》，载《清华法学》2017 年第 1 期。

告失败。但是国际发展机构作为一个金融组织，又怎么能涉足当地的政治领域呢？这不又成为干涉别国主权的法律帝国主义了吗？于是，使用"治理"（governace）或"善治"（good governance）这些中性温和的语汇来暗示发展中国家的统治失范，引导这些国家按照普适中立的治理指标改善政治环境和统治手段，就成为一种话语正当性的有效塑造过程。"通过讨论'治理'——而不是'国家改革'或'社会政治变革'——开发界的多边性银行和机构便可以就一个相对而言没有攻击性的论题用技术性措辞来集中讨论敏感问题，而不至于让人认为这些机构越权干涉主权国家的内政。"①

2. 政府—市场—全球化

政府的财税危机和社会的经济衰退是促成治理兴起的直接原因。② 强大的财税摄取能力是现代民族国家崛起的奥义，随着地理大发现和新殖民地的开辟，重商主义成为近代资本主义国家的重要国策选择。商品倾销和海外市场的开辟需要，使得商人成为民族国家一支隐形的雇佣军，商人法就是这支军队对外拓展空间政治和商业版图的通用语汇。以至于出现了"商法救国"的法律输出和改革运动，全球化时代的法律移植很大一部分就是围绕通用金融规则和匿名商人法所展开。③ 但法律之所以有力量，绝对不是因为法律是一种普遍的形式理性规则，法律的力量主要来自民族国家的暴力和军政实力。商人的海外利益需要国家和军队的暴力予以保护，同时万国竞争和随之带来的地缘军事压力与财政负担，也需要国家向商人征取税收的方式予以平衡。高效有力的税收汲取能力由此成为建立强大民族国家的必经之路，并出现了政治经济学上所谓的"财政—军事国家"（Fiscal-Military State）类型，以区别于中世纪依靠对领地内资源的强制征用以维持存在运行的领地型国家。这就是查尔斯·蒂利所概括"战争制造国家，国家发动战争"之财政军事国家的"国家理由"。④

① ［法］辛西娅·休伊特·德·阿尔坎塔拉：《"治理"概念的运用与滥用》，黄语生译，载《国际社会科学杂志（中文版）》1999年第1期。

② Lisa Ruhanen et al., Governance："A Review and Synthesis of the Literature", *Tourism Review* 65, 2010, pp. 6-11.

③ 鲁楠：《匿名的商人法——全球化时代法律移植的新动向》，载高鸿钧主编：《清华法治论衡》（第14辑），清华大学出版社2011年版，第78~93页。

④ ［美］查尔斯·蒂利：《强制、资本和欧洲国家（公元990—1992年）》，魏洪钟译，上海人民出版社2007年版，第217~221页。

但这种财政—军事国家的模式难以得到长期维续：（1）随着地理勘探、空间测量和交通通信技术的进步，地球"最后第一块土地"都已经被打上人类行动的印记，当地理大发现在物理上变得不可能后，国家对外的军事远征失去了行动目标。（2）对外扩张的过程中，随着军力支配的战线拉长，对国家的后勤保障能力和财政支持能力构成巨大负担，收益—成本比例开始变得不均衡。（3）随着从农业社会向现代工商社会或是信息社会的变迁，土地不再是财物的主要载体，对于科技、数据、人口、信息这些新的财富形式，单一军事手段显得力不从心。（4）随着国际人权法和人道法的发展，军人和平民的生命价值获得重新评估，国家军事行动不再具有正当性，一个长期维持强大军备武装的财政—军事国家会受到霸权国家或法外国家的评价。（5）当国内外市场空间饱和后，持续向商人和民众征税会引发公众不满，并激发逃避税收的不法甚或抗法行为——想想引发美国独立革命的"波士顿倾茶事件"——从而造成政府的统治危机。这也是很多近现代财政—军事国家在税收到达一定水平便难以增加的一个法理解释。

这种财税危机迫使国家主动采取治理策略的转型。有些国家发现，在财政/税收两级政策的调适之间，财政政策的变化相较税率税额改变，可能引发的抵制较少——尽管政府是不以营利为目的的公法人组织，大型财政投资和基础设施建设来自公民税收。但积极的财政政策有更大几率为社会创造更多就业渠道和财富途径，对基础设施的投资改善也能给公民带来肉眼可见的民生实惠，这为政府积极介入经济活动，创造社会福利提供了理由，也为福利国家取代财政—军事国家的国家转型提供了动力。[1]　然而，这种国家转型必须面对意识形态和实践后果双重困境：（1）从亚当·斯密开创了现代经济学以来，政府不干预经济，"管得越少的国家是越好国家"的自由主义政治/经济哲学成为资本主义国家的重要信条。哈耶克甚至基于"有限理性"知识观，建构了资本主义国家"经验演进主义"的发展路径，以此对比社会主义国家基于"绝对理性"知识观所选择的"进化理性主义"发展道路，并将后者嘲讽为"致命的自负"。[2]　（2）欧洲福利国家的政策实践效果不佳，"福利病"的存在证伪了政府管制经济的合理性。巨额政府赤字和国

①　[英]马丁·瑟勒博·凯泽：《福利国家的变迁：比较视野》，文姚丽译，中国人民大学出版社2020年版，第249~267页。

②　汉语法学对哈耶克知识/社会理论的最好研究，参见邓正来：《规则·秩序·无知：关于哈耶克自由主义的研究》，生活·读书·心智三联书店出版社2004年版。

119

家竞争力下降，还造成了"集成式老年政策"与潜在贫困问题。① 福利经济学对这些问题的束手无策，引发了保守主义政治/经济哲学复归，"里根—撒切尔革命"拒绝政府干预的新自由主义经济政策试图向人们证明，政府不是社会问题的解决者，政府本身就是社会问题的构成要素，保守的官僚体制和滞后无能的政府管制调控政策阻碍了经济繁荣，成为问题的根源。为此，他们提出了"资本主义纯洁化"和"福利紧缩"的政策主张。② 里根总统和撒切尔夫人不是政府向市场化转化的首倡者，但他们对保守主义政治经济学的回归推动，一方面重新激活了市场、企业、私人组织这些第三方主体的活力，将政府从徒劳无功的经济管制和福利供给中解放出来；另一方面，使得政府可以重新将战略思考的重心倾注在国家利益和冷战对抗这些更宏大的政治主题上，使资本主义文明重新获得复苏的力量，并最终在与苏联的制度较量中取胜。

东欧剧变，苏联解体之后，除了在中国和极少数几个国家外，资本主义文明在全球扩张，全球化愿景与世界市场现实最终促成了治理的正式成型。政府全面主导国家政治、经济、文化发展的能力，不仅在国内受到企业、行会和 NGO 组织的影响，更重要的是，联合国（UN）、欧盟（EU）、世贸组织、北美自由协定（NAFTA）、红十字国际委员会（ICRC）、全球公民社会等新的治理主体的兴起，发挥甚至替代了政府的部分传统功能，政府管理社会公共事务的职权转移到非政府或国际组织手中，国家主权在全球化时代遭遇"弱化"已经成为不争的现实。③与此同时，全球化还是把双刃剑，全球政治经济文化的协商互动也会造成"地方问题的全球化"，并把人类带入"全球风险社会"。历史发展脉络的不确定性改变了现代社会的运行逻辑与规则，人类社会的价值理念与行为方式正在被系统化重构，管制的问题由此变成治理的问题，治理问题则进一步升华为"全球治理"甚

---

① 徐佳：《欧洲福利国家"集成式老年政策"与潜在贫困问题研究》，中国商务出版社2021年版，第3~5页。

② ［英］保罗·皮尔逊：《拆散福利国家：里根、撒切尔和紧缩政治学》，舒绍福译，吉林出版集团2007年版，第78~92页。

③ 刘明玉：《全球时代：国家主权的"解构"与"重构"》，载《湖北行政学院学报》2020年第1期。

至演变为"全球风险社会治理"①的问题。从气候政治到海底可燃冰开发，从治理贫困到应对新冠疫情，全球风险社会既给人类造成了治理的难题，也带来了反思管制和改善治理的契机。政府的执政能力急需转化为参与全球治理的能力，并用切实治理绩效和有效治理范式来证明自己的文明领导权。

(二) 治理的构造

从词源学的角度，英语中的"治理"(governance)可以追溯到古拉丁语或古希腊语词根中"掌舵"(gubernare)一词，原意主要指控制、指导或操纵，与government(政府)的含义交叉。随着治理研究在中国的兴起，新近的考证发现，春秋战国时期就已使用"治理"一词，并在《孟子》一书中最早出现。② 支持的学者进一步主张，中国历史视野下的治理，发轫于中国社会生活，其内涵最初主要是为了获取生存资料，即有收成才能够形成秩序也就是治理。《易经》象形文字中的"乂"就是治理，原意为"收割"。而古代中国治理的目标则在于"通过获取生存资料而建构秩序。这就是古代中国最早的治理目标"。③

我们没必要从文献综述的角度，穷尽罗列古今中外关于"治理"的定义。首先是因为与本书的主题关联不大。我们的核心关切是海底可燃冰开发生态环境风险的法律规制及制度安排，"治理"无非是我们切入特定问题域的一种方法论选择。从实用逻辑的角度考虑，只要理论工具够好足用，有利于分析清楚问题即可。就像我们不用做复杂的受力平衡分析也能把单车骑稳，用治理思考中国的特定社会问题，也无须穷究这个概念的全部细节。其次，无论多精密巧妙的概念分析都不可避免存在"空缺结构"，大家往往对概念的核心意涵分歧不大，但越是到概念的边缘地带，争议就越多。对概念精确性的过度追求，反而会妨碍采取一致行动。重要的是做，而不是说，不争论也是一种俭省治理的智慧。最后但并非最不重要的，"治理"这个概念本身恰恰是反概念的。"要解决无法用形式理性法

---

① 范如国：《"全球风险社会"治理：复杂性范式与中国参与》，载《中国社会科学》2017年第2期。

② 李龙、任颖：《"治理"一词的沿革考略——以语义分析与语用分析为方法》，载《法制与社会发展》2014年第4期。

③ 胡键：《治理的发轫与嬗变：中国历史视野下的考察》，载《吉首大学学报(社会科学版)》2021年第2期。

解决的实质理性问题，即治理问题。而治理问题的解决本来就是反理论的，就是反对概括、抽象、总结这套理性处理方式的；如果说它需要理论，它需要的也是一种反理论。"①治理意味着具体问题具体分析，要根据不同主体和不同对象所处的不同语境以及所拥有和能调动的不同层次资源，选取妥善解决问题的切实方案。看重的是策略结果，而不是概念定义。

关于治理理论的综述文献很多，② 我们看重并认为对海底可燃冰开发有启发意义的主要包括：全球治理委员会（Commission on Global Governance）在《全球若比邻》报告中给出并获得广泛认同的经典论断："治理首先是私人或公共个体或公共机构管理公共事务的诸多方式之总和。其次是使相互冲突的或不同利益得以协调并采取联合行动的持续过程。它包括迫使人类行为服从的正式制度和规则，也包括个人和机构以同意的方式或符合其利益的方式产生的各种非正式制度安排。"③这个论断的优越之处不在于它有多精确，而是它从"主体—过程—正式/非正式制度安排"这个三位一体的角度，大致准确地界定了治理的基石范畴，为后期有关治理的深化研究提供了基础框架。这份报告也因此成为治理领域研究的核心文献，引用率居高不下。

罗茨对治理的类型化和"没有政府的治理"研究影响深远，他划分并阐释了治理的六个维度：作为最小国家管理活动的治理、公司治理、作为新公共管理的治理、作为善治体系的治理、作为社会—控制体系的治理、作为自组织网络的治理。④ 其中"善治"（good governance）对我们的研究具有极大的启发性，这意味着可以通过确立治理的目标和评价标准，使得治理摆脱福柯"治理术"的窠臼，而有可能升华为一种治道。

① 赵晓力：《基层司法的反司法理论？——评苏力〈送法下乡〉》，载《社会学研究》2005年第2期。

② St Amati F, "Challenges of Contemporary Regionalism: The EU between Regional and Global Governance—A Review Essay", *Annals of the Fondazione Luigi Einaudi*, *An Interdisciplinary Journal of Economics*, *History and Political Science* 52, 2018, pp. 179-213. 中文文献可参见王晶、曹杰：《全球治理研究的文献综述》，载《当代经济管理》2017年第4期。

③ Commission on Global Governance, *Our Global Neighborhood: The Report of Commission on Global Governance*, New York, Oxford University Press, 1995, pp. 2-3.

④ R. A. W. Rhodes, "Governance and Public Administration", in Jon Pierre eds., *Debating Governance*, New York, Oxford University Press, 1992; R. A. W. Rhodes, "The New Governance: Governing without Government", *Political Studies* 44, 1996, pp. 95-112.

最后要重点介绍的是，英国兰卡斯特大学社会学教授鲍勃·杰索普（Bob Jessop）在反思"治理失败"风险时所提出的"元治理"命题。元治理即"自组织的组织"的问题，杰索普认为不能将元治理等同于一个至高无上、一切安排井然有序且事必服从的政府层级。相反，它"承担的是设计机构制度，提出愿景，这些设计和愿景不仅促进各个领域的自组织，而且还能使各式各样自组织安排的不同目标、空间和时间尺度、行动以及后果等相对协调"。元治理包括"制度"和"战略"两个层面：针对前者，它要提供各种机制，促使各方共同掌握不同地点和行动领域之间的功能联系和物质上的相互依存关系；对于后者，元治理促进建立共同的愿景，从而鼓励创造新的制度安排和新行动，以便反思现有治理模式之不足。元治理旨在构造使不同自组织安排得以实现的语境，在这一过程当中，国家将发挥多方面重要功能。① 元治理的命题对于我们思考海底可燃冰的治理之道有重要参考价值：（1）针对类似腐败防治、海洋污染或气候变化这些现实的治理问题，由于全球社会已经积累了丰厚经验，剩余的治理改善只需在既有方案基础上渐进修正即可。但可燃冰开发从技术到设备到商业模式还尚未成型，甚至可以说极不成熟。越是不确定的远景规划越是需要建立远大愿景和战略纵深，元治理对愿景目标和构想蓝图的重视，符合本书导论部分所运用"建构主义叙事法理学"的理论关怀。（2）元治理对国家作用的重视，符合我们对治理的理论预设。如前所述，当前学界对治理理论的理解存在误区，由于治理是针对管制的反动，管制对政府功能的过度强调使得部分学者误以为治理就是"去管制"（de-regulation），② 加上混淆了国家理论与政府理论，导致把治理简单处理成为一种"反国家的理论"。针对这种理论迷思，这几年法理学和政治哲学逐步开展对治理观念的纠偏，提出在全球治理中"找回国家"的主张，呼吁"找回被埋没的国家的自主性、积极性与效用性"。③

论及至此，我们针对治理的构造，分离出"元治理—治理主体—治理过程—治理秩序—治道"这一组核心范畴。后文针对海底可燃冰开发的治理思路也将围

---

① Bob Jessop, "The Rise of Governance and the Risks of Failure: the Case of Economic Development", *International Social Science Journal* 155, 1998, pp. 29-45.

② Shann Turnbull, "The Theory and Practice of Government De-regulation", *SSRN Electronic Journal* 9, 2008, p. 133.

③ 任剑涛：《找回国家：全球治理中的国家凯旋》，载《探索与争鸣》2020年第3期。

绕这组范畴展开：其中元治理的愿景蓝图是有关人类命运共同体的能源可持续发展，治理主体是多元共治，治理过程是多中心的政策过程和利益协商渠道，治理秩序是交易费用视角下可燃冰开发的制度安排，终极治道是建构共商共建共享的新能源全球治理格局，满足人类命运共同体的美好生活需要。

（三）环境治理与可燃冰开发的中国治道

治理的结构逻辑必须与当代中国治理的话语实践结合起来，不仅要考察治理的观念史，更要思考治理的社会史，在历史流变中细心观察、提炼问题形成、应对和解决之道。与很多人下意识将治理理解为社会治安问题相反，事实上，从中华人民共和国成立到改革开放以前，中国共产党对"治理"一词的使用主要都集中在环境治理领域。① 这一社会事实也为王绍光的研究所确认，由于不满意中外学界将治理变成了一个"空洞的能指"，他分析了"治理"一词在中华人民共和国成立后文献中的使用情况。结果发现"治理"在中国的兴起，一开始就与环境问题息息相关："绝大部分都与治理黄河、淮河、汉江以及其他流域相关，余下的也与治理沙漠、治理坡地有关。这种情况一直延续至 20 世纪 60 年代末。70 年代，标题中含有'治理'二字的文章多了一些，每年有几十篇，治理的对象也有了变化，开始包括'三废'（废气、废水、固体废弃物）。80 年代，这类文章由每年一百多篇增至七八百篇，1989 年猛增至 1716 篇，治理的对象也由山川河流、'三废'污染延伸至社会、经济现象……从'物'逐步演化到'人'与'社会'。"② 而杨雪冬和季智璇则进一步考证了，中国共产党人最早使用"治理"的官方文件，是 1949 年华北人民政府主席董必武关于"治理黄河初步意见"的函件。《周恩来文集》中也涉及"黄河治理"的指示，1950 年 10 月 14 日，政务院作出《关于治理淮河的决定》。在 20 世纪 50 年代，治理的问题清单内容主要指向自然环境，治理的主要场所是农村，文献中出现的"治理水患""治理黄河""治理内涝""治理盐碱地""治理沙漠""治理淮海平原""治理水土流失""流域治理"等词汇组合说明，中华人民共和国成立后，改造广大农村地区的生产生活环境成为整个国家政权建

---

① 袁红、孙秀民：《中国共产党治国理政中的"治理"理念辨析》，载《探索》2015 年第 3 期。

② 王绍光：《治理研究：正本清源》，载《开放时代》2018 年第 2 期。

设的重要内容。20世纪60年代以后，特别是从20世纪70年代开始，在治理的问题清单中开始出现工业污染、城市污染等问题，治理场所从农村延伸向工厂、城市。此外，还高度重视治理经验的国际交流，1978年中国代表团副团长曲格平同志就曾在联合国沙漠化会议上介绍了中国沙漠治理情况。①

所有的治理都源自潜在的危机，环境问题甫一开始就与人民共和国的治理事业关联，这当然不是环境法学者或环境保护从业者的荣光。但也由此可以看到：(1)与流俗意见对中国发展模式"重发展，轻环保"或"先污染，后治理"的误解相反，从中华人民共和国成立之初，对环境污染问题的重视和治理决心，就摆放在党和国家领导人决策考量中。(2)环境治理问题是中国治理体系和治理能力现代化的逻辑起点和问题意识初衷。(3)尽管当时还没有"全球治理"这个概念，但恢弘的历史政治视野，使得中国共产党人在国家进入改革开放和社会主义现代化建设之初，就自然而然把环境治理的问题与全球治理关联起来。由此形成了中国环境治理体系的"基本盘"，可燃冰开发生态环境风险的法律规制问题，当然要措置在这一"基本盘"之下才能得获得妥善解决。考虑到全书的篇章体例，我们打算把海底可燃冰开发多元共治的治理主体策略放在第四章论述，治理过程和治理的制度秩序安排分别安排在下一节和第五章论述。剩下的部分我们将集中探讨一下可燃冰开发的元治理和善治治道。

元治理(Meta-govemance)是关于"治理的治理"，即对于各项治理要素——主体、形式、机制和策略——的总体安排与宏观设定。而国家作为元治理的承担者，在社会治理体系构建中发挥中轴作用，依托于良好制度安排和政策指导，"力图消除政府、市场、社会三种治理模式之间存在的失调、对立与冲突，从而构建出更为有效的社会治理机制"。② 一般认为，"治理的失灵以及网络、市场和科层制三种治理形式的共存混合等原因促进了元治理的诞生"，③ 而元治理作为对过往治理观念的批判超越，"更符合中国'强政府'的基本国情和偏好科层治理

① 杨雪冬、季智璇：《政治话语中的词汇共用与概念共享——以"治理"为例》，载《南京大学学报(哲学·人文科学·社会科学版)》2021年第1期。
② 李剑：《地方政府创新中的"治理"与"元治理"》，载《厦门大学学报(哲学社会科学版)》2015年第3期。
③ 孙珠峰、胡近：《"元治理"理论研究：内涵、工具与评价》，载《上海交通大学学报(哲学社会科学版)》2016年第3期。

的历史惯性"。①

我们认为，元治理对理解中国的环境治理和可燃冰开发的解释力在于：(1)元治理强调"国家"相对于政府科层、市场体系和公民社会要保持足够的独立性，才能清晰有效划分政府、市场和社会的界限。而中国共产党作为国家的政治主权者，同时又是社会主义建设事业的领导核心，特别是在 2018 年修宪将"中国共产党领导是中国特色社会主义最本质的特征"写进总纲后，中国共产党和中华人民共和国之间形成了一种主权同构的关系。党通过在宪法法律中的活动，将党的意志与国家意志融为一体。而在实际政治运作中，我们都知道在各层级的国家政权中，党委和政府是领导与被领导的关系。党委负责决策和制定方针，交由政府执行；政府负责行政事务，具体执行党委的决定。这样一种党—政二元结构的宪制安排，使得党委具有足够的代表力体现国家意志，又有足够的政治权威代表国家来监督和领导政府，从而在政府科层、市场体系和公民社会之间保持客观超然的平衡协调地位，实现元治理。(2)按照杰索普的观点，元治理还要求承担远景规划并提出愿景，"这些设计和愿景不仅促进各个领域的自组织，而且还能使各式各样自组织安排的不同目标、空间和时间尺度、行动以及后果等相对协调"。②而中国共产党最擅长的就是把握社会规律和时代潮流，并根据不同阶段的历史任务，提出恰如其分的远景规划和愿景蓝图。毛泽东同志在党的工作重点由城市转入农村，革命暂时进入低潮期就提出了"星星之火，可以燎原"，预言中国革命一定会取得胜利；中国特色社会主义进入新时代，习近平总书记科学把握我国发展所处历史方位，对实现第一个百年目标提出新要求、作出新部署，谋划实现第二个百年奋斗目标的宏伟蓝图，向全党全国发出了奋力实现"两个一百年"奋斗目标、踏上建设社会主义现代化国家新征程的动员令。③ 而融合"中国梦"精神与"人类命运共同体"理想的习近平法治思想，倡导协同治理方法，坚持底线思维，为新时代建设生态文明法治体系和积极参与引领全球环境治理提供了方法指引和

---

① 郭永园、彭福扬：《元治理：现代国家治理体系的理论参照》，载《湖南大学学报（社会科学版）》2015 年第 2 期。

② Bob Jessop, "The Rise of Governance and the Risks of Failure: the Case of Economic Development", *International Social Science Journal* 155, 1998, pp. 29-45.

③ 陈曙光：《不断开辟"中国之治"新境界》，载《人民日报》2020 年 1 月 2 日，第 9 版。

行动指南。①

2020 年 10 月 29 日，中国共产党第十九届中央委员会第五次全体会议通过了《中共中央关于制定国民经济和社会发展第十四个五年规划和二〇三五年远景目标的建议》(以下简称《规划和建议》)。围绕生态文明和环境保护，《规划和建议》提出要"持续改善环境质量。增强全社会生态环保意识，深入打好污染防治攻坚战。继续开展污染防治行动，建立地上地下、陆海统筹的生态环境治理制度"。其中"生态文明建设实现新进步"的要求中就包括"能源资源配置更加合理、利用效率大幅提高"。同时第 14 条还明确要求"推进能源革命，完善能源产供储销体系，加强国内油气勘探开发，加快油气储备设施建设，加快全国干线油气管道建设，建设智慧能源系统，优化电力生产和输送通道布局，提升新能源消纳和存储能力，提升向边远地区输配电能力"。考虑到我国的海底可燃冰开采正在有序推进，2021 年 7 月 15 日，由国家重点研发计划"海洋天然气水合物试采技术和工艺"项目支持的"国产自主天然气水合物钻探和测井技术装备海试任务"，在我国南海海域顺利完成新一轮海试作业，我国在海洋天然气水合物钻探和测井技术上又取得了一个重大进展。② 而可燃冰的商业化开发也将在 2030 年左右展开。从实现海底可燃冰开发元治理的角度，我们可以考虑依托中央《规划和建议》的指示为蓝本，配套制定《海底可燃冰开发二〇三五年远景目标》，将"保障人类命运共同体能源可持续发展"的治理愿景，与"建构共商共建共享的新能源全球治理格局，满足人类命运共同体的美好生活需要"的善治目标写进其中，成为协调新能源全球治理的根本遵循。

第三节　技术策略：交易费用

可燃冰开发中的环境风险，在法律经济学视野下就是一个制度成本的"外部性"(Externality)问题。外部性最初被经济学家理解为是"市场失灵"的经济问题，

① 刘超：《习近平法治思想的生态文明法治理论之法理创新》，载《法学论坛》2021 年第 2 期。

② 瞿剑：《南海可燃冰自主钻探完成新一轮海试》，载《科技日报》2021 年 7 月 15 日，第 3 版。

但随着制度经济学的发展，外部性理论现在为越来越多的政治学家和法学家所承认，并用之以解释"制度失范"的公共政策问题或法律问题。马歇尔（Alfred Marshall）最早关注到"外部经济"现象："我们可以把因任何一种货物的生产规模之扩大而发生的经济分为两类：第一是有赖于这工业的一般发达的经济；第二是有赖于从事这工业的个别企业的资源、组织和效率的经济。我们可称前者为外部经济，后者为内部经济。"并初步指出："某些类型的产业发展和扩张时由于外部经济降低了产业内的厂商的成本曲线。"①但真正把这一洞见处理为具备可操作性之理论分析工具的是马歇尔的学生庇古（Arthur Pigou）。

庇古明确区分了"外部经济"（正外部性）和"外部不经济"（负外部性），并在此基础上提出"社会净边际产品"和"私人净边际产品"这一组重要概念。其中社会净边际产品是"任何用途或地方的资源边际增量带来的有形物品或客观服务的净产品总和，而不管这种产品的每一部分被谁获得"。私人净边际产品则是"任何用途或地方的资源边际增量带来的有形物品或客观服务的净产品总和中的这样一部分，该部分首先——即出售以前——由资源的投资人所获得。这有时等于，有时大于，有时小于社会净边际产品"。鉴于二者的产权差异，庇古一针见血指出："一般来说，实业家只对其经营活动的私人净边际产品感兴趣，对社会净边际产品不感兴趣。……除非私人净边际产品与社会净边际产品相等，否则，自利心往往不会使社会净边际产品的价值相等。所以，在这两种净边际产品相背离时，自利心往往不会使国民所得达到最大值；因而可以预计，对正常经济过程的某些特殊干预行为，不会减少而是会增加国民所得。"针对私人与社会净边际产品之背离所造成的福利损失，庇古提出了福利经济学上著名的"庇古税"方案："如果国家愿意，它可以通过'特别鼓励'或'特别限制'某一领域的投资，来消除该领域内这种背离。这种鼓励或限制可以采取的最明显形式，当然是给予奖励金和征税。"②具体而言，如果私人净边际产品大于社会净边际产品（即存在外部不经济或负外部性），国家应科以赋税；如果私人净边际产品小于社会净边际产品（即存在外部经济或正外部性），则应给予财政奖励或补贴。此外，庇古还讨论

---

① ［英］马歇尔：《经济学原理》（上卷），朱志泰、陈良璧译，商务印书馆2009年版，第279~281页。

② ［英］庇古：《福利经济学》（上卷），朱泱、张胜纪、吴良建译，商务印书馆2006年版，第146~147、185、206页。

了对外部性问题予以政府规制的政策方案："当受影响的个人之间关系高度复杂时，政府会发现，除了给予奖励金外，还要运用某些官方控制手段。……根本不能依赖'看不见的手'来把对各个部分的分别处理组合在一起，产生出良好的整体安排。所以，必须有一个权力较大的管理机构，由它干预和处理有关环境美化、空气和阳光这样的共同问题。"① 庇古挑战了亚当·斯密"看不见的手"的权威理论，其学说逐渐为经济学、政治学和法学广泛引用，并用来分析环境保护领域的政策导向。②

然而在"真理的自由市场"领域，没有哪种思想是绝对正确因而豁免了来自其他观点的挑战，庇古的理论就遭到了科斯（Ronald H. Coase）的质疑。庇古理论成立的前提是"信息完全"，政府必须确知企业的私人成本和社会成本，才能够合法征税以及确定合理税率。但这一前提，却不为将基础假设（Postulate）建立在"有限理性"和"不完全信息"之上的新制度经济学所接受。科斯在他的《社会成本问题》中就多次批判了"庇古税"，认为：（1）外部效应不是私人净边际产品获取者的单向侵权问题，而具有相互性。例如可燃冰开发企业与海域使用权人或养殖权人之间的环境纠纷，在政策和法律没有明确"污染排放权"归属的情况下，不应简单认定开发企业侵害了后者权益，反过来也可能是后者不当限制了开发企业用益物权的实现。是故，解决可燃冰开发引致的环境风险，不该由政府向开发企业征收"庇古税"，而是在自由市场安排下，由最有效率的使用者进行权利"赎买"或向对方提供"经济补偿"。（2）这意味着，在交易费用为零的情况下，庇古税全无必要，因为市场会自发地将资源配置在最有效率的使用者手中，产生资源优化配置的经济效应。（3）然而，就像真实的物理世界不存在牛顿运动定律"摩擦力为零"的理想环境，在现实的经济运行过程中，也不存在交易费用为零的制度情境。在交易费用不为零的情况下，解决外部性问题就要通过公共政策和法律制度，进行成本/收益的审慎权衡与通盘考虑。（4）这进一步意味着，因为交易费用存在，不同的权利配置方案会产生不同的资源使用效益，明晰的产权界定是资源优化配置的先决条件。政策法律的制定及执行，应在权衡考虑交易费用的条

① ［英］庇古：《福利经济学》（上卷），朱泱、张胜纪、吴良建译，商务印书馆2006年版，第208页。
② 参见曹静韬：《庇古税的有效性看我国环境保护的费改税》，载《税务研究》2016年第4期。

129

件下，将权利配置给最有效率的使用者，实现社会效益最大化。①

　　因此，借助"外部性"理论的考察视角，我们在本章第一节勾勒了可燃冰开采环境风险的客观外部性。在第二节明确了针对这种环境外部性的多元共治的主体策略。从主体立场省视生态风险的外部性问题，归结起来无非是两类：一类是从外部性的产生主体角度来解决，"'外部性'是指那些生产或消费对其他团体强征了不可补偿的成本或给予了无需补偿的收益的情形"；② 另一类是从外部性的接受主体角度来消除，"'外部性'用以表示当一个行动的某些效益或成本不在决策者的考虑范围内的时候所产生的一些低效率现象，也就是某些效益被给予，或某些成本被强加给没有参加这一决策的人"。③ 而本节将从"交易费用"的角度，处理可燃冰开发可能引致的环境外部性问题，通过探究应当在多元主体之间进行何种权力/权利配置的制度安排，实现可燃冰开发与环境资源保护之间的协同效应。

一、可燃冰开发中的交易费用

(一)交易费用理论

　　科斯在《社会成本问题》中运用"交易费用"（Transaction Costs）解决了如何通过产权界定与交易行为实现外部性的内部化这一问题。其中"交易费用"这项洞见，来自他更早的一篇经典文献《企业的性质》。科斯的理论意图明确："本文目的在于缩限经济学理论中关于'通过价格机制配置资源的假设'和'依赖于企业家/协调者配置资源的假设'之间的鸿沟。"那么，既然存在有效的市场价格机制，为什么还需要企业呢？回答是"价格机制在企业内部为企业家所替代……生产要

---

　　①　Ronald. H. Coase, "The Problem of Social Cost", *Journal of Law and Economics* 3，1960，pp. 1-44. 我们这里刻意避免使用"科斯定律"（Coase Theorem）的表述，上述概括来自细读原典后激发的个人阅读感受。科斯本人并没有使用这一提法，他只是针对"牛吃麦子"这个侵权法经典案例，给出了一个经济学解释，既然是"经济解释"（hypothesis）必然是开放的、可证伪的。然而斯蒂格勒概括的"科斯定律"无疑把这个解释教条化了，重新把"科斯经济学"固化为科斯本人所反对的、供教材编写和课堂讲授的"黑板经济学"。Cf. J. Stigler, *The Theory of Price*, 3rd edition, New York, Macmillan Press, 1966, pp. 131-133.

　　②　[美]保罗·萨缪尔森、威廉·诺德豪斯：《经济学》，萧琛等译，华夏出版社1999年版，第256页。

　　③　[美]阿兰·兰德尔：《资源经济学》，施以正译，商务印书馆1989年版，第234页。

素配置在企业中是依靠企业家而非价格机制完成……通过形成企业并允许企业家来支配资源，就能节约某些市场运行成本"。而价格机制被企业所替代的理由在于企业内部交易成本小于市场外部交易成本，能更有效地获取利润和规避风险。反之，如果某个企业内部交易成本大于市场外部交易成本，那么该企业必将破产。

出于科斯一贯坚持的"理论的生命力在于解释现象"主张，既然文章的重点在于借助交易费用来解释"企业的性质"，或许他认为不需要也可能当时没考虑到（科斯写作该文时才25岁，这是他的本科论文）对"交易费用"给出一个规范性定义（Prescriptive Definition），他只是在描述性的（descriptive）层面上，初步——甚至不无零散地——将交易费用界定为"通过价格机制组织生产的最显见成本，即所有发现相对价格的成本"、包括"市场上发生的每一笔交易的谈判和签约的费用"以及利用价格机制存在的其他方面的成本。[①] 或因于此，该文发表后受到长期冷遇，"在二十几年的时间里，这篇论文并没有对学界产生任何实际的影响……星星之火并没有燎原"。[②] 但科斯开创的交易费用理论，奠定了现代产权理论和价格理论的基础。后来有学者跟随科斯的思考，进一步将交易费用细化为"调查和信息成本、谈判和决策成本以及制定和实施政策的成本"。[③]

新制度经济学的主要创始人，诺贝尔经济学奖得主威廉姆森（Oliver Williamson）发展并完善了交易费用理论。[④] 威廉姆森以资产专用性、交易频率和

---

① Ronald. H. Coase, "The Nature of the Firm", *Economica* 4, 1937, pp. 386-405.

② 张五常：《交易费用的范式》，载《社会科学战线》1999年第1期。

③ ［美］迈克尔·迪屈奇：《交易成本经济学：关于公司的新的经济意义》，王铁生、葛立成译，经济科学出版社1999年版，第44页。

④ 威廉姆森因长期健康状况不佳及肺炎并发症，于2020年5月去世，享年87岁。威廉姆森与中国渊源颇深，早在1987年5月25日至6月13日，他就应中国社会科学院工业经济研究所之邀来北京讲学，以交易费用经济学为题连续作了9次讲演。2009年获得诺贝尔经济学奖后，次年受上海交通大学邀请，再度载誉访华，先后在北京、上海、成都三地发表演讲。"新制度经济学"就是由威廉姆森首倡命名，特指以产权和交易费用为主要研究对象的当代西方经济学说，以区别于以经济历史和定性分析为主的旧制度经济学。该学说主流是以科斯为代表的产权与交易费用经济学和以诺思为代表的制度变迁经济学。前后经科斯本人及施蒂格勒、阿罗、威廉姆森、巴泽尔、张五常、德姆塞茨、阿尔钦和诺思等人的发展，形成了包括交易费用经济学、产权经济学、经济分析法学和新经济史学等相对完整的学科体系。参见张五常：《新制度经济学的来龙去脉》，载《交大法学》2015年第3期。

不确定性三个维度来界定交易费用，使得交易费用真正成为一个可证伪的科学概念，他的理论因而也被称为"交易费用经济学"，交易费用即"经济世界中的摩擦力"。① 威廉姆森归纳出由觅价费用、信息费用、议价费用、决策费用、监督执行费用和违约费用所构成的交易费用系统。同时指出了交易费用的六项来源：有限理性（Bounded Rationality）、投机主义（Opportunism）、不确定性与复杂性（Uncertainty and Complexity）、专用性投资（Specific Investment）、信息不对称（Information Asymmetric）、气氛（Atmosphere）。然后在此基础上，他进一步将交易费用类型化为"事前的交易费用"和"事后的交易费用"，前者指"起草、谈判、落实某种协议的成本"，订立契约时交易各方会对未来存在的不确定性感到困扰，需要事先规定交易各方的权利、义务与责任，在明确这些要素的过程中就要花费成本和代价，而这种成本和代价的大小与产权结构初始配置的明晰度相关；事后的交易费用则是指交易发生以后的成本。这种成本和代价表现为多种形式：（1）交易各方为保持长期持续的交易关系所支付的费用；（2）交易各方发现事先确定的事项价格有误，需要加以变更所支付的费用；（3）交易各方想退出契约关系或取消交易协议而必须支付的费用和机会损失。②

而针对本节的核心关切，应对可燃冰环境风险的技术策略研究而言，威廉姆森的启发性贡献在于，他首次提出了"治理结构"（governance structure）的分析范式，并以此不断拓展研究边界，使得"交易成本经济学是法学、经济学和组织学相结合的交叉学科"。③ 威廉姆森认为真实世界中的组织形式不仅仅是企业和市场（两分法/1971），还存在混合形式（三分法/1985），后来又引入契约法、适应性和官僚主义成本等维度，增加了对政府组织的分析（四分法/2000）。上述四者作为政治经济世界中最主要的组织形式，构成了"分立的治理结构选择"。④ 这就

① ［美］奥利弗·威廉姆森：《交易费用经济学：契约关系的规制》，载陈郁编译：《企业制度与市场组织交易费用经济学文选》，格致出版社 2009 年版，第 87 页。

② ［美］奥利弗·威廉姆森：《资本主义经济制度》，段毅才、王伟译，商务印书馆 2002 年版，第 9~42 页。

③ ［美］奥利弗·威廉姆森：《治理机制》，石烁译，机械工业出版社 2016 年版，第 28 页。

④ ［美］威廉姆森：《从选择到契约——作为治理结构的企业理论》，赵静、丁开杰译，载《经济社会体制比较》2003 年第 3 期；赵勇、齐讴歌：《分立的治理结构选择——2009 年诺贝尔经济学奖获得者奥利弗·E. 威廉姆森思想述评》，载《财经科学》2010 年第 1 期。

为我们在可燃冰尚未正式商业化之前，在交易主体不完备的情况下，将新制度经济学的交易费用理论运用在作为主要推动者的"国家/政府"身上，提供了理论依据。因为威廉姆森认为没必要刻意把"国家/政府"与"社会/市场"区分对立起来，在他看来，政府、企业、市场和介于企业与市场之间的混合组织本质上都是一种契约（contract）。如果说区别，也仅在于不同的契约对应于不同的治理结构，而不同的治理结构则由交易费用决定。其中，组织的激励强度、协调能力、行政控制、契约法、官僚主义成本和契约不完全程度等特征决定了交易费用。人们应该针对不同契约的特点，为不同的组织选择交易费用最小的治理结构，而不同的治理结构之间具有不可通约性。① 例如，政府作为一种科层化组织，激励强度弱、协调能力强、行政等级与行政控制严格、契约作用式微且不完全、官僚主义成本高昂，而市场与之相反。我们不应该在政府内部实行企业的治理机制，比如靠提成来激励官员为纳税人服务，这会导致激励扭曲。相反，如果我们在企业内部模仿政府体制，例如规定雇员的报酬完全由等级而非业绩决定，就会导致企业缺乏竞争活力。② 至此，威廉姆森以交易—契约—适应性—治理—交易成本为纲，确立了治理经济学的基本框架，③ 在他的推动下，制度经济学达成共识，将交易费用区别于生产成本，特指事前和事后"为执行合同本身而发生的成本"。④ 也为我们思考预防可燃冰开发生态环境风险的技术策略打开了思路。

（二）可燃冰开发涉及的制度费用类型

此处的"制度费用"实质就是上文指称的"交易费用"。之所以用"制度费用"这个在此处看来更恰切的表述，更多还是考虑到全球可燃冰的商业化开发尚早，

① 聂辉华：《交易费用经济学：过去、现在和未来——兼评威廉姆森〈资本主义经济制度〉》，载《管理世界》2004年第12期。

② 聂辉华：《威廉姆森："交易费用"如何可证伪》，载《21世纪经济报道》2009年10月15日，第4版。

③ Olive. E. Williamson, "The Economics of Governance", *American Economic Review* 95, 2005, p. 233.

④ 在鲁滨逊的一人世界里也会有生产成本，但不会有交易费用；更重要的是，生产成本能在市场交易的过程中转化为收益予以补偿或部分补偿，但交易费用过高则有可能使得交易无法发生。Cf. R. C. O. Matthews, "The Economics of Institutions and the Sources of Growth", *The Economic Journal* 96, 1986, pp. 89-102.

即便是中国具备技术优势且在国家政策大力支持的情况下，乐观估计也要在 2030 年左右才能实现。[①] 在此之前，将前期的资源技术投入和研发成本理解为"交易"费用，直觉上不好理解。这样的困惑，张五常在中国改革开放初期介入本土经济研究时也产生过，"这就是问题。数之不尽的费用跟交易没有直接的关联，而如果这些费用不付出，市场交易或多或少会受到影响。……当时中国的市场交易很少，但可以阐释为交易费用。有点模糊……交易费用这一词可以误导"。来自中国经济的经验挑战，迫使张五常扩张了"交易费用"的定义：凡是在一人世界不存在的费用，都是交易费用。从这个层面而言，"凡有社会必有制度，以制度费用（Institution Costs）来描述我建议的广泛定义比较恰当"。二者间不存在实质性区分，"所以有时我称交易费用，有时称制度费用，有时把二者一起称呼"。[②] 在交易行为不活跃或不明显的情况下，用制度成本来指代交易费用，"交易费用实际上就是所谓的'制度成本'，这点科斯也是赞同的"。[③] 我们下文也将在语用学维度上同等使用这两个术语。

1. 产权界定的成本

在法律经济学的中文文献中，也把产权界定的成本称为"界权成本"，[④] 这样的问题处理思维往往令法律教义学的支持者感到困惑。以可燃冰开采为例，无论把可燃冰理解为"矿产资源"还是"自然资源"，可燃冰的所有权归属都是明确的。宪法规定"矿藏、水流、森林、山岭、草原、荒地、滩涂等自然资源，都属于国家所有，即全民所有"，《矿产资源法》规定，"矿产资源属于国家所有……地表或者地下的矿产资源的国家所有权，不因其所依附的土地的所有权或者使用权的不同而改变"。你看，在规范分析法学的视界里，可燃冰的权属归界根本不存在问题，除了最初的立法成本——立法成本的确是一种制度费用——似乎不再需要为可燃冰的具体配置支付其他的交易费用，《宪法》和《矿产资源法》已经清晰无误地将可燃冰开发的权利配置给了"国家"，也就是中央政府。然而这种过分明

---

① 黄晓芳：《中国领跑可燃冰开采 2030 年左右实现商业化开发》，载《资源与产业》2017 年第 3 期。

② 张五常：《经济解释（卷二）：收入与成本》，中信出版社 2014 年版，第 227~228 页。

③ 张五常：《交易费用的范式》，载《社会科学战线》1999 年第 1 期。

④ 凌斌：《从界权成本看真实世界——兼答简资修教授》，载《人大法律评论》2015 年第 2 期；吴建斌：《科斯理论中的界权成本及其现实意义》，载《南大法学》2020 年第 2 期。

晰因而略显简单化的问题思维，恰恰构成了波斯纳所嘲笑的"像毛毛虫变成蝴蝶那样"的法律自主性迷思(myth)，以为法律运行在真空的世界中，"不是在回应政治和经济的压力"，忽略了"在每一历史阶段，法律学说如何为社会需要或社会内强力群体之压力所建构"，出于对这种法律盲目迷思之反对，"法律经济学分析几乎从定义上就否认法律的自主性"。①

立法上对自然资源和矿产资源所有权的明确规定，一旦拿到现实世界中予以检验，就显得脆弱不堪且悖论频出。譬如，秦岭素有"国家中央公园"之称，是中国南北分界重要的生态屏障，所有权当然属于国家。然而当地政府和官员却无视政治纪律，敢搞"整而未治、阳奉阴违、禁而不绝"，包庇大规模别墅违建，必须要总书记先后六次批示才能完全解决。② 可见，宪法对所有权的划分是一回事，在现实的经济法律世界当中，不同利益群体和行动主体对"所有权"的解释、创造、征用、挤轧、扭曲甚或取缔才是产权实践的真实样态。有鉴于此，《生态文明体制改革总体方案》提出"适度扩大使用权的出让、转让、出租、抵押、担保、入股等权能"，《国务院关于全民所有自然资源资产有偿使用制度改革的指导意见》提出"适度扩大使用权的出让、转让、出租、担保、入股等权能"。其实质就是在对之前《物权法》所确立的，自然资源物权制度的占有、使用、收益和处分四项权能体系"理解过于僵化，不能因应自然资源种类繁多、属性各异的特殊性所提出的权利主体多样化地行使自然资源权利的诉求，不能充分合理地发挥自然资源在社会文明发展各个方面的效用"的潜在微妙批评，意味着"有必要通过制度改革来适度拓展自然资源产权权能体系"。③

如何在"社会需要或社会内强力群体之压力"下，通过具体而微的产权权能体系设计，将行动者局限条件下的逐利动机与社会效益最大的公共利益导向结合，这才是产权配置的核心。正是从这个意义上，宪政经济学把产权看作是"一束权利"(a bundle of rights)，是主体所享有全部资源的一个"束"之标签。产权界定了产权所有者对资产占有、使用、收益、转移、剩余索取等诸方面的控制权，为人类行为提供了相应的激励机制，但凡能够以自身的实际行动影响资源分配和

---

①　[美]波斯纳：《超越法律》，苏力译，北京大学出版社 2016 年版，第 21~22 页。
②　王社教：《秦岭生态保护的历史意义与责任担当》，载《光明日报》2020 年 4 月 27 日，第 16 版。
③　刘超：《自然资源产权制度改革的地方实践与制度创新》，载《改革》2018 年第 11 期。

使用效率的因素，都属于产权优化配置的考虑范畴。因此，"传统认为产权是一种对物的权利，这是外行的观点，承认产权是一束权利，才是科学的观点"。① 而财产法中的"产权"问题，放到环境资源法的制度语境中会变得愈加复杂。不论是"有体物"还是"无体物"，"现实资产"还是"无形资产"，财产法标的至少可以由产权的"一束权利"所捕捉、记录和标记（如知识产权和虚拟货币），但环境资源法更为关切的诸多"外部性"问题目前还难以进行产权转化。

　　例如，我们固然可以把"污染"进行产权化改造，生成一套关于"排污权"的表达与实践，但那也不是因为"排污"真的是一种具有正当性意涵的实体权利，而"通过环境容量这一环境科学术语而搭建的美丽理论大厦，也因大气环境容量资源的特殊情势和实践中采用具有可操作性法律概念而黯然失色"。② 毕竟，就目前人类发展阶段而言，"空气"不具备稀缺性，因而难以转化为资产或产权，而可燃冰开采可能引发的主要后果，就是温室气体排放导致大气中甲烷含量增加引发全球气候变暖。在这里，空气因为不具备稀缺性而无法市场化，同时空气的流动性使得技术上很难对它进行产权分割，甚至将面临比哈丁的"公地悲剧"③更难以应对的"共享困境"。在普通的大气污染案件中，我们至少可以尝试将产权——避免污染的权利——配置给污染源周边生活的居民，他们为了确保长远健康，拥有足够的激励以举报、请愿、诉讼、购买的方式发现污染、排除妨害。而甲烷在常温下无色无味，不会直接影响健康，即便作为温室气体真能致使全球气候变暖，也是个长期历史进程而引发的渐进现象，普通居民难以发觉，遑论拥有足够的激励去遏制并加以防范？在这种情形下，无法指望自生自发的市场秩序合

　　① Bruce. A. Ackerman, *Private Property and the Constitutions*, New Haven, Yale University Press, 1977, pp. 26-31.

　　② 王清军：《排污权法律属性研究》，载《武汉大学学报（哲学社会科学版）》2010 年第 5 期。

　　③ 哈丁至少对公地悲剧提出了部分解决办法，例如将公地卖掉，使之成为私有财产；又或者作为公共财产保留，但实行多种方式（行政许可、价格歧视）的准入制度。哈丁承认，这些意见有合理之处，也均有可反驳的地方，"但我们必须作出抉择，否则我们就等于默视公地毁灭，将来只能在国家公园里回忆它们"。哈丁悲观地认为类似的公共资源困境"不存在技术的解决途径"，而必须要求人类价值或道德观念的转变。防止公地悲剧除了在制度上建立中心化的权力机构——无论这种权力机构是公共的还是私人的——私人对公地的产权也是在使用权力；其次便是道德约束。Cf. Garrett Hardin, "The Tragedy of the Commons", *Science* 162, 1968, pp. 1243-1248.

理配置产权，只能期待政府以"负责任的主权"和"人类命运共同体"的历史责任感，至少在可燃冰能进行大规模商业化开采之前，选择科学的政策工具克服集体行动逻辑，以权力中心化的方式在中央政府——地方政府——可燃冰开发企业之间断然界定产权。

2. 信息费用

信息费用（Information Cost）作为一种智识资源同实物资产、人力资源一起，共同构成了现代经济发展的核心生产要素。与实物资产不同，信息费用和人力资源本身并不直接转化为经济产品，但正如任何制度的运行离不开"人"的因素一样，制度的建立、运作、改革乃至废止同样离不开"信息"的获取、利用和传递。因此，信息费用成为影响制度费用的重要因素，"信息经济学"也成为主流经济学的新发展。① 与社会学意义上所理解的，具有重大参考价值的"有用信息"不同。信息经济学认为不论信息的来源是否可靠，内容是否真实，凡是对于潜在的不同交易主体具有差异化价值，因而愿意为之竞争付费的数据或符码，都属于制度成本意义上的"信息"。典型的有如狗仔队付费竞逐的各种明星"八卦"，对于不追星的人来说，那完全是一文不值的废料（Nonsense），但却真实有效地构成了整个娱乐传媒产业的制度费用。② 因此，信息能够资本化，市场上不同交易者会基于信息不对称的程度，对特定信息产生不同评估，形成不同的价格要素，以实现信息费用的价值发现功能。一个有效率的制度，应当在俭省信息费用的前提下，允许出让者根据自己的意愿，自由地将所生产和获取的信息出让给最有竞争力——也就是出价最高——的购买者。购买者之所以愿意为获取信息而竞价，是因为信息一旦被获取并经过垄断和再加工，将变成购买者的信息资本，并因此产生增值和可流通性。

而海底可燃冰的前期开发③可能产生的信息费用包括：（1）信息获得成本。

---

① 张维迎：《博弈论与信息经济学》，格致出版社、上海三联书店出版社 2012 年版，导论。

② 苏力分析过戴安娜与传媒合谋利用各种"花边信息"所创造的"人民的王妃"的偶像故事和伴随的代价，参见苏力：《制度是如何形成的》（增订版），北京大学出版社 2010 年版，第 89~104 页。

③ 由于可燃冰的商业化尚早，还不存在真正的交易市场，信息经济学中惯常讨论的定价、觅价、讨价还价等费用这里暂不讨论。此处和后文涉及制度费用都只局限于"前期试采和研发"的费用，不再另外强调。

涵盖对物和对人两个层面的成本，前者是指确定可燃冰矿藏储备地点和储量的费用、海工装备的知识产权费用、① 样品研发和产业化转化的费用；后者是指获取适格（Qualified）生产者/污染者信息的成本。由于涉及前期开发的大量经费投入，有意愿且有能力参与到海底可燃冰试采和研究的企业，基本上都是几家大型央企，国家要获取的生产者/污染者信息不难且费用不会太高，关键是如何鉴别参与者的真实投资意愿和竞争能力，避免简单的行政命令指定。前期主要的信息获得成本还是针对海底可燃冰资源的开采利用技术研究。（2）信息的保密费用。信息是购买者使用后才能对其质量进行准确评价的"经验品"（Experience Good），其价值来源于它的新颖性和保密性。一旦信息内容被揭秘或公开，为他人知晓，将直接影响信息的市场价格。中国目前在可燃冰研发领域积累了局部性的技术信息优势，要通过必要的政策法律手段保持这种信息优势，或者将其知识产权化，通过付费购买或信息交换的方式，将其转化为价格优势。（3）注意力成本。"互联网+"时代带来的信息过载（Overloaded）和免费产品与服务模式，使得"注意力"成为一种稀缺资源，经营者必须锁定并操纵消费者的注意力和个人信息，通过长期的广泛宣传，在信息流瀑中将人们注意力吸附到自己的特定产品上，以获得产品的最高收益。② 这使得技术信息的保密费用和注意力购买费用构成了可燃冰开发的内在张力。一方面必须对可燃冰研发过程中积累的技术创新的信息实质进行保密，另一方面又必须长期宣传可燃冰对于国家能源安全的重要意义，引起人们和市场主体的注意力关注、资源投入和共同想象。（4）信息传递、推广的费用。由于信息具有可传递性和共享性，在使用过程几乎不存在耗损（但有可能因添附而

---

① 我国 2007 年 5 月 1 日凌晨，自然资源部中国地质调查局在我国南海北部首次成功钻获天然气水合物实物样品，"但是委托的是荷兰辉固国际集团公司 Bavenit 号钻探船来承担任务"。随着我国的可燃冰开发能力达到世界领先水平，这一块海工装备的信息获得成本无疑会持续下降。2021 年 7 月 15 日，由国家重点研发计划"海洋天然气水合物试采技术和工艺"项目支持的"国产自主天然气水合物钻探和测井技术装备海试任务"，在我国南海海域顺利完成新一轮海试作业。此次海试的作业成功就是依托国产自主"海洋石油 708 深水工程勘察船"和国产深水钻井系统、新一代随钻测井工具（含随钻四极子声波测试仪器 QUAST），开展了为期两周的两口水合物评价井的海底井场调查、钻探作业和随钻测井作业。也使得中国海油具备了船舶—钻探—测井—取芯—在线分析检测全套国产化技术水平和全过程作业能力。参见龙锟：《自主开采可燃冰"广州造"勘察船再立功》，载《广州日报》2021 年 7 月 19 日，第 A5 版。

② 承上：《互联网领域免费行为的反垄断规制——以消费者注意力成本与个人信息成本为视角》，载《现代经济探讨》2016 年第 3 期。

失真）。对于开发者和原创者而言，付出了最初的信息成本后，信息可以多次应
用于不同规模的产品生产及市场交易中。特别是随着信息技术的快速发展和知识
产权保护程度的提高，信息传递的成本将不断降低。于是，信息初始创制和获得
的成本高昂，但是它的复制和传递成本很低。这意味着信息产品的高额收益依赖
于市场的规模效应：推广越普及，生产量越高，平均信息费用越低。① 换言之，
可燃冰未来的应用越广泛、市场前景越宽阔，总体信息费用将会越低。虽然可燃
冰的前期试采与研发需要投入大量的制度费用，但通过"生态资源资本化"②的途
径，将有关可燃冰矿藏储存和开发技术的信息，通过市场交易和自由流通转变为
信息资本，可以吸引多元主体共同参与开发，为未来商业化运营奠定市场基础。

3. 政治过程的治理费用

中外学界在研究中国政法体制及治理机理时，对"通过文件和政策的治理"
和"法治"予以了同等重视。由于在功能主义视角下，规范性文件能和法律形成
有益互动，有研究把这种治理之道称为"文件政治"③或"法律—文件共治模
式"，④ 直接体现执政党政策和意志的"文件在被赋予了国家权力符号意义的同
时，构成了基层秩序的规范来源和权威形式"。⑤ 通过文件的政策之治在交易成
本的政治学视角下就是一个政治过程，"政治过程应当看做是许多企图影响政策
直接制定者（代理者）行为的参与者（委托者）之间的一种博弈"。⑥ 如后所述，在
可燃冰尚未商业化因而也不存在立法需求之际，通过政策制定的政治过程，通盘
考虑可燃冰的开发政策、海洋生态环境保护政策、多元主体参与的共治政策将能

① 周其仁：《信息成本与制度变革——读〈杜润生自述：中国农村体制变革重大决策纪
实〉》，载《经济研究》2005 年第 12 期。
② 麦瑜翔、屈志光：《生态资源资本化视角下农业双重负外部性的治理路径探讨》，载
《湖北师范大学学报（哲学社会科学版）》2018 年第 2 期。
③ Guoguang Wu, "Documentary Politics: Hypotheses, Process and Case Studies", in Carol
Lee Hamrin and Suisheng Zhao eds., Decision-Making in Deng's China: Perspectives from Insiders,
Armonk, New York, M. E. Sharpe, 1995, pp. 24-38.
④ 薛小蕙：《法律—文件共治模式的生成逻辑与规范路径》，载《交大法学》2021 年第 1
期。
⑤ 周庆智：《"文件治理"：作为基层秩序的规范来源和权威形式》，载《求实》2017 年第
11 期。
⑥ ［美］阿维那什·迪克西特：《经济政策的制定：交易成本政治学的视角》，刘元春译，
中国人民大学出版社 2004 年版，第 2 页。

有效节省制度成本，将国家的资源和财力配置在最有效率的开发环节。政策过程由此构成政治过程中最关键核心的要素，此部分基本上是在同一语义背景下，灵活使用这两项术语表述。

思考政治过程的治理费用必须重视三点：（1）产权保护的效率。政策制定过程不同于计划经济模式下的命令—服从模式，在制度经济学和交易成本政治学的学科规训下，政策过程是在市场尚未形成或者市场失灵的情况下，政策制定者基于"成本—收益"的分析方法，模拟自由市场将资源配置给最有效率的使用者手中，实现"社会成本最小化"的最优标准或"财富最大化"的政策目标："如果交易费用为正……财富最大化原则就要求把权利初始授给那些可能是最珍视权利的人，以此来使交易费用最小化"。[1]（2）正视公平与效率。尽管彻底的法律经济学拥趸会倾向于认为"效率和公平就差不多是一回事，两者之间的矛盾在绝大多数时候是人们假想出来的"，[2] 但把科斯理论单向诠释为或误读为"财富最大化"的法律经济学分析还是引起了科斯本人的不满，[3] 在法律与公共政策领域，"模拟市场、价高者得"的波斯纳定理不仅不足以指导立法者和法官界权或重新界权，而且盲目应用该理论更可能导致不公平和无效率的界权或重新界权。[4] 社会主义的政治原则决定了尤其要重视制度的公平正义，"长期以来，中国坚持把人权的普遍性原则同中国实际相结合，不断推动经济社会发展，增进人民福祉，促进社会公平正义，加强人权法治保障，努力促进经济、社会、文化权利和公民、政治权利全面协调发展"。[5]（3）制度形成的时间成本。这也是我们在第一章第二节强调的"建立长期目标的战略性思维"。一个有效的制度从形成到建立再到顺畅运作，绝非一蹴可就。孔子说"如有王者，必世而后仁"，这里的"世"是以三十年

---

[1] [美]波斯纳：《正义/司法的经济学》，苏力译，中国政法大学出版社2002年版，第71页。

[2] 桑本谦、李秀霞：《"向前看"：一种真正负责任的司法态度》，载《中国法律评论》2014年第3期。

[3] [美]罗纳德·科斯：《科斯论波斯纳论科斯：评论》，艾佳慧译，载苏力主编：《法律和社会科学》2013年第12卷，法律出版社2013年版。

[4] 艾佳慧：《科斯定理还是波斯纳定理：法律经济学基础理论的混乱与澄清》，载《法制与社会发展》2019年第1期。亦可参见艾佳慧：《法律经济学的新古典范式——理论框架与应用局限》，载《现代法学》2020年第6期。

[5] 习近平：《致"2015·北京人权论坛"的贺信》，载《人民日报》2015年9月17日，第1版。

为一世。可见,即便是哲学王的统治,也要有三十年才能大致见其功。这就要求我们放宽历史的视界,把政策周期拉伸长远,重视长期博弈,把未来世代的利益计算在内,用时间来化解公平与效率之争。关注时间进程所推动的制度变迁,用政策为非正式制度的运行开辟试错空间,用法律总结非正式制度向正式制度演化的经验。正式制度中包括可燃冰立法和环境保护法对排放标准的界定固然重要,但非正式制度中对于前期实验探索试错成本的包容心态和政策确立后不轻易改弦更张的政策惯性同样重要。

二、交易费用视角下可燃冰开发的制度安排

(一)通过政策过程塑造产权格局

"政策过程"区别于"政策",不是中央政府通过自上而下的压力机制单方面促成的行动决议,而是在"多元共治"的主体策略之下,基于交易费用的配置博弈而演化形成的公共政策。理性的公共政策首先要考虑到政策过程交易费用的特殊性。制度经济学的一项基本洞见就是:"政策过程的核心是利益再分配,围绕这个过程就必然存在各利益集团相互之间的谈判,而谈判是有成本的,这种成本就是交易成本。……政治市场更复杂、效率更低,交易成本相对更高。"①政治市场之所以"更复杂、效率更低",是因为政治市场上的交易主体构成具有不确定性,市场的一方——立法者或政策供给者——是确定的,但另一方——选民、利益相关者、政策推动者以及反对者——是不确定的。经济市场上众多交易主体的偏好和意愿可以通过价格机制进行清晰识别,而政治市场上几乎不存在这种关于利益和风险的识别机制。这也进一步解释了,即便拥有实名制和互联网技术的加持,为什么国际社会的多数国家不采取直接选举而更多适用代议制。

因此,在《宪法》和《矿产资源法》确定的可燃冰矿藏所有权不变的前提下,中央政府应当正视代理人问题。不能把民主集中制视阈下"地方服从中央"的政治逻辑和国家结构视阈下"中央与地方分权"的宪制逻辑混同起来。申言之,政治是在区分敌友意义上事关赞成与反对、服从与不服从的领导权问题,而宪制变

---

① Douglass. C. North, "A Transaction Cost Theory of Politics". *Journal of Theoretical Politics* 2, 1990, pp. 355-367.

迁却是在政治认同前提下的利益分配问题。归因于社会主义的制度优越性及党和国家的卓越治理效能，今天中国社会任何一级地方都高度拥护执政党和中央人民政府的政治领导。但这不意味着地方政府和强势利益集团不会基于自我利益的理解和定位，在中央与地方分权的合法宪制框架内，或者在地方制度竞争的范式下，通过"变通性阐释"或"选择性执行"有意无意地将政策法律按照地方利益最大化的方式进行重新表述。因此，在当前中国深化改革开放的社会背景下，"更重要的可能是中央地方处理相互之间关系的机制和具体行为如何影响了具体的法律制度的形成和变迁，而不是具体的法律制度如何影响了中央地方对相互之间关系的处理"。①

在市场空缺或市场失灵的情况下，主权者先要用"看得见的手"专断地进行权利的初始配置，为后期的政治过程和宪制变迁创设产权奇点。正如科斯只是说在交易费用为零的情况下，产权配置给哪一个无所谓，但初始配置的行为本身却极为重要。这也印证了卢梭对文明社会形成的猜想："谁第一个把一块土地圈起来并想到说：这是我的，而且找到一些头脑十分简单的人居然相信了他的话，谁就是文明社会的真正奠基者。"②因此，即便忽略施米特对"紧急状态"近乎病态的执著，他的"决断论"仍然构成了"规范论"的必要前提：政治经济秩序的型塑源于主权者的——没必要局限在紧急状态下，这是施米特理论引发争议的最大诟病——初始决断。这种决断就是对政治市场上产权的原初配置，类似于推动世界运转的"第一推动力"。从这种政治神学的意义上来讲，主权者"看得见的手"就是"上帝之手"，国家"简直是自在自为存在的东西，因而应被视为神物，永世勿替"，乃是"神自身在地上的行进"。③ 首先是主权者"无中生有"的政治创世纪，为"亚当·斯密世界"开辟了可能性，交易费用才有了用武之地。一般认为，"当产权界定成本很高时，甚至超过了由污染带来的危害的成本，那么私有产权制度的做法就是低效率的。……在产权界定成本过高的情况下，采用私有制，依靠污

---

① 毛国权：《证券法律制度变迁：中央地方的竞争与合作（1980—2000）》，载《中外法学》2004 年第 1 期。

② ［法］卢梭：《论人类不平等的起源与基础》，李常山译，商务印书馆 1982 年版，第 111 页。

③ ［德］黑格尔：《法哲学原理》，范扬、张企泰译，商务印书馆 1979 年版，第 290、259 页。

染者自身的激励去减少污染是低效率"。① 在这种情况下，将可燃冰及其相关的一揽子"产权束"，认定为国有产权无疑更有效率。而实证研究有关资源型产业的所有制结构对绿色技术创新效率的影响也表明，国有产权对资源型产业的绿色技术创新具有长远激励，并对能源产业和非能源开采业具有显著积极效应，为了促进资源型产业的绿色转型升级，应该优化能源产业国有产权比重。②

具体到可燃冰开采研发的主要问题，就是担心温室气体逸出引发全球气候变暖。但空气和噪音一样，具有流动性，难以精确度量。因此开发商的房屋买卖合同中一般不会约定买受者的"安宁权"，只能依靠邻里之间的默契或者私人执法机制(有一些小区会自发组成业主巡逻队，制止在小区内跳广场舞，防治噪音干扰)；同样，立法者也难以在宪法和法律中，规定类似"呼吸权"或"恒温权"这样执行起来制度费用高不可攀的权利。但"随着技术的发展，一些权利的界定和交易费用可能降低，从而使得其分配机制(以及法律救济规则)发生改变"。③ 正如随着噪音分贝测试技术的出现，使得对噪音的界权成本降低，而医学的发展也使人们能更精准地评估噪音对身心健康的具体危害程度，这就为立法对住宅上的安宁权进行法律规制奠定了技术基础。譬如，住建部发布的工程建设国家标准《住宅设计规范》(GB50096—2011)第 7.3.1 条就规定，卧室内的等效连续 A 声级昼间不应大于 45dB、夜间不应大于 37dB；起居室(厅)的等效连续 A 声级不应大于 45dB，旨在为居住者提供一个安静的室内生活环境，同时还在着手修订《民用建筑隔声设计规范》，考虑提高住宅建筑隔声标准。而生态环境部为贯彻《中华人民共和国环境保护法》和《中华人民共和国环境噪声污染防治法》，防治社会生活噪声污染，改善声环境质量，也制定了《社会生活环境噪声排放标准》(*Emission Standard for Community Noise*：GB 22337—2008)。

按照这种思路，政策可以将空气界定为公有制，并按照"环境容量"(environment capacity)来度量可燃冰开发可能引起的温室气体污染。环境容量又称环境负载容量或地球环境承载容量，是在人类生存和自然生态系统不致受害的

① 吴灏：《产权制度与环境："科斯定理"的延伸》，载《生态经济》2016 年第 5 期。

② 于力宏、王艳：《国有产权对绿色技术创新是促进还是挤出？——基于资源型产业负外部性特征的实证分析》，载《南京财经大学学报》2020 年第 5 期。

③ 廖志敏：《法律如何界定权利——科斯的启发》，载《社会科学战线》2014 年第 7 期。

前提下，某一环境所能容纳污染物的最大负荷值。① 空气或温室气体难以精确度量，因为界权成本很高。但在现有的技术水平下，环境容量承载能力的指数阈值却是可以用经济有效的方式加权计算的。② 环境容量作为一种无形资产，属于国家所有，国家为了实现经济发展可以允许排污主体使用一定的环境容量来排放污染物。可以通过拍卖、转让、租赁等形式将环境容量使用权转于他人，亦可通过产权流转体系实现使用权与所有权的分离。但这种传统的排污权思路是在做存量转移，没有充分考虑到如何运用更有效的产权安排激励地方政府和可燃冰开发企业做增量改进。

在参与全球治理的过程中，政策制定者一定要具备政治议程能力、舆论宣传能力和思考辨析能力。全球气候变暖在科学上是否成立是一回事，可欧洲人的确通过一系列令人眼花缭乱的政治议题设定，成功建构出"气候政治"的话语机制。但我们有必要区分"环保"与"气候变暖"，并搞清楚对于当下中国最重要的环境问题是什么，"要更多地关注中国那些最主要的、最迫切需要解决的环境问题，而不一定要把焦点放在气候变化上面"。③ 内蒙古的沙化、北方城市冬天的雾霾、地下水污染这些问题对于中国人而言，比全球气候变暖更紧迫也更重要得多。可这并不妨碍我们反过来利用别人的政治议题，服务于自己的国家利益。

在气候政治的话语范式下，反对可燃冰开采的重要理由就是逸出的甲烷气体会造成温室效应导致气候变暖。我们不妨接受这样一种假说，然后通过环境容量的数据评估，④ 只要可燃冰开采的海域或陆域地区，大气环境容量没有变坏或变得更糟，但获取的可燃冰样品推动了对新能源的研究——在没有使任何环境境况变坏的前提下，获得了更多的一手科研数据，这本身就是一种"帕累托改进"（Pareto Improvement）。中央政府就可以通过税收优惠或者在其他领域给开发企业

---

① 唐晶、葛会超、马琳等：《环境承载力概念辨析与测算》，载《环境与可持续发展》2019年第2期。

② 杜吴鹏、房小怡、刘勇洪等：《面向特大城市的风环境容量指标和区划初探——以北京为例》，载《气候变化研究进展》2017年第6期。

③ 强世功：《气候政治：国家利益与道义的博弈》，载《绿叶》2010年第6期。

④ 大气环境容量的估算虽然有不确定性，但相对精确的度量方法早已成熟，包括A-P值法、A值法、反演法、模拟法和线性规划法。参见周能芹：《区域环评中环境容量估算和总量控制方案的制定》，载《环境研究与监测》2007年第1期。

增加碳排放权、排污权的配额等方式，予以鼓励。这样不论可燃冰开采可能释放的甲烷气体，在科学上是否会导致温室效应，开发企业至少会为了获取更多奖励配额，在开采程序上会更加规范小心，客观上有利于可燃冰矿层附近的海域或陆域的地质环境保护，同时从道义上也体现了国家政策对环境保护和气候政治的重视。

(二)构建治理结构节约交易费用

开发可燃冰的政策过程需要通过一系列治理机制的有效组合，形成合理的治理结构，减少交易费用，创造社会财富。

1. 声誉—承诺机制

声誉—承诺机制是要建立中央政府、地方政府、可燃冰开发和投资企业相互之间长远稳定的预期，"承诺要起到预期的效果，它必须是可信的。相应地，一个承诺要具有可信性，它必须：(1)事前十分清晰并可观测，(2)事后不可逆转"。[①] 中央政府具有最大强度的议价能力和行政控制能力包括事后的追责能力去保证政策过程的实施。对于中央政府而言，最大的风险来自决策风险导致的声誉受损。可燃冰开采本身的科学性和环境风险的可控性，将直接决定新能源革命的可行性，而一旦在开采过程中引发重大环境灾害事件——现阶段更直观且紧迫的或许是开采过程中可能引发的海底滑坡和地质灾害——将会产生公众乃至国际社会的焦虑和舆论压力，影响中央政府负责任大国的国际形象和声誉，并可能导致后继的研发暂停甚至搁浅。因此，中央政府层面的承诺机制建设，更多体现在可燃冰科研项目的设置和科研经费的长期投入上。

科学在现代社会中具有无可比拟的话语正当性，对可燃冰基础科学和交叉科学研究的重视，本身就是政府对内对外塑造专业形象的生产机制。当包括化学、地球物理学、环境生态科学、矿山工程和法学等在内的不同学科，基于各自专业视角，多维度、多层面地对可燃冰物质本性、用途安全、产业制度作出的"清晰并可观测"的科学结论，将构成对中央政府政策过程的信誉加持。只要在科学性和风险可控性上确保了可燃冰项目本身不存在硬伤，基于中国政府的政策执行能

---

① ［美］阿维那什·迪克西特：《经济政策的制定：交易成本政治学的视角》，刘元春译，中国人民大学出版社 2004 年版，第 45 页。

力和规模巨大的市场需求，前期的成本投入可以在后继的国际国内市场双循环相互促进中获得补偿和盈余。

"只要政治代理人是信息优势者，拥有一些为政治委托人所不知的信息，而政治代理人的本性中又包含着自私自利的成分，那么，理性的政治代理人就有可能利用其信息优势谋取私利"，[①] 而解决代理人问题最好的策略就是通过合理的承诺机制进行利益绑定。对于地方政府而言，承诺机制的建构体现在对地方主政者的政绩关切上。不同的主体拥有不同的激励函数，中央政府更多考虑的是政策的国际国内社会影响，可能会顾虑官僚主义成本影响政策效应，经济成本不是主要考虑因素；而在经济增长与官员晋升之间呈正相关的"政绩锦标赛"模式之下，[②] 地方政府之间会展开围绕 GDP 增长率及其排名的激烈竞争，于是环境保护和经济发展之间的复杂关系就成为博弈的焦点。起初，地方政府担心环境保护会增加企业负担并影响当地经济发展，因而没有足够的激励去严格执行中央的环保政策。在这种情势下，中央政府提出了"可持续发展"新理念。这体现在 2014 年《环境保护法》的修订上：(1)将第 1 条立法目的修改为：为了实现"生态文明"和"可持续发展"，以革替之前的"促进社会主义现代化建设的发展"。(2)在修订后的第 4 条新增 1 款，明确"保护环境是国家的基本国策"；同时优化旧法"使环境保护工作同经济建设和社会发展相协调"的表述，将主次关系更科学精准地界定为新法第 4 条第 2 款"使经济社会发展与环境保护相协调"。(3)第 5 条从立法的实体逻辑上确立了"保护优先"的基本原则。这种可持续发展的新理念被党和国家领导人形象化地概括为"青山绿水就是金山银山"，并深入人心。

在这种政策供给侧改革之下，地方政府也扭转了发展思路，逐渐提倡"法治GDP""绿色 GDP""生态 GDP"，"设置各有侧重、各有特色的考核指标，把有质量、有效益、可持续的经济发展和民生改善、社会和谐进步、文化建设、生态文明建设、党的建设等作为考核评价的重要内容。强化约束性指标考核，加大资源消耗、环境保护、消化产能过剩、安全生产等指标的权重"。[③] 这进一步导致现在的官员晋升更多受到以能力绩效为指标的个人效应影响，而官员在职期间城市

① 李春成：《信息不对称下政治代理人的问题行为分析》，载《学术界》2000 年第 3 期。
② 周黎安：《中国地方官员的晋升锦标赛模式研究》，载《经济研究》2007 年第 7 期。
③ 李晟：《"地方法治竞争"的可能性：对晋升锦标赛理论的经验反思与法理学分析》，载《中外法学》2014 年第 5 期。

的经济增长速度对晋升没有显著作用。① 站在这种发展转型的视角下观照，可以预见，可燃冰开发过程中的经济成本和短期效益将不再是地方官员的主要关切，更多的政绩聚焦将投射在可燃冰的开采进度、技术突破及商业模式创新上。然而，可燃冰技术成熟和商业化应用将是个长期过程，现任地方主政官员可能因看不到即时成效，而不愿积极投入开发以避免担责——毕竟在短期研发进展存在巨大不确定的情况下，可燃冰开采不具备政绩变现意义上的社会经济效益，而开采过程中蕴藏的地质生态风险对于当地官员却是显而易见的社会成本。

于是，理性的官僚行动者必然秉持审慎甚至保守的态度，高度依赖来自中央的政策推动，不愿主动涉入可燃冰开发的政策过程中，推动制度创新。而信息经济学和法律社会学的共识是，制度作为人之行动而非人之设计的产物，只有投入了真实成本躬身参与到制度变迁中的行动者，才是最有效率的真实信息发现者和利益相关人（Stakeholders）。中央政府相对于地方政府的优势在于拥有更强的行政控制能力和政策推动能力，但相对于拥有可燃冰矿藏所在地或海域的地方政府及官员而言，中央政府对于一线开采实况及可能造成的生态环境影响却处在信息不对称的劣势地位。如果后者基于各种考虑或动机，在参与到可燃冰开发进程中，有意无意地传递出某些错误信息，② 这将令中央政府失去了一个重要的检讨并适时调整新能源政策的可靠信息激励，同时增加了制度运行的信息费用。

解决的办法当然是通过调整激励函数，将地方政府和官员的政治责任、个人声誉、地方利益和政绩绩效与可燃冰开发的政策过程整合起来。譬如，2017 年中共中央办公厅、国务院办公厅印发了《领导干部自然资源资产离任审计规定（试行）》，审计内容主要包括：贯彻执行中央生态文明建设方针政策和决策部署情况，遵守自然资源资产管理和生态环境保护法律法规情况，自然资源资产管理

---

① 姚洋、张牧扬：《官员绩效与晋升锦标赛——来自城市数据的证据》，载《经济研究》2013 年第 1 期。

② 这种错误信息可能包括两个层面：（1）当地矿层原本适合进行可燃冰开采，但因为没有显见的绩效激励，又担心不可测的生态风险，风险保守型的地方政府及官员将倾向于夸大不利因素，阻碍开采进程。（2）当地矿层原本不适合进行可燃冰开采，但环境风险毕竟具有不确定性，可一旦试采成功，即便不存在明显的经济效益，却可能因新闻宣传报导而带来巨大的社会声誉效益。有利于增加地方官员晋升的竞争力和争取更多中央财政拨款，风险激进型的地方政府及官员将倾向于隐瞒不利因素，人为促就开采进程。无论是上述何种情形的错误信息传递，都将扭曲并妨害真实可信的可燃冰政策过程。

和生态环境保护重大决策情况，完成自然资源资产管理和生态环境保护目标情况，履行自然资源资产管理和生态环境保护监督责任情况，组织自然资源资产和生态环境保护相关资金征管用和项目建设运行情况，履行其他相关责任情况。用"生态账"和"经济账"全面考察领导干部的执政业绩，丰富了对领导干部自然生态资源资产保护责任的评价体系。这种方法对协调传统的自然生态资源保护与地方经济发展之间的政策张力效果不错，但对于可燃冰开发这种难以见到短期经济成效、却存在高度不确定性生态环境风险的产业而言则存在进一步改进的空间。

　　针对与可燃冰开发类似的新兴风险产业，可以考虑运用新的离任审计"加权算法"，具体而言，由于事前已经假定了可燃冰开采具有较大的地质和生态环境风险，且短期难以商业化运用，这两部分因素都应提前反映在政策过程的"价格信息"中。这就好比同等建筑品质的楼盘，究竟是开发在化工企业旁边还是开发在优质学区附近，它的市场价格肯定不一样，而这种市场价格的分歧甚至在开发商拿地之初就可以清晰地展现出来。① 但政策过程往往不存在市场过程中那样清晰的价格指引要素，总体而言，中央政府在制定相关产业政策时，考虑更多的是社会效果和国际国内影响，对经济效益的考量不太敏感，更不会在政策制定中细致权衡各种价格信息激励机制的设置。② 同时，官员的调配是通过组织逻辑而非

---

　　① 如果针对完全的交易市场，这个问题可以讨论得更细致些，要具体区分是谁先进入并初步占据了相关的市场位置，这仍然是个产权的初始配置问题：开发商最初拿地时，如果化工厂或优质学校就已经存在，这些信息要素会清晰地反映在拿地的费用和房屋对外销售的市场价格中，不会再产生其他交易费用；开发商拿地和对外销售期房时，如果化工厂或优质学校尚不存在，但后来因为城市发展建设的需要，引进新建了化工厂或优质学校，就存在后进入的化工厂通过谈判或讨价还价，补偿先入业主预期损失的可能。不然先入住的业主会通过政治动员或现场施压等各种方式阻止化工厂进入，产生额外的社会成本。引进优质学校对于之前已入住的业主会产生资产增值的正相关效应，学区房概念的加持会使得普通商品房在房产交易市场上获得额外溢价。然而一旦该政策确定后，对于在这之后购房入住的业主而言，这个溢价就不存在了，因为相关的信息要素已经完全反映在了上涨之后的房地产价格上。

　　② 吊诡的是，这种对经济效益不敏感因而难以或不愿在政策制定过程中，准确反映价格信息的行为，本身恰恰是符合经济学理性的——在中央政府拥有足够政治权威和强效的行政压力机制，能够保证地方代理人总体服从中央政策决策的前提下，在价格信息等激励机制上为地方考虑过多，只会增加中央政府决策过程的信息费用。把发现政策过程中优势激励机制的任务，转交给地方政府或学者及智库组织，符合中央政府的利益，也符合"分工产生效率"的经济逻辑。从这个意义来说，中央政府同样是局限条件下谋求自我利益最大化的经济理性人。

市场逻辑进行，执政党的政治纪律约束，也使得官员不可能真的像市场消费者一样，与上级组织讨价还价甚至拒绝合作。因此，对于可燃冰矿藏所在地任职官员的离任审计，可以有三种安排：(1)贯彻执行中央可燃冰新能源政策和决策部署情况，按照科学的标准操作程序履行了可燃冰矿产资源资产管理和生态环境保护职责，在职级晋升时优先考虑提拔使用。(2)任期内积极贯彻执行中央可燃冰新能源政策和决策部署情况，开发过程中没有发生重大地质生态灾害，鉴于现阶段的可燃冰技术风险和市场局限，无过即为功，在领导干部离任审计时做特别计提。(3)对符合上面两点的承担具体的可燃冰试采和开发任务的地方政府，通过财政返还、税收优惠、允许其发行可燃冰生态发展专项债券等多种方式，助力地方发展，鼓励地方政府以更积极负责的态度参与到可燃冰开发事业中。

此外，还可以考虑设立特别功勋制度。对于核工业体系和可燃冰新能源产业这种需要以战略性视野长期坚持的重大事业，一方面要诉诸牺牲和奉献这种政治神学的超验性"终极"意义，"只有当个体认可自身能为国牺牲之时，政治权力才会出现。在牺牲的行为中，政治体与公民、客观权力与主观信仰，都是同一的"。① 另一方面，则要通过恰当的制度安排在当代人和未来世代之间建立一个"利益共同体"。本书第一章曾论及，确立一项根本法不难，难的是如何确保根本法战胜时间，保证未来世代的继承者和子孙后代不会背弃前代人的"先定承诺"。确实，创立根本法的一代人往往更具政治美德、历史远见和责任伦理，凭借激情、使命、牺牲与奉献就可以订立根本法；对于根本法内容即将得到实现的未来世代的人来说，由于眼见可及的巨大利益和实际功用，在大功告成阶段全力以赴完成"最后的长征"也不是难事；真正的挑战其实面向的是中间世代的人，随着创始一代自然生命的逝去，对于中间世代的继承者和接任者而言，看不到坚持根本法所带来的显见的利益，但却要为之付出巨大的制度成本、资源消耗和环境风险，这时检验根本法生命力和后代人虔敬德性的挑战才真正到来。因此，第一代凭借激情与使命创立根本法，未来一代借助理性和目标成就根本法，对于中间世代就要依靠利益和责任坚守根本法。有效的承诺机制就是要将第一代、中间世代和未来世代塑造成一个"利益共同体"，通过特别功勋制度，在根本法实现

---

① ［美］保罗·卡恩：《摆正自由主义的位置》，田力译，中国政法大学出版社 2015 年版，第 223 页。

之时——于本书语境就是可燃冰能正式大规模投入商业化应用，成为未来中国新能源体系中不可或缺之重要一环时——通过表彰与叙功，用社会声誉激励并铭记那些在实验探索进程中为可燃冰开发和地质生态环境保护作出了默默无闻贡献①的地方主政官员。

2. 财税—激励机制

在涉及国家安全的战略产业和基础领域，如可燃冰新能源的研发与技术创新，由于前期投资规模巨大，且市场前景不明朗导致回报率不确定，企业特别是上市公司基于成本—效益的核算和对股东的责任，往往不敢轻易涉及。新能源产业虽然涉及国家能源安全，但与国防军工这些自然垄断的行业不同，②终究要走向市场化、商业化的发展路径。中国的可燃冰开发计划一开始就是定位为商业化，按照最初的开发时间表，2008 年到 2020 年完成勘探调研和技术准备，2021年到 2035 年进行海上商业化试采，2036 年到 2050 年开展海上大规模商业化开采。而南海神狐海域的试采结果则将我国的可燃冰商业化开发时间，大大提前到有望在 2030 年前实现。③ 在这种确定的发展目标下，如果自始至终都是由中央政府和地方政府以行政力量去单线推动可燃冰研发，一则不符合前述"多元共治"的主体策略，二则在后期商业化阶段，把可燃冰产业雏形从政府转交到企业市场的过程中，势必会产生大量制度迁移的交易费用，甚至不无出现腐败寻租的可能。

解决的方法在于一开始就引入市场化的力量，鼓励各类型的企业参与到前期可燃冰研发的产业进程中。然而这又回到之前的问题，对于地方政府及官员，中央政府可以用政治纪律、行政力量和声誉——承诺机制约束并引导他们积极参与到可燃冰的前期开发中来。但对于以资产增值和盈利为目的的普通企业，这种策

---

① 对于具有巨大风险且充满不确定性的事业而言，默默无闻本身就是一种贡献。一如那些在情报战线、核工业体系建设默默奉献的无数幕后英雄，没有消息就是最好的消息(No news is good news)。"两弹元勋"的表彰注定只能属于少数奠基者和突出贡献者，但国家应当有一种特别功勋制度去褒奖并铭记更多那些默默无闻的无名英雄。这里的"英雄"当然也包括那些甘冒政治风险去探索深化改革的优秀的基层政治精英。

② 苗建军、武婷：《经济与不经济：国防工业自然垄断的视角》，载《军事经济研究》2007 年第 3 期。

③ 易蓉：《我国可燃冰商业化开采可望在 2030 年前实现》，载《新民晚报》2017 年 5 月19 日，第 A04 版。

略效果就变得至为有限，而且也不符合社会主义市场经济的定位。

（1）信息披露与自愿承诺

强调企业的社会责任是一种办法，结合环境信息会计披露制度的自愿环保项目承诺，在一定程度上能够将企业责任、市场形象和潜在收益较好地结合起来，引导企业参与到可燃冰的前期部分开发工作中来。美国最早推行环境信息会计披露（environmental accounting information exposure），目的在于令企业了解自己的环境行为及其影响，使经营成果核算更加科学、客观，有利于改善企业的内部治理，提升企业社会形象，实现经济效益与环境效益的最佳结合。良好且负责任的企业形象将有助于建立社会公众和投资者对企业的长久信心，同时，企业的利益相关人，包括潜在的投资人、债权人、政府机构等也可进行风险评估，根据过往、现在和未来的现金流量，以及企业经营活动与环保政策法规的一致程度，来评价企业的经济效益及可持续发展能力，了解企业对环境的污染及其环境保护责任的履行情况，在此基础上作出理性的判断和决策。环境会计信息已成为国际资本市场衡量企业持续经营、业绩评价和投资决策过程中不可或缺的重要信息。[1]

而志愿环保承诺项目，则通过报导和披露企业主动参与到大型环保工程和开发项目，并如实公布污染数据 TRI（Toxics Release Inventory）的方式，保障社会公众的环境知情权，结果显示：企业的 TRI 指标越高，记者越有意愿报道这些企业的污染排放。投资者对这种污染信息也更感兴趣，股票持有者在面对污染信息的首次公布的时候会产生负向的、统计上很显著的不正常的回报，这为金融市场对企业改变环保行为的影响提供了可靠依据。企业自愿环保项目承诺的"绿色"行为会形成良好的公众形象。同时，这也成为企业与管理者的一个优势策略博弈，因为这种自愿承诺的环保和减排行为可以避免政府的强制管制，否则后者的惩罚成本可能会更高。[2] 最后但并非最不重要的，这也是企业在同业竞争中确立市场地

---

[1]　早在 1999 年起就有学者呼吁推动环境会计信息披露制度建设，但我国在这方面总体进展缓慢，也没有专门的环境会计准则或相关规定，现行企业会计制度对企业环境信息披露的比例也不高。有限的制度尝试出现在证监会发布的《公开发行证券的公司信息披露内容与格式准则第 1 号——招股说明书》中，仅有两处涉及环保问题。参见孟凡利：《论环境会计信息披露及其相关的理论问题》，载《会计研究》1999 年第 4 期；耿建新、焦若静：《上市公司环境会计信息披露初探》，载《会计研究》2002 年第 1 期；李洪光、孙忠强：《我国环境会计信息披露模式研究》，载《审计与经济研究》2002 年第 6 期。

[2]　黄少安、刘阳荷：《科斯理论与现代环境政策工具》，载《学习与探索》2014 年第 7 期。

位的一个优势博弈策略。随着大众环保意识的加强，国内外很多社区群体近些年开始提倡"有意识的消费主义"(conscious consumerism)，主张有意识地拒斥一些不环保的商品(譬如动物皮草)，选择与支持那些有社会责任感的企业和品牌(比如积极使用环保材料、参与环保公益)。那些积极参与志愿环保承诺项目的企业，往往因良好的企业形象更能赢得消费者青睐，在市场竞争中获得优胜地位。

国家应当考虑进一步完善公司的环境信息会计披露制度，引导企业以多种方式自愿参与到可燃冰的前期开发，将企业参与重大环保工程和新能源开发技术应用的费用投入作为资产类会计要素，在企业融资和股票增发方面给予相应的政策优惠，将企业的社会责任转化为类似于企业商誉这样的无形财产，建立消费者的品牌认同和企业文化认同，这将增强投资者的长期投资信心，有利于企业股价稳定增值。这样，企业参与可燃冰前期开发的成本投入可以在资本市场上获得找补甚至更高的市值回报，从而形成正向的激励循环。

但这种激励方式还是存在局限：(1)从制度建设的角度，环境信息会计披露义务应当是针对所有企业，你很难想象专门为参与可燃冰开发的企业"量身订造"一套环境信息会计披露制度，这涉及立法的普遍性要求。一旦制度指向的是"所有企业"，这对互联网企业或高科技企业或许影响不大，但涉及那些高污染、高排放的传统行业的切身利益，反对的力量将可能异常强大，① 原本是为了节省

---

① 这并非危言耸听，一个适例就是关于中国乳业行业标准的制定。广州市奶业管理办公室负责人王丁棉曾批评："目前中国乳业行业标准是全球最差标准，其标准的制定被少数奶业巨头绑架了"，因为"2010 年以前，我国生乳收购标准是每毫升细菌总数不超过 50 万个，蛋白质含量最低每 100 克含 2.95 克。按照生奶新国标，蛋白质含量由原标准中的每 100 克含 2.95 克下降到了 2.8 克，远低于发达国家 3.0 克以上的标准；而每毫升牛奶中细菌总数的标准，却由原来的 50 万个上升到了 200 万个，比美国、欧盟 10 万个的标准高出 20 倍；目前世界上很多国家和地区的标准都在 20 万个以下"。而内蒙古奶业协会秘书长那达木德则表示："我们的乳业国家标准的确不高，但这都是为了顾及国情。"他辩解道，目前我国奶牛养殖业的实际情况是：小规模散养比例较高，占比超过 70%；100 头以上规模的奶农不到 30%，"如果我国大幅提高奶业的标准，将近 70% 的奶农将不得不倒奶甚至杀奶牛"。而国内唯一的动物食品科学博士点的博士生导师骆承庠则直言："在中国，乳业企业参与起草标准的事情早已发生过。根据伊利的公告，仅 2007 年伊利就参与制定了生乳以及乳制品等 14 项产品标准和卫生标准，参与起草完成了《乳粉》《生鲜牛乳收购标准》《干酪》等 7 项国家标准。另一个参与《乳粉》标准起草的企业则是三鹿。"遗憾的是，10 年过去，中国的乳业标准仍然执行的是 2010 年《GB19301—2010—食品安全国家标准生乳》，没有任何改变。参见刘静、王力纬：《一杯牛奶背后的暗战：劣奶是如何驱逐良奶的》，载《外滩画报》2011 年 7 月 22 日，第 2 版；里雨曦、郭怡伶：《乳业标准，能不能再高一点?》，载《财经国家周刊》2021 年 3 月 16 日，第 1 版。

交易费用设置的激励措施，结果却可能因反对者众而增加了谈判成本、代理成本与合法化成本。① （2）结合环境信息会计披露制度的自愿环保项目承诺，能够通过金融市场推动企业改变环保行为的前提在于，国外投资市场是以风险投资基金或投资银行为主体的机构投资者，机构投资者更倾向于以长期持有为操作风格的价值投资，重视量化策略和企业信息披露，所以该制度能有效影响相关机构的投资决策。而现阶段国内投资市场仍然是以普通散户、实力大户和私募为主体的个体投资者，个体投资者更偏好基于政策利好和事件驱动的短期炒作，环境信息会计披露制度与自愿环保项目承诺不足以影响他们的投资行为。因此，要建立可燃冰研发的长效机制，政府主导的新能源科技财税投入模式必须发挥作用。政府通过对新能源科研项目的财税支持，吸引更多的企业参与到这些技术创新项目中来，实现技术创新的社会效果与经济效益。

（2）财税激励

运用积极的财税激励促进技术创新，推动社会主体多元共治，是前述以"庇古税"消除外部性的制度经济学策略在政策法律领域的具体实现。但庇古的经济学理论受到剑桥学派"只有渐进没有突变"的均衡价格论影响，赞颂自由竞争，主张自由放任，倾向于认为资本主义制度可以通过市场力量的自发调节实现商品和生产要素的供求均衡和充分就业的均衡，于国家对经济的调控能力持怀疑态度。这导致"庇古税"的方案始终是以消除"外部不经济"为目标。而自罗斯福新政以来，主要资本主义国家受到凯恩斯主义和社会主义"以社会进步创造走出经济危机的条件"影响，开始强调政府对经济的干预，② 不再满足于消除"负外部性"的经济发展障碍，积极运用更灵活的财税政策，着重思考增加正外部经济效应（Positive Externalities）的制度创新安排。而社会主义国家强调建立于整体主义基础之上全民利益的一致性，中央政府可以更积极有为的姿态，运用税收减免、财政补贴、减税降费、政府采购以及风险投资等多种财税激励政策，支持企业

① 黄新华：《政治过程、交易成本与治理机制——政策制定过程的交易成本分析理论》，载《厦门大学学报（哲学社会科学版）》2012年第1期。
② ［美］桑斯坦：《罗斯福宪法：第二权利法案的历史与未来》，毕竞悦、高瞰译，中国政法大学出版社2016年版，第7页。

"技术自立"实现跨越式发展，参与国际竞争①和推动全球行业技术标准建立②。这种基于体制优势产生的制度自信，叠加新能源作为超级赛道拥有的无限想象空间和强劲广阔的国内市场需求，是我国多头押注包括页岩气开发、③可燃冰试采在内新能源技术突破的底气所在。届时，只要掌握一个赛道的核心技术，率先确立了新能源的行业技术标准与知识产权协议，加上"中国智造"强大的全产业覆盖能力，就足以彻底保证国家能源安全与独立，并在国际能源市场上碾压一切竞争对手。

政治家要考虑社会效应和长远影响，而企业家更多关注经济利润和市场规模。积极的财税激励就是从利益驱动、风险分配以及资金支持这三个方面，分别作用于新能源产业升级与可燃冰开发企业的技术创新和市场能动性。从利益驱动角度考量，财税激励能够用价格讯息清晰传递政府意志，引导产业聚焦。当海量资金和人力物力资源倾斜在可燃冰研发领域，并形成了规模效益，就能有效降低新能源产业的生产成本，促进合理分工，增加企业的预期收益。与此同时，由于政府参与和资金投入，使得原本由企业独自承担的研发成本和市场风险，转变为双方之间合理分摊，减少了企业多方面的交易费用。例如，站在企业家的角度，会认为政府拥有企业难以企及的智识信息优势和风险管理能力，对某个创新领域实施政策优惠和资金投入之前，应当基于科学的财政预算程序，进行过慎重的风险研判和市场远景筹划，这等于间接为企业承担了发现潜在市场和重要交易机会的信息费用，减少了企业参与产业投资的风险（Risk）与不确定性（Ambiguity）。④这也是"做企业要看新闻联播"或"炒股要听党的话"的一个信息经济学上的解释。

第一，可燃冰财政专项基金。

①　参见郑戈：《重新理解经济发展与自由贸易——以中国稀土工业为例》，载宋磊等：《超越陷阱：从中美贸易摩擦说起》，当代世界出版社 2020 年版，第 271~289 页。

②　参见路风：《走向自主创新：寻求中国力量的源泉》，中国人民大学出版社 2019 年版，第 19~68 页。

③　参见刘超：《页岩气开发法律问题研究》，法律出版社 2019 年版，第 142~176 页。

④　奈特区分了"风险"和"不确定性"，前者是"可度量的不确定性"，通过事先的计算或根据过去的事实进行统计结果分配，风险是总体可知的；而不确定性"专指不可度量的不确定性"，无法预测其发生的概率。驾驶行为难免具有风险，行人突然闯进车行道导致的交通事故则是不确定性造成的"意外事件"，民商法和刑法对此进行了不同的责任分配。参见［美］弗兰克·H.奈特：《风险、不确定性与利润》，安佳译，商务印书馆 2006 年版，第 172~174 页。

可燃冰财政专项基金是经国务院批准设立，通过拨款资助、贷款贴息和资本金投入等方式用于支持和引导企业进行可燃冰研发技术创新的政府专项基金，目的在于促进可燃冰前沿领域的科技成果转化，培育一批具有产业攻关能力的科技型企业，加快可燃冰新能源技术产业化进程。可燃冰财政专项基金不同于财政直接补贴，它有严格的管理要求，需要在基金设立之前就必须明确资金的数量、专项用途、对象资质、支付方式、补贴方式和成果验收方式。事实上，我国已经建立了类似的财政基金计划，如2014年的《国务院印发关于深化中央财政科技计划（专项、基金等）管理改革方案的通知》（国发〔2014〕64号），就明确认定"科技计划（专项、基金等）是政府支持科技创新活动的重要方式"，要转变政府科技管理职能、聚焦国家重大战略任务、促进科技与经济深度融合、明晰政府与市场的关系，"政府重点支持市场不能有效配置资源的基础前沿、社会公益、重大共性关键技术研究等公共科技活动，积极营造激励创新的环境，解决好'越位'和'缺位'问题。发挥好市场配置技术创新资源的决定性作用和企业技术创新主体作用，突出成果导向，以税收优惠、政府采购等普惠性政策和引导性为主的方式支持企业技术创新和科技成果转化活动"。为此设置了国家自然科学基金、国家科技重大专项、国家重点研发计划、技术创新引导专项（基金）、基地和人才专项以及支持某一产业或领域发展的专项资金。研究表明，政府行为能够有效弥补绿色技术创新在市场经济体制下存在的天然不足，环境规制与政府研发资助均对绿色技术创新有显著正向影响，政府研发资助影响效应更大，两者互补耦合更有利于促进绿色技术创新。[①]

现在的问题是，此类财政专项基金往往构成单一，主要来自中央政府或地方政府的财政投入和税收优惠。这就导致适格的申请主体极为有限，更多来自高校和科研院所及其下属企业，要么就是少数央企和国企才有可能申请。这里面固然有"市场不能有效配置资源"的经济动因，也有出于国家安全和技术保密的政治考虑。但正如我们前面区分了自然垄断的基础产业和终究要走向市场化、商业化的培育产业，对于后者，企业抱持的是一种犹疑的态度：基于自身实力、投入产出比、人力资源储备、市场前景和回报周期的风险预判，企业往往无力或不愿独

① 参见郭捷、杨立成：《环境规制、政府研发资助对绿色技术创新的影响——基于中国内地省级层面数据的实证分析》，载《科技进步与对策》2020年第10期。

自承担巨额的资金投入；但技术创新可能带来的广阔市场前景，又令他们不愿放弃这块极富想象空间的前沿探索领域，希望用一种更迂回安全的方式参与其中。然而，正如我们在导论部分阐释的那样，建构主义法理学的力量，就在于能够动员无数的人就"尚未实在的存在"进行共同想象，让事物或秩序存在于主体之间（inter-subjetivity）。因此，可燃冰财政专项基金虽然是由国务院批准设立，政府占据了绝对支配地位，但不必因此忽视甚或无视民间资本的参与意愿，嫌弃其资金规模或鄙夷其盈利动机。吸引民间资本和市场力量参与到可燃冰财政专项基金的共同设置，让企业间接地参与到可燃冰开发的根本法事业中，对于可燃冰所代表的清洁能源从观念到绿色创新技术的全民普及将起到巨大促进作用。

具体而言，可以考虑两种财政专项基金的安排策略：首先，对于国家自然科学基金、国家科技重大专项、国家重点研发计划、基地和人才专项这部分不适宜交易的长期资金投入，可以根据企业参与的比例，转化为未来"有关标准的知识产权"之剩余索取权。可燃冰的产业化或商业化愿景，不在于就某个技术应用领域形成了突破创新，重要的是要把我们的技术创新推广形成一套具有普遍性的标准（Criteria），让以后其他国家企业进入到可燃冰应用领域，就必须遵照并执行我们的标准。这就必须通过法律参与并最终领导全球治理，像《与贸易有关的知识产权协定》（TRIPS）一样，推动制定《与（可燃冰）技术有关的知识产权协定》。一旦形成了知识产权保护，前期参与设置可燃冰财政专项基金的企业就可以按投资比例，长期收取知识产权许可使用费用。当然，这些企业也可以考虑，将自己所占比例的知识产权收益权转让给其他适格主体，并因此享受带来的投资收益，而政府享有同等条件下的优先赎买权。

其次，类似可燃冰这样的前沿基础领域，除了资金成本还要考虑时间成本。政府利益与国家长治久安具有同构性，不太在意时间成本；但企业可能面临市场环境变化和经营风险导致的资金压力，除了注重投资的绝对收益，更要考虑变现周期和周转便捷性。是以，从多元共治吸引社会资本参与的角度，对于涉及技术创新引导专项（基金）、支持某一产业或领域发展的专项资金这类适宜交易流通的可燃冰财政专项基金，可以考虑设置"有限制的进入/退出机制"。为了避免短期行为，可燃冰财政专项基金当然不允许像证券交易市场上的自由基金一样搞T+1的频繁申购与赎回，交易频率越高制度费用就越高，这不符合我们降低可燃冰开发交易费用的制度初衷。但又要考虑到部分企业资金变现退出的现实需求，以及其他企业投资进入的愿望。或许以五年为期设定企业进入/退出的周期会比较合理，这与宪法对全国人民代表大会和国务院的每届任期相同。参与投资设置可燃冰财政专项基金的企业，届满五年之后，允许其自愿决定继续持有或者以市场交易的方式退出相关基金份额。这种制度安排的好处是，如果可燃冰研发进展顺利，市场前景越明朗，企业所持有的基金份额必然会增值，让前期参与风险投资的企业获得稳定的投资回报，这本身就是负责任的政府应当履行的公共服务职责；与此同时，后进入的企业出于对可燃冰开发前景的看好，愿意以更高的资金溢价参与到可燃冰财政专项基金中，增加了政府税收，扩大了基金规模，使得国家能够调配更多的资源推进可燃冰研发的技术创新进程。技术创新愈进步，可燃冰开发成本愈低，市场前景将愈加广阔，后进入的资金也将获得更高的投资增值，并吸引更多社会资本进入可燃冰可发领域，形成正反馈的财富效应和社会效应。

第二，其他财税策略。

在天然气、页岩气等方面行之有效的其他财税策略同样也可以运用到可燃冰开发的政策过程中。譬如，借鉴经济学上的"搭配销售"技巧，① 由国家政策性银行对可燃冰开发企业所参与的新能源项目提供低息贷款时，对该企业参与的其他商业开发项目也按一定比例配套低息贷款优惠，降低企业的资金成本。同时还可考虑由可燃冰矿藏所在地的政府，出于扶持本地企业发展的需要，以政府信用为担保，使得企业获得相应的专用贷款额度参与可燃冰开发或周边服务提供。政府信用担保归根结底是以地方政府的财政税收偿还为背书，所以必须对相关企业的资质、资产负债、经营状况、服务素质进行实质审查和过程监督，这也对地方政府的治理能力提出了更高要求。

同时，可燃冰试采不仅需要先进的技术软件，还要依靠过硬的设备硬件。尽

---

① 也叫"捆绑销售"，是指买方在购买某种稀缺商品或业务的同时，被要求必须购买其他商品和业务。这种销售策略历来充满争议，但在经济学上可以获得圆融解释：补偿企业成本、树立品牌形象、筛选能力匹配的消费群体、建立消费者忠诚、避免黄牛囤货……法律领域的著名案例就是微软公司视窗（Windows）操作系统软件搭配销售所引发的（反）垄断争议。Cf. John. E. Thanassoulis, "Competitive Mixed Bundling and Consumer Surplus", *Journal of Economics and Management Strategy* 16, 2007, pp. 68-94.

管我们目前的可燃冰试采主要凭借的是我国自主设计建造的"蓝鲸 1 号"第七代超深水半潜钻井平台和"蛟龙号"载人潜水器，[1] 但仍有必要与其他国家就可燃冰领域展开广泛合作，这涉及各国在可燃冰开发方面的比较优势和分工合作效率问题。于是，购买进口先进钻探、勘察、采集装备必将成为可燃冰开发企业常规化的重大固定资产投入。从减轻企业税费负担的角度，税务部门可以考虑将涉及可燃冰开发的专用设备、仪器等列入税收优惠目录，免征进口关税和消费税。对于与可燃冰开发有关的先进技术或关键装备，则可以考虑免除其进口配额和进口许可证，[2] 降低可燃冰开发企业的交易成本，提高其研发投入的资金效率。

另外，与前述面向地方政府及官员的特别功勋制度相对，为了鼓励社会企业积极参与可燃开发和绿色技术创新，可以为鼓励在可燃冰开发领域，实现重大技术突破的企业或个人设置创新奖励制度。由国家财政统一安排，给予相关主体以经济和名誉上的嘉奖。除此之外，根据《企业所得税法》(2018) 第 30 条第 1 项，《企业所得税法实施条例》第 95 条对"加计扣除"的规定和解释，可燃冰开发过程中涉及"开发新技术、新产品、新工艺发生的研究开发费用"可以享受 50% 加计扣除税收优惠。把前期研发成本在计税时予以加计扣除，将进一步降低可燃冰开发企业探索绿色技术创新的信息费用，形成正向行动激励。因为企业研发投入越多，享受的减税优惠也就越多，在减少企业的税费负担之余，还能获得绿色创新的社会声誉。这还同时促成了可燃冰开发企业之间的良性竞争和优胜劣汰——越是在研发上舍得投入，实现绿色技术突破的概率就越大，在新能源行业中的名望将越高，转化为无形资产的可能性会越大。这意味着企业还有可能享受按照无形资产成本的 150% 摊销的加计扣除，于是作出实质技术创新贡献的企业会拥有更多可供调配的资金，进一步整合人力物力资源，加大研发投入，获得更大技术突破。从这个角度而言，那"凡有的，还要加倍给他，叫他多余；没有的，连他所

---

[1] 肖寒：《劈波斩浪的"大国重器"》，载《走向世界》2019 年第 1 期。

[2] 中国为了兑现加入世贸组织时的承诺，从 2004 年起，就逐步取消了多个领域原需进口配额、进口许可证和进口招标商品的限制。目前有限的一些进口配额许可证主要是集中在消耗臭氧层物质、造纸设备、电力电气设备、食品加工及包装设备、农业机械和印刷机械上。但也有一些化工设备、金属冶炼设备、工程机械、起重运输设备属于进口配额和进口许可证管制，但又可能是可燃冰试采开发所急需的。我们建议这部分可以考虑免除其进口配额和进口许可证。关于最新的进口许可证管理货物类型，可参见商务部、海关总署：《进口许可证管理货物目录(2020 年)》(公告 2019 年第 65 号)。

有的，也要夺去"的马太效应，不仅仅在人群之间，在企业、组织、国家之间也同样有效。中国在争夺可燃冰新能源高地的文明较量中，要做那"凡有的"，就必须灵活运用政策的、法律的、经济的、科技的多项斗争技艺，为"中华民族"这一文明共同体的能源安全筑基。

第四章　海底可燃冰开发环境风险监管的法理与制度

可燃冰是一种潜在的新型可替代能源和未来低碳社会的理想能源，但其勘查开发过程却可能引致远超传统油气资源开发的地质灾害、温室效应和生态破坏等生态环境风险。只有有效预防控制勘探开发过程中伴生的生态环境风险，才能保障和促进可燃冰产业的健康迅速发展，真正实现可燃冰开发在我国能源供给革命中的预期目标和重要功能。我国现行的生态环境保护法律法规体系规定了我国当前的生态环境监管体制，可燃冰勘探开发的生态环境风险也需要纳入我国现行的生态环境监管体制中予以系统审视和规制。我国当前正系统推进生态环境监管体制改革，梳理我国生态环境监管体制改革的预期针对的问题与制度变革的重点，系统审视我国生态环境监管体制的现状与绩效，进而有针对性地提出完善建议，是有效规制可燃冰开发生态环境风险的前提。

我国当前的生态环境监管体制存在职能分散交叉、多头管理等体制性内生困境，这导致我国生态环境监管效能不高，这一体制性障碍可以进一步归因于形成生态环境监管体制的法律规范的体系化疏失：一方面，生态环境监管主体职责边界模糊的缺陷与相关法律表述模糊不清、表达不规范紧密相关；另一方面，在生态环境领域以要素为依据的分散式立法体系化程度不高的语境下，监管体制法律规范之间多有冲突、协调性不足，难以协同服务于监管制度的有效实施。因此，完善我国生态环境监管体制可以其法律规范的体系化为出发点和落脚点，包括从形式层面完善法律条款的立法表述以及从内容层面实现法律制度体系化这两个维度展开，促进立法内部不同监管主体之间沟通协调机制的形成，实现生态环境监管体制的系统化、综合化。

我国既有的环境保护、矿产资源法律体系通过扩大解释与拓展适用，可以规制可燃冰开发中的生态环境风险，但存在专门法律规范的缺失、环境要素保护的路径偏离、矿产资源法律规定环境义务的价值失衡等内生困境。预期发挥可燃冰在未来保障我国能源安全的重要功能，必须在大规模商业开发前有针对性地构建与完善海底可燃冰开发环境风险规制法律体系，包括针对海底可燃冰开发环境治理特殊性进行的专门立法，以及具体解释与针对适用既有的环境保护法律制度这两种类型，后者具体包括体系化厘清可燃冰的权属制度、层次化适用环境影响评价制度和针对性适用环境公众参与制度等。

第一节　我国生态环境监管规范体系化之疏失与完善

生态环境监督管理制度以生态环境法律体系为依据。适用于海底可燃冰开发过程中环境风险规制的监督管理制度，是我国生态环境监督管理制度体系在海底可燃冰开发领域的具体适用。因此，要梳理与检视我国的海底可燃冰监督管理法律制度，必须从我国生态环境监督管理法律制度体系切入，而我国的生态环境监督管理法律制度由《环境保护法》及其他单行生态环境法律法规立法规定。因此，本节内容将从规范体系性角度梳理并审视我国生态环境监督管理制度。

生态环境监管是行政机关代表国家履行生态环境保护职能的主要手段。环境法律关系中的"监管主体"以环境行政机关为主，包括各级人民政府及相关职能部门。① 近些年来，我国生态环境领域立法愈发活跃，环境保护法律修订频繁、数量庞大，一方面折射了社会经济迅猛发展之时生态环境问题的严峻性以及国家对治理环境问题的重视，另一方面，生态环境法律实施的有限绩效逐渐暴露了立法"繁荣"背后"零碎无序"的问题，这种现状反映在生态环境监管体制中，表现

---

① 《宪法》第 105 条规定："地方各级人民政府是地方各级国家权力机关的执行机关，是地方各级国家行政机关。地方各级人民政府实行省长、市长、县长、区长、乡长、镇长负责制。"《行政诉讼法》第 25 条第 4 款规定："人民检察院在履行职责中发现生态环境和资源保护、食品药品安全、国有财产保护、国有土地使用权出让等领域负有监督管理职责的行政机关违法行使职权或者不作为，致使国家利益或者社会公共利益受到侵害的，应当向行政机关提出检察建议，督促其依法履行职责。行政机关不依法履行职责的，人民检察院依法向人民法院提起诉讼。"根据前述法律规范，"行政机关"包括各级人民政府及其相关职能部门两大类。参见秦鹏、何建祥：《检察环境行政公益诉讼受案范围的实证分析》，载《浙江工商大学学报》2018 年第 4 期。

为体制规范上的冲突、不协调以及职能上的交叉重叠、边界模糊等问题。党的十九届四中全会明确提出，"坚持和完善中国特色社会主义行政体制，构建职责明确、依法行政的政府治理体系"。党的十九届五中全会《中共中央关于制定国民经济和社会发展第十四个五年规划和二〇三五年远景目标的建议》在全面深化改革"加快转变政府职能"部分，也进一步提出"建设职责明确、依法行政的政府治理体系"。生态环境监管体制法律规范的体系化，有助于构建科学合理的生态环境监管体制，提升生态环境监管效率和生态环境法律实施的社会效果。

一、体系性视角下我国生态环境监管体制的困境

体制是制度运行的基础和保障，生态环境监管主要是指行政机关管控对生态环境产生不利影响的行为与事项，实现对生态环境的治理，解决生态环境问题，改善生态环境质量。因此，生态环境监管体制既要契合生态环境的整体性以及环境要素的关联性等自然特征，也需要在具体监管制度设计时有效因应具有区域性和跨域性、动态性和复合性、不确定性和复杂性的生态环境问题。

2018年国务院机构改革之前，我国环境行政管理职能分散在与生态环境保护相关的环境保护部、国家发展和改革委员会、国土资源部、交通运输部、农业部、林业局、住房和城乡建设部、海洋局、水利部、气象局、统计局、商务部等十余个部委中，如此精细的分工模式虽然符合现代化管理的特征和趋势，但其体制弊端同样十分明显：第一，人为分割的监管机构、过于分散的事权配置与生态环境不可分割的自然属性之间不相适应；第二，体制内职能越分散、监管主体越多元，越不利于责任主体的确定与各自职责的分别履行，影响监管效能。

2018年3月17日第十三届全国人民代表大会第一次会议通过《关于国务院机构改革方案的决定》。根据国务院机构改革方案，生态环境部统一履行生态保护和环境污染防治职责，自然资源部统一履行资源保护和开发利用监督以及国土空间用途管制职责，在一定程度上解决了我国长期以来在环境监管方面条块分割过细的体制性障碍。目前，由国家发展和改革委员会、农业农村部、住房和城乡建设部、水利部等部门与生态环境部、自然资源部共同承担广义上的生态环境监管职能。总体而言，尽管2018年国务院机构改革的"三定方案"明确了国家机构的各自职能配置、内设机构和人员编制，推进了行政监管体制改革的法治化，但仍无法彻底矫正事权

配置中以职能部门为本位、以部门利益为导向的特点，使得承担生态环境监管职责的有关职能部门之间的关系难以清晰厘清、部门之间分工以及协调机制未能得到落实。并且，"三定方案"毕竟不是法律，对于推进职能、权限、责任法定化的作用有限，欲最大限度地减少监管实践中职能交叉、多头监管的现象，还应当尽快以法律规范的形式落实行政法治对于监管体制的要求。① 因此，从单一生态环境监管职能部门视角出发，其各自承担的监管职责相对明晰，但若从体系化视角审视，却依然存在内生性体制困境。故此，审视我国当前生态环境监管体制的困境、省思监管体制弊端的制度成因，是进一步探究完善对策的前提。

二、生态环境监管体制的立法表达缺陷

生态环境监管体制本质上关涉生态环境监管机构的结构设置、职责划分及其运行方式。生态环境监管机构的职责划分与权力分配是生态环境监管体制的核心。生态环境监管权力的取得有两种方式，一是法律直接赋予政府及其职能部门生态环境监管权力，二是政府及其职能部门通过行政授权的方式赋予下级政府及其职能部门相关的生态环境监管权力，从权力法定的层面分析，监管权的取得本质上仍是通过法律赋予。② 因此，现行生态环境法律体系的相关规定是我国当前生态环境监管体制的内涵与构造的法律依据，对我国生态环境监管体制的分析必须以现行法律体系的规定为对象。我国现行生态环境法律体系的相关规定构成了生态环境监管体制的基本法律规范体系，《环境保护法》和环境单行法中"监督管理"一章的法律规范确立了我国生态环境监管体制的制度体系，因此，需要从规范层面梳理并检视其对环境监管体制的法律表达。

(一)环境保护单行法之间立法表述不统一

在我国没有统一环境法典的法制背景下，环境保护单行法的频繁修改导致相关制度在立法表述上不同步、不协调甚至相互抵牾。多部单行法中规定的环境监管体制在规范表述上具有多样性，"各自表达"使得法律规范之间缺乏衔接、难

① 马怀德、孔祥稳：《中国行政法治四十年：成就、经验与展望》，载《法学》2018年第9期。

② 张忠民、冀鹏飞：《论生态环境监管体制改革的事权配置逻辑》，载《南京工业大学学报(社会科学版)》2020年第6期。

成体系，分散规定于不同环境法律子系统之间的生态环境监管法律规范因此呈现出碎片化状态。梳理有关规定，主要可以归纳为以下三类表述形式。

1."生态环境主管部门对……实施统一监督管理"

采用此种表述方式的法律规范包括《环境保护法》第10条、《环境噪声污染防治法》第6条、《大气污染防治法》第5条、《土壤污染防治法》第7条、《水污染防治法》第9条、《固体废物污染环境防治法》第9条、《放射性污染防治法》第8条。其中，由于大气和水的流动性较强、污染的跨区域性显著，《大气污染防治法》和《水污染防治法》在监督管理立法中只规定了"县级以上"地方主管部门的监管职责；基于放射性污染危险性强、专业要求高，《放射性污染防治法》在监管体制上只规定了中央一级"国务院环境保护行政主管部门"的监管职责。其余污染防治单行法则规定了中央和地方（县级以上）分级管理，各级生态环境主管部门统一监管、其他有关部门在各自职责范围内实施监管的监管体制。①

2."……主管部门（统一）负责监督管理工作"

这类立法表述明确规定由监管职能部门"负责"某一环境要素的管理和监督工作，比如，《土地管理法》第5条、《水法》第12条、《海洋环境保护法》第5条、《深海海底区域资源勘探开发法》第5条、《海域使用管理法》第7条以及《海岛保护法》第5条的规定。上述法律规范以"负责"作为监管事务的谓语动词进行表述，主体为对以海洋资源为主的自然资源开发利用和海洋环境保护事项担负责任的行政机关。由于法律的滞后性和稳定性，在国务院机构改革前制定或修改的法律难免在主管部门的表达上各有差异，导致监管主体在解决海洋环境问题面临职能交叉时容易出现缺乏分工合作机制的法律依据的情形。②

3."……主管部门主管……监督管理工作"

包括《水土保持法》第5条、《草原法》第8条、《渔业法》第6条第1款、《森

---

① 由于多部法律于2018年国务院机构改革之前制定、修订或修改，《环境保护法》《水污染防治法》还采用"环境保护主管部门"的表达，《放射性污染防治法》采用"环境保护行政主管部门"的表达。

② 国务院机构改革后，自然资源部对外保留国家海洋局的牌子，负责海洋生态、海洋生态、海域海岸线和海岛修复以及海洋开发利用和保护的监督管理工作；同时，生态环境部设有海洋生态环境司，负责全国海洋生态环境监管工作。二者在解决海洋生态环境问题时存在职能上的交叉，但此时各自的分工及权能界限无法找到法律依据。

林法》第9条第1款、《矿产资源法》第11条、《野生动物保护法》第7条等，主要出现在自然资源立法中。

通过横向对比生态环境领域的监管体制法律规范，以上三种表述形式的差异主要体现在"统一监督管理""负责""主管"这三个相对抽象的近义动词之间，且具体含义缺乏立法界定。从文义解释角度而言，容易造成监管主体在理解和执行上的歧义与偏差，不利于行政机关公正、高效地开展执法及联合执法工作。例如，在生态保护修复的监管工作中，实施统一监管的生态环境主管部门与承担监管主管工作的自然资源主管部门存在职能上的交叉。各自的"三定方案"分别规定前者"指导协调和监督生态保护修复工作"，后者"统一行使生态保护修复职责"。此时，分工、协调机制的缺位和体系化不足的缺陷得以显现，二者在如何履行各自法定职责、既避免冲突又避免监管空白时，难以依据法律确定理想的均衡点。具体到地方政府的相应职能部门，主管部门之间更容易出现推卸责任的情形，单行法规范之间立法表述的不统一将直接影响生态环境监管效率。此外，虽然自然资源保护与环境污染防治在其子系统内部能够保持形式上的相对统一，但从生态环境领域立法的整体上考察，以单一环境要素为保护对象的立法以及以多个监管主体共同承担监管职责的体制设计，折射了监管体制设计缺乏整体性视角的立法理念与制度逻辑，子领域之间互相独立的生态环境监管体制设计，难以充分因应生态环境问题的系统性与关联性。故此，我国生态环境监管体制还未具备形成系统、完整的监管体系的法律规范条件，体系化不足加剧了不同生态环境监管职能部门之间关系不清的矛盾，造成监管职责交叉混乱，影响生态环境监管效能。

(二)生态环境立法中监管体制的相关规定用语模糊

1.《环境保护法》是生态环境领域的基础性法律，但其在监管体制的规定上对单行法的指导作用有限

《环境保护法》第10条规定了生态环境的监管体制，[①] 条文表述中采用了"统

---

① 《环境保护法》第10条规定："国务院环境保护主管部门，对全国环境保护工作实施统一监督管理；县级以上地方人民政府环境保护主管部门，对本行政区域环境保护工作实施统一监督管理。县级以上人民政府有关部门和军队环境保护部门，依照有关法律的规定对资源保护和污染防治等环境保护工作实施监督管理。"

一监督管理""有关部门"等模糊概念,具有较大的不确定性。虽然一定程度的抽象概念符合其作为基础性法律的定位,可以为调整具体环境要素或某一领域事项的单行法的落实提供操作、调整空间,但是其弊端仍然明显:(1)立法用语表述模糊、笼统,为监管执法部门留下了较大的解释空间,利益导向不同的部门会对"统一监督管理"产生不同甚至冲突的理解,导致分管部门容易消极执法、推脱责任,① 而承担"统一监督管理"的部门不论是基于法律的模糊规定还是分管部门的怠于履职,都容易出现超出其职能边界行使权力的违法情形。(2)目前各部门行使监管职权的范围尚不明确,一旦在平级关系的横向部门之间引起对立或形成"领导—隶属"关系,将不利于体制内部的分工配合与沟通协调,还会削弱行政机关监管权力的权威性,影响后续制定并实施更加完善、具体的监管规则。

2. 各单行立法的监管体制规范过于简单、抽象,未能弥补基础法中的不足

前文所梳理的表述形式中,几乎每一部污染防治单行法均重复出现了"统一监督管理"的立法表述,但在生态环境专项立法中对"统一监督管理"进行具体化、针对性立法规定方面尚存在不足。例如在监管特定环境要素的污染防治事务中究竟何为"统一监督管理"?如何"统一监督管理"?此外,《大气污染防治法》《放射性污染防治法》《深海海底区域资源勘探开发法》《海岛保护法》均规定了"有关部门"却没有明确"有关部门"的范围,《环境噪声污染防治法》《土壤污染防治法》《水污染防治法》《水土保持法》《固体废物污染环境防治法》等单行法虽列举了"有关部门",规定其在"各自职责"范围内实施监管,但未明晰"各自职责"的基本内涵,也未对各部门如何各自实施监管规定具体制度措施。这意味着:第一,各部门的职责内容、权限范围还没有得到法律(狭义)明确界定,制约了监督管理机制的体系化构建;第二,尽管各部门制定了"三定方案"、公布了各部门的主要职责,但是部门之间的职能缺乏权限划定,在职能交叉领域彼此之间关系不清,造成责任主体认定困难,不利于问责机制的高效开展以及对于环境行政机关履行法定职责的有效督促。

虽然从立法规律上来看,国家层面的立法大多以原则性规范为主,将明细

---

① 王灿发:《论我国环境管理体制立法存在的问题及其完善途径》,载《政法论坛》2003年第4期;王曦、邓旸:《从"统一监督管理"到"综合协调"——〈中华人民共和国环境保护法〉第7条评析》,载《吉林大学社会科学学报》2011年第6期。

化、针对性强的规定留给法规和地方立法等，但是这与条文表述风格的尽量明确具体、可操作化的要求之间并不冲突。由于环境监管体制规范涉及不同国家机关、多级政府以及横向、纵向体制内部的关系，关乎影响人类生存发展的重大环境问题，中央立法层面应当进行权威的、明确的规定，尽量避免不同职能部门甚至政府之间的推诿扯皮。① 故此，《环境保护法》与生态环境单行法中对生态环境监管体制的相关立法表达均模棱两可，多部生态环境法律规范分散规定的监管体制规范难以形成一个有机统一、分工协作的规范体系。

三、生态环境监管制度协调性上的疏失

前文从形式层面梳理检讨了我国生态环境监管体制法律规范在立法表达上的缺陷，即从立法表达的逻辑规则、语法规则和修辞规则等方面审视与评估立法技术的运用。立法形式承载了立法内容，进一步从立法内容上梳理与审视我国当前的生态环境监管体制立法实属必要。在我国已有多部生态环境单行法并存的法制语境下，本节主要从生态环境监管体制在规范内容的协调性层面切入分析。

(一)法律规范之间的协调不足引致多头监管

1. 法律针对同一要素污染事项规定由多个部门共同监管

例如，《土壤污染防治法》第 7 条第 1 款规定由多个职能部门"在各自职责范围内"承担土壤污染防治监督管理职责。类似规定包括《海洋环境保护法》第 5 条、《水污染防治法》第 9 条第 3 款、《固体废物污染环境防治法》第 9 条第 1 款，等等。以生态环境问题及其治理实践的复杂性、多样化特征为前提，这种"九龙治水"的监管体制安排在当前生态环境保护分散立法的立法模式下是正常的甚至是必然的结果，但是权限与职责划分的缺乏则会导致监管职能过于分散，在相关体制规范尚未形成逻辑周延、相互协调的规范体系的条件下，不同职能部门之间的职能一旦产生重复与冲突则无法律依据进行疏通，无序状态下监管缺位容易滋生，由此导致的问责困难又将进一步减缓环境治理进度。② 因此，生态环境监管

---

① 刘超：《〈长江法〉制定中涉水事权央地划分的法理与制度》，载《政法论丛》2018 年第 6 期。

② 马英娟：《独立、合作与可问责——探寻中国食品安全监管体制改革之路》，载《河北大学学报(哲学社会科学版)》2015 年第 1 期。

体制规范亟待体系化，从而实现"九龙共治"的整合式监管执法局面。

2. 不同单行立法针对同一环境要素规定了不同主管部门

这一类型的多头监管以"水监管"面临的困境最为典型。《水污染防治法》第9
条与《水法》第12条、《水土保持法》第5条、《防洪法》第8条分别规定了水环境
与水资源、水生态、水安全的监管主体。《水污染防治法》规定的监管主体为生
态环境主管部门，《水法》《水土保持法》《防洪法》规定的监管主体为水行政主管
部门。这种分别立法的思路在割裂水资源承载的不同价值的基础上，进一步拆解
了治理"水问题"的职能，水事立法体系忽略了水的自然属性和客观特征。而且，
权能边界的模糊以及法律规范之间协调性和衔接性的缺乏再次将法律依据不足的
解释、执行难题转移给法律实施部门，既是放权也是责任的移转。[①] 这将造成各
部门对其局部利益的追求和公共利益导向的偏离，滋生权力竞争和权力寻租，有
损环境立法体系和执法体系的权威性，表面上反映为生态环境监管的不及时、不
到位，实际上将由全社会共同承担其不利后果。

(二)法律规范的冲突导致主管部门与同级政府之间存在职能交叉

1. 同一部法律文件中的不同法律规范之间存在冲突

《环境保护法》第6条第2款规定"地方各级人民政府应当对本行政区域的环
境质量负责"，明确了各级人民政府的生态环境保护义务；《环境保护法》第10
条则规定环境保护主管部门(现为生态环境主管部门)对生态环境保护工作实施
统一监督管理。然而，制定环境质量标准和污染排放标准作为环境监管的手段之
一，由《环境保护法》第15条、第16条授权省级人民政府对国家环境标准未作规
定的项目制定环境质量标准和污染物排放标准，与第10条规定的内容存在矛
盾。[②] 对于这一矛盾，若从《环境保护法》立法没有准确区分政府与具体职能部门
的职责、具体工作内容的承担属于政府内部事务的角度进行阐释，则无法以同样
理由解释第24条、第44条等条款在环境监管职责的规定中对具体职能部门和所
属人民政府进行的区分。

---

①　冉冉：《如何理解环境治理的"地方分权"悖论：一个推诿政治的理论视角》，载《经济
社会体制比较》2019年第4期。

②　钭晓东：《论环境监管体制桎梏的破除及其改良路径——〈环境保护法〉修改中的环境
监管体制命题探讨》，载《甘肃政法学院学报》2010年第2期。

类似冲突也存在于单行法中。《土壤污染防治法》第6条、《固体废物污染环境防治法》第8条规定，由各级政府组织、协调、督促有关部门依法履行监督管理职责，同时在相关条款中规定"由生态环境主管部门对本行政区域污染防治工作实施统一监督管理，相关主管部门在各自职责范围内实施监督管理"。部分单行法明确规定政府在多个职能部门履行环境监管职责时应当起到组织、协调、督促作用，而且要求区分不同职能部门之间的统管部门与有关部门。显然，遵循此种逻辑进行推论的同时，还要尊重横向职能部门之间没有层级关系的客观事实，当生态环境主管部门与其他相关职能部门同时受到所隶属政府的领导与命令时，明确规定统一监管部门并区别于其他相关分管部门的规范意义何在？如何理解立法期待统管部门在生态环境监管中发挥不与政府角色重合的作用呢？

2. 不同法律文件规定的监管职能存在冲突

与上述规定由政府负责组织、协调职能的单行法不同，现行《海洋环境保护法》第5条第1款和《防洪法》第8条第3款明确界定了主管部门"统一监督管理"的含义，理解为"指导、协调和监督"或"组织、协调、监督、指导"。这使得本具有上下级关系的生态环境监管主管部门与同级政府之间存在职能配置上的交叉，不利于监管权力结构的合理配置与监管职能的高效发挥。

实际上，主管部门与地方政府之间的职能交叉与冲突具有较大的体制弊端。从立法层面审视，大多数单行立法在总则一章中均规定了政府保护生态环境的全面、综合性义务。① 在强调主管部门与地方政府之间的隶属关系的同时，各单行法却未对政府与相关主管部门之间在生态环境监管工作中的权力配置与界限予以明确规定，只是将这一原则性规定置于其立法服务对象中予以重复，使得主管部门在生态环境监管的实施中处于相对被动的地位。实际上，生态环境主管部门作

---

① 《森林法》第5条规定："各级人民政府应当保障森林生态保护修复的投入，促进林业发展。"《水法》第8条第2款规定："各级人民政府应当采取措施，加强对节约用水的管理，建立节约用水技术开发推广体系，培育和发展节约用水产业。"《固体废物污染环境防治法》第7条第1款规定："地方各级人民政府对本行政区域固体废物污染环境防治负责。"《水污染防治法》第4条第2款规定："地方各级人民政府对本行政区域的水环境质量负责，应当及时采取措施防治水污染。"《土壤污染防治》第5条第1款规定："地方各级人民政府应当对本行政区域土壤污染防治和安全利用负责。"《大气污染防治法》第3条第2款规定："地方各级人民政府应当对本行政区域的大气环境质量负责，制定规划，采取措施，控制或者逐步削减大气污染物的排放量，使大气环境质量达到规定标准并逐步改善。"

为环境监管的统管部门和环境质量责任的责任承担主体享有的惩处决定权力和能够采取的行政强制措施十分有限，加之分管部门在监管职权行使中承担的有限责任，导致监管主体之间的权责配置不合理、不科学。①

此外，在履行生态环境监管职责过程中，单行法规定的主管部门负责中央或上级部门制定的监管方案、专项计划的落实与执行，② 由于业务的同质性，上下级主管部门之间更多地体现为指导与被指导的关系，而职能部门的人事安排、财政预算等"重要事宜"均直接受到地方政府的控制。在追求复合性目标体系的过程中，"地方人民代表大会、司法体系等横向问责机制的不健全以及纵向问责机制的有限性进一步扩大了地方政府的自主行为空间，以财政收益最大化为行为支配逻辑"。③ 如果面临生态环境保护与经济发展的利益冲突，地方政府往往会选择优先回应地方经济发展的诉求，生态环境监管主管部门因而与以经济发展为主要甚至唯一目的的传统职能部门之间不可避免地形成利益冲突关系，且处于相对劣势地位。另外，地方政府还在生态环境监管规则制定方面具有更多话语权，生态环境监管主管部门不得违背本地政府的意志变通制定或执行相关法律与政策。

因此，监管体制规范之间互相矛盾冲突导致体制存在明显弊端：主管部门在监管职能的行使过程中主要受到地方政府的领导与制约，但二者在现行立法规范下的职能交叉以及权限边界划定不清，不利于环境监管主管部门充分发挥专业监管力量。

(三) 配套制度难以实现协同提高环境监管效率的功能

《环境保护法》以及单行法规定的生态环境监管制度除了前述梳理的直接规定之外，还镶嵌在一系列配套制度构成的规则体系中，综合定义了生态环境监管制度的全貌。但是，现行环境立法中规定的监管体制配套制度掣肘了其在生态环境监管中的制度功能。《环境保护法》第10条第1款规定"县级以上地方人民政府环境保护主管部门，对本行政区域环境保护工作实施统一监督管理"，除了《大

---

① 巩固：《政府激励视角下的〈环境保护法〉修改》，载《法学》2013年第1期。

② 郑石明：《改革开放40年来中国生态环境监管体制改革回顾与展望》，载《社会科学研究》2018年第6期。

③ 郁建兴、高翔：《地方发展型政府的行为逻辑及制度基础》，载《中国社会科学》2012年第5期。

气污染防治法》《水污染防治法》外，其他污染防治单行法以及自然资源、生态保护类单行法均确立了这种属地监管模式。这意味着，在环境监管的具体实施中，地方政府往往拥有绝对权威，彼此之间难免在跨区域性、流域性环境问题上由于"环境质量地方政府负责制"的规定存在冲突，《环境保护法》第 20 条规定了原则性的协调机制而缺乏具体规则和问责机制，使得政府很少能自觉地主动进行内部分工并厘清其与上级、同级政府之间的外部关系，"联合防治协调机制"难以得到有效落实。①　其中，环境监管主体之间协调机制的形成因问责制度的不健全带来了一定阻力，主要表现为：

1. 上下级政府之间在生态环境监管中的事权配置不清

基于"中央—地方"的环境治理体系设计、《环境保护法》第 6 条第 2 款关于地方政府对环境质量负总责的笼统规定以及环境监管立法执法事权划分的缺位，上级向下级的纵向责任推诿逐渐成为普遍现象，同时又因地方政府如何承担责任等具体规则的缺失为其机会主义行为留下了法律漏洞。②

2. 政府的考核评价制度缺乏具体落实条件

即使《环境保护法》第 26 条、《森林法》第 4 条、《循环经济促进法》第 14 条、《节约能源法》第 6 条、《土壤污染防治法》第 5 条、《水污染防治法》第 6 条等都规定了考核评价制度，实现了"经济绩效考核向综合绩效考核的转变"，但考核指标未在配套规范性文件中得到量化，目标责任制和政绩考核的制度改革暂时停留在"政策宣示"层面。③　由此，上级政府对下级政府没有建立明确的考核体系目标以进行督促和激励，地方政府因而怠于对承担生态环境监管职责的相关职能部门进行职能整合与合理分工，无法填补前述法律漏洞。

3. 监管主体行政责任条款缺乏规范性和有效性

《环境保护法》第 67 条、第 68 条规定了各级人民政府及其环境保护主管部门、其他负有环境保护监督管理职责的部门，以及这些行政机关的工作人员的环

---

①　曾娜：《从协调到协同：区域环境治理联合防治协调机制的实践路径》，载《西部法学评论》2020 年第 2 期。

②　陈海嵩：《中国环境法治的体制性障碍及治理路径——基于中央环保督察的分析》，载《法律科学》2019 年第 4 期。

③　王树义、蔡文灿：《论我国环境治理的权力结构》，载《法制与社会发展》2016 年第 3 期。

境行政法律责任制度，但并未对先前通过义务性规范或禁止性规范设定的监管主体的行为模式规定相应法律后果。虽然《环境保护法》第 68 条以"其他违法行为"兜底，但违反义务性规范并不一定能达到违法程度，而且"违法"还需要"法律法规的明确规定"，导致惩处力度整体上偏轻。《水污染防治法》第 69 条，《大气污染防治法》第 64 条、第 65 条，《森林法》第 41 条、第 46 条也规定了生态环境监管者的法律责任，多以"违法""滥用职权""玩忽职守"等概括性的宽泛表达为责任成立的基础，而行为后果则采取了"给予行政处分"的格式化规定，因没有明确具体的责任条款而容易流于形式。①

因此，原则性条款缺乏具体机制、"框架性"的考核评价制度以及监管主体的行政责任难以有效衔接其法定义务，共同导致环境监管体制规范对具体职能部门及工作人员有效落实监管职责的激励或约束功能不足。由于相关制度完善和创新的形式意义多于实质意义，以地方人民政府作为主要连接点的生态环境监管体制，整体呈现出缺乏联系、动力不足、效率不佳的现状。

四、以法律规范体系化破解生态环境监管体制困境

我国目前虽然形成了以《宪法》为依据、以《环境保护法》为基础、以各项生态环境单行法为主体的环境法律系统，但数量庞大的生态环境立法却在法律规范的形式和内容上协调性不足，具体到生态环境监管体制领域，法律规范的体系化不足成为体制内生困境的主要成因。环境法律规范的体系化应当以整体性为原则，实现法律规范之间的相互联系与内容自洽，促进监管体制协调一致。② 因此，法律规范"体系化"的重要特征在于制度逻辑清晰、规范之间彼此配合，协同达到立法目的。具体而言，可以从以下几个方面推进生态环境监管体制规范的体系化：第一，生态环境监管体制规范作为生态环境立法的构成前提和外在形式，可以通过生态环境领域立法的体系化实现体制规范之间的协调；第二，从立法表述上实现生态环境监管体制规范的可操作性与衔接性；第三，通过完善协调机制所需配套制度完善生态环境监管体制规范体系。

---

① 刘志坚：《环境监管行政责任实现不能及其成因分析》，载《政法论丛》2013 年第 5 期。
② 朱炳成：《形式理性关照下我国环境法典的结构设计》，载《甘肃社会科学》2020 年第 1 期。

（一）从生态环境法律体系化角度为监管体制规范的协调性提供立法基础

我国当前的生态环境法律体系由多部单行法构成。《环境保护法》规定了国家的环境政策目标、基本原则、基本制度等内容，属于综合性、基础性立法，是我国学理意义上的环境基本法，区别于针对特定环境资源要素的保护或特定污染防治对象进行专门立法的单行法。[1] 然而，《环境保护法》的制定、修改由全国人大常委会通过，并非《立法法》规定的基本法律。而且从法律规范的内容上来考察，《环境保护法》明确区别了环境污染问题和资源、生态保护问题，并未将生态环境视为有机整体来对待，明显侧重于前者，无法在实质上对零散的环境单行法起到全面统领作用。[2] 同样的，我国生态环境保护单行法的立法遵循还原主义的传统思维，以环境要素的分类保护为主线进行分别立法，忽略了生态环境的系统性以及要素之间的关联性。体现在生态环境监管体制方面，即针对不同要素赋予不同职能部门以监管权力，从而形成了"分业体制"，造成了具体监管制度之间的不协调甚至抵牾。[3] 因此，以系统化视角审视我国现行生态环境领域立法，存在"整体性不强、协调性不够、权威性不足"等问题，[4] 这种立法思路和规制路径下设定的监管主体之间难免出现不协调局面。由于《环境保护法》的尴尬定位，单行法之间在生态环境监管体制规定出现冲突时，也难以得到《环境保护法》的调整，生态环境问题难以得到全面高效的治理。因此，在法律规范体系是型塑生态环境监管体制的法律依据的前提下，当前我国生态环境法律在体系性上的不足是生态环境监管体制存在缺陷的立法成因，相应地，应当从完善生态环境法律体系性角度为优化生态环境监管体制规范的协调性提供立法基础。

1. 我国需要生态环境基本法全面统领单行法

《环境保护法》在修订之初的定位便是"环境领域基础性法律"，在内容上也具有成为基本法的基础。在我国以环境要素为依据进行分散立法的背景下，单行

---

①　吕忠梅主编：《环境法学概要》，法律出版社 2016 年版，第 64 页。

②　王灿发：《论生态文明建设法律保障体系的构建》，载《中国法学》2014 年第 3 期。

③　刘超：《管制、互动与环境污染第三方治理》，载《中国人口·资源与环境》2015 年第 2 期。

④　吕忠梅：《环境法典编纂：实践需求与理论供给》，载《甘肃社会科学》2020 年第 1 期。

法的作用与功能十分有限，基本法应当肩负起建立环境领域法秩序中心点的责任，将环境问题作为一个有机整体并以之为导向进行全面调整立法，[①] 定位为问题导向明确、宏观层面的"政策法"，以《宪法》为立法依据并指导环境单行法的制定和修改。具体而言，生态环境保护基本法应当确立生态环境领域立法的基本原则，厘定一般法律概念，提取基本环境法律制度，建立环境法律基本秩序与保障路径，还应明确政府职责，统领下位法之间的协调与沟通，有效衔接单行法。[②] 此外，应当广义解释"环境问题"，包括环境污染、资源破坏与生态系统失衡等多方面、多领域。以宪法为依据的环境基本法可以考虑直接用宪法概念"生态环境"代替"环境"，体现生态环境作为有机整体的系统性、整体性特征，在环境法律体系内部应当形成"宪法—基本法—单行法"的鲜明立法层次。同时，以环境污染、资源损害和生态破坏为问题导向，兼顾对三者的监管，实现对单行法系统监管体制的全面统领与指导。

2. 建立单行法之间的沟通协调机制

（1）整合针对同一环境要素的立法。以"水"要素为例，多部立法都以解决"水问题"为导向，应当尊重"水"是水资源、水环境、水生态、水安全的唯一客观载体事实，"水问题"难以分别体现，往往伴随共生。在水事立法既没有衔接也不成系统的现状下，有必要将"水"承载的不同价值与功能"集于一身"，将水资源利用、水生态安全保护与水污染防治规范统于一法之中，有效实现对"水问题"的预防、监管与治理。进一步而言，以"水"为例，通过立法实现对同一环境要素的整合立法，可以有两个层次的立法路径：第一，流域立法整合路径，典型如我国 2020 年 12 月 26 日通过、2021 年 3 月 1 日起施行的《长江保护法》，该法律矫正了我国既有的法律层面的《水法》《水污染防治法》《防洪法》《水土保持法》"涉水四法"呈现的体系性、整体性、协同性不强甚至是相关规定相互冲突的弊端，针对"长江流域"这一独立立法对象进行综合立法。作为一部统筹"保护"与"利用"的综合法，[③] 在《长江保护法》中统筹兼顾与平衡水资源与水环境的多元价值。这种综合立法理念与逻辑集中体现于《长江保护法》第 7 条规定："国务院生

---

①　吕忠梅主编：《环境法学概要》，法律出版社 2016 年版，第 62 页。

②　巩固：《政府激励视角下的〈环境保护法〉修改》，载《法学》2013 年第 1 期。

③　吕忠梅：《〈长江保护法〉适用的基础性问题》，载《环境保护》2021 年第 Z1 期。

态环境、自然资源、水行政、农业农村和标准化等有关主管部门按照职责分工，建立健全长江流域水环境质量和污染物排放、生态环境修复、水资源节约集约利用、生态流量、生物多样性保护、水产养殖、防灾减灾等标准体系。"第二，生态环境法典的整合路径。我国当前立法部门和学界正在讨论与研究编纂统一生态环境法典，现在关于生态环境法典的立法体例与内容尚在研讨阶段，未有定论。笔者认为，固然按照当前的《污染防治法》《自然生态保护法》划分各编进而展开立法层级与制度设计是一种编纂体例，与此同时，按照各类环境要素的保护与开发利用展开条文设计也是一种可以探讨的立法体例。比如，《法国环境法典》在"第二卷自然资源"中即依据环境要素展开法典层级与条文设计，其第一编为"水、水环境与海洋环境"，这一编体系化地规定了水资源与水环境相关的法律制度，①这种立法思路最大可能地实现了对"水"的统一立法，也未尝不是一种可以参考借鉴的立法路径。

（2）以整体性思维进行环境单行法的沟通与协调工作。"沟通与协调"是指环境法律体系内部的单行法之间通过彼此交流和对话，在共同理解、认可并接受环境基本法确立的基本目标、理念与原则的前提下，充分考虑与贯彻其在各自具体领域中的展开，共同服务于生态环境保护基本目标的实现。②当务之急是建立自然资源法与污染防治法之间的沟通与协调机制，以二者同为"生态法益保障基础"的形式融入"树立山水林田湖草是生命共同体的理念"、融入生态环境整体主义语境下的生态环境法律体系。二者的有机结合可以调整完整的"生态经济社会关系"，保护生态整体利益，③为打破生态环境监管和自然资源监管的二元结构提供立法基础和依据。

（二）完善生态环境监管体制法律条款的立法表述

前文已经论述了生态环境监管体制规范的立法表述不统一与笼统模糊对生态环境监督管理带来的挑战与难题，概括而言，这种立法技术的不足导致生态环境

---

①　《法国环境法典（第一至三卷）》，莫菲、刘彤、葛苏聃译，法律出版社 2018 年版，第 135~235 页。

②　吕忠梅：《论环境法的沟通与协调机制——以现代环境治理体系为视角》，载《法学论坛》2020 年第 1 期。

③　邓海峰：《环境法与自然资源法关系新探》，载《清华法学》2018 年第 5 期。

监管主体之间存在职能交叉与冲突，囿于法律依据不够明确、可操作性不强，增加了法律实施部门的解释空间和自由化程度，生态环境行政部门在追求各自部门利益的同时，将造成公共利益的损害和法律权威性的减弱。因此，基础性立法至少应当确立原则性但内容表述明确的监管体制，包括监管机构设置、职权范围及划分和有关部门之间的相互关系等，单行法及相关行政法规根据各自特殊性确立监管职能部门及其职责划分。① 具体而言，生态环境立法中的生态环境监督管理条款的针对性完善，可以从以下路径展开：

1. 调整《环境保护法》中生态环境监管的授权条款

1989 年《环境保护法》规定的"统分结合"的监管体制依然被因袭于 2014 年修订的《环境保护法》中，整体上浸染着计划经济体制色彩。在当前的时代背景下，政府职能、管理手段等制度的立法基础都明显不同于 1989 年《环境保护法》制定之时，未经修改的基础法律中的环境监管体制规范已经不能适应新时代生态文明建设及生态文明体制改革实践的需要，难以彰显不同职能部门的优势和监管事务中的有效分工合作，不利于破除条块分割的环境监管体制障碍。② 因此，政府有关职能部门在权责划分、横向协调等方面存在的效率低下的不足并未在修订后的《环境保护法》中得到实质上的改进。

有效的监管体制是法律能够"落地"的基础性组织保障，为避免"统一监管"在不同生态环境立法之间形成解释相冲突的理解分歧，应当对过于笼统的生态环境监管授权性条款进行修改。建议在《环境保护法》第 10 条将生态环境主管部门的"统一监督管理"职能改为"综合统一监督管理"职能，其原因包括：（1）"综合统管"强调系统性、整合性，既能体现生态环境的系统性以及生态环境问题的整体性规律，还可以明确区别于各单行法中的监管体制的规范表述，对承担主要功能的监管主管部门的综合协调职能予以确认，由其统筹规划与组织协调各分管部门之间的工作，整合碎片化监管制度，同时彰显《环境保护法》环境监管体制规范的统领、调整作用。（2）"综合统管"尊重生态环境保护中需要分工负责的不同职能部门共同负责实际监管工作，能够合理解释多个相关职能部门共享监管权

① 秦天宝、刘彤彤：《自然保护地立法的体系化：问题识别、逻辑建构和实现路径》，载《法学论坛》2020 年第 2 期。

② 柯坚：《环境行政管制困局的立法破解——以新修订的〈环境保护法〉为中心的解读》，载《西南民族大学学报（人文社科版）》2015 年第 5 期。

力；承认部门之间存在职能边界这一客观现实，强调对各部门职权边界的清晰划定，明确对部门之间沟通协调、分工合作机制的需求。(3)"综合统管"有助于政府内部形成协同机制，减少部门之间的利益对立，突出综合统管部门的独立监管职权，缓解地方经济发展职能与生态环境保护职能之间的内在冲突，统一指导两者互相促进、共同发展。①

以"综合统管"职能部门指导地位的确立为基础，基本法的监管职责授权条款还应当明确要求各单行法对不同监管主体之间的权责划分、行使程序以及基本关系进行原则性规定，减少监管职能部门之间的冲突，加强协调与合作，以形成统一指导、综合协调、统筹规划的生态环境监管体制。

2. 明确单行法中监管体制的原则性条款

法律规范的作用主要在于具有微观的指导性，在相对有限的实施范围内指导行政行为。(1)单行法是针对特定要素或解决专门事项而制定，必有其侧重，不论是在法律制定还是实施过程中，单行法的相关规定之间难免会产生矛盾冲突。根据基本法与单行法的关系，基本法只对监管体制进行一般性规定，具体领域的监管职责落实应由单行法进行更具可行性的相对明确规定；单行法中没有规定或规定不清的，可以通过对基本法中关于监管体制的原则性规定进行体系解释或目的解释予以适用；单行法之间出现体制规范冲突的，以基本法和整体监管目标的实现为指导进行协调再适用。因此，单行法在生态环境监管体制法律规范的表达上应尽量精确。(2)在生态环境监管体制中，监管主体越多元、职能越分散，越容易催生主体间监管责任的转移与推诿，在职责松弛、压力不足的体制环境中，监管主体对于生态环境的监管与治理就更无力。② 故而，单行法的监管职责授权条款应尽可能精简分管部门并进行列举，同时明确部门之间权限划分的依据与职能交叉时的处理规则。具体包括：首先，划定地方政府与监管主管部门的权力边界。鉴于生态环境监管的专业性以及政府管理事务的综合性，应当由主管部门负责不同职能部门在分工履行生态环境监管职责时的组织与协调，地方政府仅起到监督、督促的支持作用。其次，在列举分管部门的前提下，明确有关部门在具体

① 王曦、邓旸：《从"统一监督管理"到"综合协调"——〈中华人民共和国环境保护法〉第 7 条评析》，载《吉林大学社会科学学报》2011 年第 6 期。

② 吕忠梅：《环境法新视野》(第三版)，中国政法大学出版社 2019 年版，第 253 页。

领域内的职权边界以"三定方案"为主，在相关职能部门依据各自"三定方案"履行监管职责出现职能交叉重叠时，规定有关部门之间的关系，或分工协同或共同行使职权、承担责任，同时建立责任清单制度，实现监管规则的透明化、专业化。但是，需要注意的是，随着全面依法治国战略对依法行政愈发严格的要求，还应当尽快以立法的形式确认机构改革、职能调整的结果，明确不同行政机关的职能分工，以"法无授权不可为，法定职责必须为"的原则减少越权、滥用权力的行为和对职责履行、责任追究的扯皮推诿。①

(三)协同机制与约束机制的构建与完善

不论是微观的环境法律规范还是相对宏观的环境立法，制度碎片化都不利于整体观念和体系性视角的树立，不符合环境资源要素之间物物关联的客观规律。而"碎片化"特征可以归结于各相关职能部门以自身利益诉求为中心进行立法、执法的"部门利益法制化"导致的狭隘的行政监管视野，可以通过协作联动机制与约束机制的形成予以克服。②

1. 完善中央与地方的环境协同立法机制

与属地监管模式相对应的地方分散式立法加大了跨行政区域的生态环境监管难度，难以落实《环境保护法》第20条初步建立的"联合防治协调机制"。尤其对于水污染和大气污染等具有明显流动性、空间溢出效应的生态环境问题，目前单行法只规定重点防治区域内的相关省级政府"可以"组织有关部门跨区域联合执法。③ 然而，地方污染防治与环境治理目标存在一定差异，上级政府怠于主动推进相关区域协同立法，加之立法激励与约束机制的缺位，很难实现环境监管的针对性立法及高效执法。因此，中央应当鼓励地方之间开展在生态环境保护领域的区域合作、联合立法。

---

① 马英娟、李德旺：《我国政府职能转变的实践历程与未来方向》，载《浙江学刊》2019年第3期。

② 钭晓东、杜寅：《中国特色生态法治体系建设论纲》，载《法制与社会发展》2017年第6期。

③ 《大气污染防治法》第92条规定："国务院生态环境主管部门和国家大气污染防治重点区域内有关省、自治区、直辖市人民政府可以组织有关部门开展联合执法、跨区域执法、交叉执法。"

在我国当前的法律体系中完善环境协同立法机制，可以展开如下：（1）《立法法》第72条授予设区的市人大及其常委会关于环境保护事项立法的权力，地方政府既然"可以"立法，就应当重视跨区域环境监管与治理问题。（2）借助《环境保护法》第20条建立的联合防治协调机制，依托"实行统一规划、统一标准、统一监测、统一防治措施"的跨行政区域监管方式，基本法可以以此规定为基础明确鼓励区域政府之间签订行政协议，必要时上升为协同立法，以实现上述"四个统一"，缓解属地监管模式带来的监管碎片化、分散化难题。（3）构建区域合作中的责任追究机制，规定相关政府既要"对本行政区域的环境质量负责"，也要对跨区域环境问题的所涉相关区域的环境质量负责，各方应在行政协议或协同立法中，预先协商并界定政府之间的责任，以督促政府积极履行生态环境监管义务。① 目前已有"京津冀区域协同立法"的实践经验，初步证明此种方式可行且可以实现效率化目标。

2. 借助外部约束机制形成多层次的监管力量

部门分割的现实背景导致部门利益的冲突几成必然。国务院机构改革后，自然资源部兼顾自然资源开发利用与保护监管，而生态环境部则主要以生态环境利益的维护为己任，二者本身在利益追求上有冲突。但"三定方案"依然分别规定了生态环境部和自然资源部负有起草生态环境法律法规草案和"拟订自然资源和国土空间规划及测绘、极地、深海等法律法规草案"的主要职责。这会产生两个问题：（1）二者一旦在法律制定等具体职能的履行中发生冲突，争夺权力和推脱责任都可能浮出水面，前者表现为部门利用自己的职权或相关业务垄断话语权、争夺利益，而争夺利益本身就背离了行政权力的公共性。后者则表现为部门之间对公共职责与义务的互相推诿、扯皮，公共利益必然会在踢皮球之间受到严重损害。② （2）激励并促成执法者主导法律起草的局面，由执法者立法可能产生"角色冲突"，加之由不同行政部门主导同一领域立法，具有不同背景的行政机关依靠各自行政管理经验和专业知识，通过传递部门意志实现部门权力的扩大和部门职责的削减，③ 形成了以各自部门利益为中心的立法、监管体制。监管机关大多

---

① 曾娜：《从协调到协同：区域环境治理联合防治协调机制的实践路径》，载《西部法学评论》2020年第2期。

② 穆治霖：《环境立法利益论》，武汉大学出版社2017年版，第152页。

③ 杨铜铜：《论立法起草者的角色定位与塑造》，载《河北法学》2020年第6期。

"既是运动员又是裁判者",对体制安排和配套机制的形成提出了难题,① 需要完备周延的配套监督、制约机制和多样化的监管手段,以对生态环境实现系统监管和全过程治理。

通过构建多元化监管主体形成的联合监管体制,以环境行政监管部门为主导、充分调动社会组织、新闻媒体以及公众等社会各方力量参与监管,充分发挥公众参与机制和市场机制监管生态环境监管者的功能,在制定监管措施与程序规则时,综合衡量社会整体利益,避免监管盲区。第一,在《环境保护法》确立的公众参与原则及第57条第2款的基础之上,进一步制定公众监督权得以行使和保障的配套措施与制度,明确政府相关部门受理公众举报的程序和期限,公开受理情况,并拓宽公众参与监督的途径,如对生态环境主管部门的工作进行评价等。第二,健全信息联动与公开机制,充分利用网络信息技术、实现生态环境监管信息化及信息共享化,为有关职能部门之间的协作、上下级之间的沟通以及多元主体参与监管、有效监督生态环境监管者提供信息基础。第三,基于当前行政监管手段的单一性、效能有限性,有必要系统适用行政协议、行政指导、行业协会自我管理等新型监管手段,以作为传统行政命令与控制手段的补充,协同完善生态环境监管体制。

五、结语

因应社会主义法治对依法行政的基本要求,生态环境监管有关职能部门的分工或协调都必须有相应的法律依据。尽管生态环境监管体制规范几乎被每一部环境领域立法所规定,但依然不能孤立地考察由其组成的生态环境监督管理制度,必须从体系化的角度进行审视,充分考虑规范之间的整合、协调、统一性,避免碎片化、零散化,建成有机统一的、合理的生态环境监管体制规范体系。而体系化建构生态环境监管体制规范的关键在于厘清不同职能部门在同一监管事项中的关系和权责边界,避免部门利益下对于履行环境监管职责的推诿扯皮,促进生态环境监管职能部门之间"综合化"与"系统化"发展。只有契合环境问题特征,才能提升环境行政执法秩序与效率,高效、协同管理环境公共事务,通过监督管理

---

① 鄢德奎:《中国环境法的形成及其体系化建构》,载《重庆大学学报(社会科学版)》2020年第6期。

有效提升环境质量、改善环境品质，保护生态环境公共利益。同时，生态环境监督管理的真正高效还需要行政机关树立"监管为社会"的执法理念，主动突破部门利益与地方壁垒，在遵循法律规定的基础上进一步改革与探索，建立与完善具体的配套制度，实现生态环境监管体制内部的协调以及公私协同合作，为"大部制"改革和真正实现"统一监管"奠定实践基础、贡献实践智慧。

第二节　海底可燃冰开发环境风险法律
监管制度的现状与更新

我国经济在改革开放后持续稳定高速增长，成为当前世界经济发展最快的国家之一。我国经济的快速发展和城市化进程加快是以高能耗产业发展为推动力，这带来了巨大能源消耗。我国虽然自然资源总量排世界第七位，但常规能源资源并不丰富且人均拥有探明资源储量低于世界平均水平。我国在能源资源禀赋不高的同时，高速增长的经济发展速度和粗放型增长方式，使得我国成为世界上最大的能源消费国和净进口国。根据《BP 世界能源统计年鉴 2016》对 2015 年全球能源行业发展状况的统计，虽然中国能源消费进一步放缓，但仍保持连续第十五年世界能源消费第一，中国仍然是世界上最大的能源增长市场，占全球能源消费量的 23%。能源供给与消费的矛盾导致了我国面临严峻的能源危机，为了缓解能源危机、保障能源安全，我国在 2012 年十八大报告中首次提出要"推动能源生产和消费革命"，2014 年习近平主席在其主持召开的研究我国能源安全战略的中央财经领导小组第六次会议上提出从能源消费革命、供给革命、技术革命、体制革命四个方面系统推动"能源革命"，其核心是能源消费革命和供给革命。

推动页岩气、可燃冰等新能源开发是推动我国实现"能源革命"的关键突破口，其原因包括：第一，推动新型清洁能源开发可以有力推动能源消费革命，矫正我国煤炭资源占主导地位的能源消费结构。根据《BP 世界能源统计年鉴 2016》统计数据，2015 年煤炭在中国能源消费中的占比为 64%，是历史最低值，但仍是中国能源消费的主导燃料。有研究表明，我国房地产开发、基础设施建设、居民电力消费对煤炭需求的拉动作用明显，由于煤炭资源的不可再生性和化石能源污染物排放问题的日益严峻，减少煤炭消费、降低排放是我国能源发展之路上不可回避的问题。① 第二，推动新型清洁能源开发是实现环境治理的需要。从中国的现实情况来看，提高经济竞争力和促进经济增长都需要有大量廉价能源作为支撑，中国能源禀赋特征加上煤炭的低价优势，使煤炭成为中国能源的主体结构，但是，煤炭带来的环境问题也是最大的，雾霾的一大诱因就是巨量的煤炭消费。煤炭燃烧产生的二氧化硫、氮氧化物、烟尘排放分别占中国相应排放量的86%、56%、74%。② 因此，推动页岩气、可燃冰等新型清洁能源开发与我国减少煤炭消费、实现煤炭替代以减少二氧化碳排放目标高度契合。第三，推动新型清洁能源开发是推动我国能源供给革命、增加能源自主供给以保障能源安全的需要。我国传统油气资源在巨大消耗下已经面临严重短缺危机，油气资源对外依存度高对我国的能源安全带来极大威胁。据相关研究资料，我国自2007年以来石油产量就停滞不前，2015年的增长量仅为1.5%，石油供应缺口不断增大，目前，我国对外石油依存度已经超过57%，2014—2015年超过60%，2020年可能超过70%。③ 不仅如此，当我国油气资源能源严重依赖于进口时，我国海上能源航道安全方面主要面临海盗等非传统安全因素构成的威胁和海权强国的战略意图这两大挑战。④ 因此，应对我国能源危机、保障我国能源安全，从宏观战略层面，必须从深化与境外能源合作和增加能源自主供给这两个层面并重。在深化能源合作方面，习近平主席2013年出访中亚和东南亚国家期间提出共建"丝绸之路经济带"和"21世纪海上丝绸之路"（"一带一路"）的重大倡议，其中，能源是"一带一路"的战略构想的重点，"一带一路"战略的实施有助于推动中国与周边国家的能源合作，加速亚太地区能源市场一体化进程，为亚洲能源合作机制的构建提供可能，⑤ 我国也可以与沿线国家能源合作中实现能源安全诉求。其次是提高能源自主供给能力以实现能源安全，这需要推动页岩气和可燃冰等清洁新能源的勘探开

① 林伯强、毛东昕：《煤炭消费终端部门对煤炭需求的动态影响分析》，载《中国地质大学学报（社会科学版）》2014年第6期。

② 林伯强、李江龙：《环境治理约束下的中国能源结构转变——基于煤炭和二氧化碳峰值的分析》，载《中国社会科学》2015年第9期。

③ 谢克昌：《我国能源安全存在结构性矛盾》，载《中国石油企业》2014年第8期。

④ 周云亨、余家豪：《海上能源通道安全与中国海权发展》，载《太平洋学报》2014年第3期。

⑤ 许勤华主编：《中国能源国际合作报告——"一带一路"能源投资2015/2016》，中国人民大学出版社2016年版，第32页。

发。我国页岩气储量世界第一，我国对开发页岩气缓解我国能源危机寄予厚望，近几年来采取政策支持、实施招标、科技攻关、对外合作等措施推动页岩气的勘探开发，有研究梳理了我国页岩气开发的政策体系、实践进展、法律难题与现实困境，① 我国页岩气开发前景乐观但现实却停滞不前。与此同时，近些年来对于可燃冰的研究进展，使得可燃冰有望成为人类的又一支柱能源。

可燃冰的科学名称叫天然气水合物，它是在一定条件下（合适的温度、压力、气体饱和度、水的盐度、pH 值等）下由碳氢化合物气体（甲烷、乙烷等烃类气体）与水分子组成的类似冰的、非化学计量的笼形包合物。根据相关研究，可燃冰的资源潜力巨大，远远超过传统的石油、天然气等能源储量的总和，这意味着可燃冰有着巨大的能源潜力和商业价值。② 科学家们较为普遍认为可燃冰有望取代煤炭、石油和天然气，成为 21 世纪"未来的新能源"。每立方米可燃冰中含有 164 立方米的可燃气体，且全球已探明储量远超传统油气资源储量，仅海底可燃冰资源便可供人类使用一千年的资源潜力，为人类缓解当前普遍面临的严峻能源短缺危机点燃新的希望。2000 年开始，全球已有美国、日本、印度等 30 多个国家积极投入可燃冰的科学研究或调查勘探。我国对可燃冰的研究滞后于美国日本等国家，但 2007 年和 2009 年我国分别在南海和青藏高原永久冻土带钻获可燃冰实物样品后，我国对可燃冰的探测研究提速，大量研究证明我国有丰富可燃冰存在。

梳理学术界对于可燃冰的相关研究。在国内层面，在严峻能源危机现实压力对新能源的需求和美国、日本可燃冰研究勘察进展的推动下，我国 2007 年首次钻获可燃冰实物样品进而开展系统研究和勘察，因此，我国对于可燃冰的研究尚处于起步阶段，这一阶段主要是从自然科学以及知识普及角度展开，或宏观论证可燃冰具备成为未来我国主流清洁能源的发展潜力，③ 或介绍日本预期通过开发

①　刘超：《矿业权行使中的权利冲突与应对——以页岩气探矿权实现为中心》，载《中国地质大学学报（社会科学版）》2015 年第 2 期。

②　杜正银、杨佩佩、孙建安：《未来无害新能源可燃冰》，甘肃科学技术出版社 2012 年版，第 28 页。

③　郭焦锋、高世楫、李维明等：《可燃冰应成为中国能源变革新引擎》，载《中国经济时报》2014 年 5 月 13 日，第 5 版。

可燃冰追求能源独立,① 或介绍可燃冰基础知识及其物理化学性质等自然属性,② 或研究可燃冰的地质构造、识别标志与资源评价,③ 或探讨可燃冰成藏机理与开采技术。④ 因为可燃冰在我国尚处于勘察研究阶段而尚未进入实际商业开发领域,在一切矿产资源概括属于国家所有的所有权制度框架下,如何设计与行使可燃冰探矿权与采矿权尚未被纳入关注视野;在尚未实现大规模商业开发的背景下,对海底可燃冰开发的潜在风险也仅从理论上推导而缺乏足够重视与实践佐证。国际层面,已经召开了两届国际天然气水合物会议,20 世纪 90 年代以来逐渐重视更为系统研究可燃冰的成藏机理、赋存规律、资源评估、地质灾害和环境效应等问题,美国参议院通过决议将可燃冰作为国家发展的战略能源并制定了 10 年研究计划,日本成立专门的天然气水合物开发研讨委员会并制订可燃冰开发计划。但总体而言,国际层面对可燃冰的研究尚主要集中于自然科学研究层面,主要围绕着可燃冰能源潜力、自然属性、关键技术和地质风险。⑤ 美国是开展可燃冰研究最为久远和最为系统的国家,并于 2000 年专门就可燃冰的研究与开发立法,但就可燃冰开发中的环境风险规制与法律规则的研究较为鲜见,仅有文献梳理与检讨了可能适用于开发海上可燃冰的现有法律规范和国际公约,并为现行规范的不足尝试提供潜在的解决方案。⑥ 或者仅在梳理开发海底可燃冰存在的环境危害对可持续发展构成挑战时,法律制度与经济发展状况和政治制度稳定性等一起成为综合影响利益相关主体利益均衡考量中的制约因素。⑦

---

① 张翼燕、李洪源:《日本欲借助可燃冰推进能源独立》,载《光明日报》2016 年 6 月 19 日,第 008 版。

② 肖钢、白玉湖编著:《天然气水合物——能燃烧的冰》,武汉大学出版社 2012 年版。

③ 吴时国、王秀娟、陈端新、王志君等:《天然气水合物地质概论》,科学出版社 2015 年版。

④ 陈月明、李淑霞、郝永卯、杜庆军:《天然气水合物开采理论与技术》,中国石油大学出版社 2011 年版。

⑤ [美]T. 科利特、A. 约翰逊、C. 纳普、R. 博斯韦尔编:《天然气水合物——能源资源潜力及相关地质风险》,邹才能、胡素云、陶士振等译,石油工业出版社 2012 年版。

⑥ Roy Andrew Partain, "Public and Private Regulations for the Governance of the Risk of Offshore Methane Hydrates", *Vt. J. Envtl. L.* 17, 2015, pp. 87-137.

⑦ Roy Andrew Partain, "Avoiding Epimetheus: Planning Ahead for the Commercial Development of Offshore Methane Hydrates", Sustainable Development Law & Policy 15, 2015, pp. 20-58.

我国虽然尚处在可燃冰科学研究而未至勘探开采阶段，但加速对我国可燃冰资源属性、能源潜力、赋存潜能的调查和关键技术的研发，推动对可燃冰商业开发可行性和经济效益的评估，因应可燃冰勘探开发的过程性质、权属配置和风险规制，设计完善的规则体系，可以未雨绸缪，推动未来我国可燃冰产业健康有序发展。当前，虽然可燃冰储量巨大、分布广泛且燃烧清洁，是一种未来替代能源，被世界上很多国家提升至国家能源战略层次，但迄今为止在大规模商业开发上却停滞不前，其重要原因在于可燃冰的勘探开发过程中可能伴随极大的环境风险与危害，若没有成熟的体系化的环境风险防控技术与规则体系，则会对人类产生得不偿失的灾害。前述内容已经梳理归纳了可燃冰开发生态环境风险，本节内容以此为基础，进一步梳理与检讨可燃冰开发环境风险监督管理法律制度。

一、我国规制可燃冰开发环境风险法律监管制度梳理及检讨

科学界普遍认为，可燃冰是一种比煤炭和石油更为"绿色"的新能源，可提供含有少量杂质的天然气，甲烷燃烧对整体环境的污染程度比传统油气资源相对较低。故而，在全球普遍面临严峻能源危机的背景下，可燃冰被期许为一种未来天然气供应的必要和可行选择。但是，当前世界各国普遍面临着可燃冰开发的技术和环境风险两大难题。从技术难题而言，可燃冰以低浓度分布在黏土沉积物中，由于这些类型的可燃冰聚集的高度分散性质，使得传统的以钻井为基础经济开采的方式不再可能，可燃冰开发提出了巨大技术难题亟待解决。大多数情况下，一种能源资源的可行性差不多是单纯基于经济考量，但是，在某些情况下，一种特殊烃类资源的可行性可由独特的当地经济和非技术的因素来控制。[①] 申言之，当能源稀缺亟待推动能源生产革命之时，纵然可燃冰开发存在技术难题和环境风险，世界上可燃冰储量丰富的国家也只能选择加大投入研发技术，并在勘探开发之前梳理与研究可燃冰开发的环境风险防控与规制措施。因此，在我国正积极推动海底可燃冰开发技术研发和勘探取样实践并预期实现商业开发的政策诉求下，梳理与检视我国现行适用的可燃冰开发环境风险规制法律制度，是保障可燃

[①]　Timothy S. Collett, Arthur H. Johnson, Camelia C. Knapp, Ray Boswell：《天然气水合物：回顾》，载［美］T. 科利特、A. 约翰逊、C. 纳普、R. 博斯韦尔编：《天然气水合物——能源资源潜力及相关地质风险》，邹才能、胡素云、陶士振等译，石油工业出版社 2012 年版，第 63 页。

冰开发健康有序的前提。

(一)我国现行法律制度梳理

虽然我国政府对开发可燃冰缓解能源危机充满期待,我国国土资源部(现自然资源部)于 2017 年 11 月 16 日宣布,国务院已经批准天然气水合物成为我国第 173 个独立矿种,这意味着可燃冰有望在未来产业化进程中进一步获得政策支持。但迄今为止,我国关于可燃冰的研究与勘探开发工作尚处于起步阶段。我国晚至 2002 年才正式启动南海北部可燃冰调查,离大规模商业开发尚有差距。因此,不但我国法律体系中缺失关于可燃冰开发环境风险防控的法律制度,甚至可燃冰本身尚未进入法律体系关注视阈。虽然既然可燃冰本身属于一种能源资源,但从法律逻辑角度,我们可以梳理我国现行法律体系中,哪些法律制度可以通过解释适用来规制可燃冰开发中引致的环境风险。

1. 生态环境保护法律制度解释适用

《环境保护法》是我国环境资源保护领域的基本法,我国《环境保护法》中规定的监督管理、保护和改善环境以及防治污染和其他公害等基本环境法律原则和制度体系均可适用于可燃冰开发中的环境风险的预防与治理。

可燃冰分为大陆永久冻土带可燃冰与海底可燃冰两大类型,其中,海底可燃冰占有绝大多数,就科学研究数据来看,当前海底可燃冰分布面积达 4000 万平方公里,占全球海洋总面积的 1/4,目前,世界各国已发现的可燃冰分布区达 116 处,且美国、日本等国家当前主要研发海底可燃冰的勘探方法和开采技术,因此,就可预期的进展来看,美国和日本等走在可燃冰研究前列的国家将首先展开对海底可燃冰的商业开发,我国的可燃冰资源调查与评价工作也从海域开始。而开发海底可燃冰引发的最大的生态环境风险就是对海洋生态环境的破坏和污染,我国的《海洋环境保护法》将成为防治海底可燃冰开发导致的海洋生态破坏与环境污染的重要法律依据。我国《海洋环境保护法》(2016 年 11 月 7 日修正)中规定的海洋环境监督管理、海洋生态保护和海洋污染防治的相关法律制度均可以适用。具体而言,《海洋环境保护法》新增第 3 条第 1 款规定:"国家在重点海洋生态功能区、生态环境敏感区和脆弱区等海域划定生态保护红线,实行严格保护。"为可燃冰开发可能选择的分布区域划定了红线。该法第 24 条规定:"国家建立健全海洋生态保护补偿制度。开发利用海洋资源,应当根据海洋功能区划合理布局,严格遵守生态保护红线,不得造成海洋生态环境破坏。"该条明确规定了开发利用可燃冰等海洋资源时要遵循的生态保护义务。《海洋环境保护法》第六章"防治海洋工程建设项目对海洋环境的污染损害"第47条至第54条规定的海洋建设工程的污染防治系列制度,也可以具体解释适用于可燃冰海上勘探开发运输以及放射性、有毒有害原材料使用过程中海洋环境污染的防治。

目前,对海底可燃冰开发引发的环境负面影响的最大担忧是,由于可燃冰层本身的脆弱的稳定性和开采技术的复杂性,开发海底可燃冰可能释放大量温室气体甲烷而加剧全球气候变化。在改进海底可燃冰开发技术的同时,如何有效规制可燃冰开发中的温室气体排放就成为制定海底可燃冰开发政策和法律制度的关键。在我国正在制定但尚未出台《应对气候变化法》的背景下,《大气污染防治法》(2018年修订)第2条第2款规定:"防治大气污染,应当加强对燃煤、工业、机动车船、扬尘、农业等大气污染的综合防治,推行区域大气污染联合防治,对颗粒物、二氧化硫、氮氧化物、挥发性有机物、氨等大气污染物和温室气体实施协同控制。"该项规定表明,《大气污染防治法》已将温室气体纳入污染物质来管理。① 因此,在我国尚无专门温室气体排放规制与气候变化应对法律规范的前提下,可以也只能援引与解释适用《大气污染防治法》来审视与规制海底可燃冰开发中甲烷排放引发的温室效应。在此逻辑下,我国《大气污染防治法》中规定的大气污染防治标准和限期达标规划、监督管理、污染防治措施、重点区域大气污染联合防治等制度均可根据具体情况适用于海底可燃冰开发中的温室气体排放行为。比如具体而言,从事可燃冰勘探开发的矿山企业勘探开发海底可燃冰的行为属于《大气污染防治法》第18条规定的"建设对大气环境有影响的项目",要按照该条规定履行环境影响评价、符合大气污染物排放标准,遵守重点大气污染物排放总量控制要求。《大气污染防治法》第四章"大气污染防治措施"中第一节"燃煤和其他能源污染防治"主要规定了能源利用过程中的大气污染防治,但第34条规定:"国家采取有利于煤炭清洁高效利用的经济、技术政策和措施,鼓励和支持洁净煤技术的开发和推广。国家鼓励煤矿企业等采用合理、可行的技术措施,对

---

① 曹明德:《中国参与国际气候治理的法律立场和策略:以气候正义为视角》,载《中国法学》2016年第1期。

煤层气进行开采利用，对煤矸石进行综合利用。从事煤层气开采利用的，煤层气排放应当符合有关标准规范。"该条规范了对煤层气的开采利用和排放的大气污染防治义务，也可以同样解释适用于同属非常规天然气的可燃冰的开发利用行为。

2. 矿产资源法律制度拓展适用

可燃冰属于一种矿产资源，对其勘查、开发利用和保护工作可以纳入我国矿产资源法律体系予以调整，包括我国的《矿产资源法》《矿产资源法实施细则》《矿产资源勘查区块登记管理办法》《矿产资源开采登记管理办法》《探矿权采矿权转让管理办法》《矿产资源监督管理暂行办法》《矿产资源补偿费征收管理规定》以及《矿产资源登记统计管理办法》《违反矿产资源法规行政处罚办法》等。我国目前已经制定较为完备的矿产资源法律体系，适用于我国矿产资源的勘查、开发利用和保护工作，从法律逻辑上看，这些法律规范也当然可以拓展适用于可燃冰等新型非常规矿产资源的开发。

从立法价值角度审视，虽然我国矿产资源的法律法规直接规定的是矿产资源的权属制度，制定了探矿权、采矿权的有偿取得制度和许可制度，以及规范了矿产资源的勘查和开采的相关程序，似乎规范重点并不在于矿产资源开发中的环境污染问题防治。但是，亦有不少规范可以直接规制矿产资源开发过程中导致的环境污染等问题，比如，《矿产资源法》第11条规定的"政府有关主管部门协助同级地质矿产主管部门进行矿产资源勘查、开采的监督管理工作"以及第32条规定的"开采矿产资源，必须遵守有关环境保护的法律规定，防止污染环境"等。① 这些规定不仅可以作为矿产资源管理部分直接规制可燃冰开发环境的法律依据，同时也是可燃冰开发矿山企业被特许和行使矿业权过程中要承担的义务。

(二)现行制度内生逻辑与弊端之检讨

可燃冰作为一种被人类寄予厚望的新能源尚处于科学研究、技术研发和开采试验阶段，一旦作为一种矿产资源实际投入大规模商业开发，则此过程中产生的环境问题当然会纳入既有法律体系予以审视与规制。但是，前述梳理与归纳的制度体系在监督管理海底可燃冰开发时存在着诸多问题、风险与困境。

---

① 刘超：《页岩气开发中环境法律制度的完善：一个初步分析框架》，载《中国地质大学学报(社会科学版)》2013年第4期。

1. 专门法律规范的缺失

可燃冰虽然被国务院批准确立为我国第 173 个独立矿种，但我国尚未进入大规模商业开采环节，则现阶段没有专门性法律规范亦在所必然。在此制度语境下，海底可燃冰的开发利用过程中出现的环境风险只能纳入前述梳理的环境保护与矿产资源法律体系中予以规制。可燃冰虽然被科学界乐观地视为新世纪替代能源，但对其开发利用所引致的生态环境风险也大大超越了传统油气资源开发利用的环境风险，这也是日本等国家虽然已经掌握了成熟的海底可燃冰开采技术，却一再推迟可燃冰商业开采时间的根本原因。因此，在进行可燃冰大规模商业开发之前，必须做好应对可燃冰开发所伴生的系列环境风险的法律制度准备，而这种制度需求仅仅通过扩大解释与拓展适用既有的环境保护与矿产资源法律规范难敷其用：(1) 海底可燃冰开发利用是一个关涉资源勘查、评估、开采、利用和管理的系统工程，在此过程中每个环节均可以引致虽有差异但又内在联系的生态环境风险，现行法律体系中缺失专门针对性规制规范，则不能将海底可燃冰开发利用作为一个整体予以系统审视，不能有效规制该过程引发的所有类型的环境风险。(2) 就新型能源商业开发中的生态环境风险规制路径昭示的经验来考察，美国"页岩气革命"之后推动了页岩气大规模商业开发，在此过程中的页岩气产权分配与环境风险规制最早也是被纳入传统油气资源产权配置与环境规制法律框架内，但也难以充分因应页岩气开发所提出的产权分配与风险防范法律需求，于是美国石油天然气开发经营逐渐从天空原则、获取原则演进到强制联营原则，[1] 生态环境风险规制法律也从对既有法律的拓展适用发展到针对气开发和水力压裂进行专门立法，[2] 这一制度经验也应当为同为非常规天然气的可燃冰的开发提供有益借鉴。

2. 环境要素保护的路径偏离

我国当前的生态环境保护法律是以《环境保护法》作为基础法、以体系庞大的单行法作为主体内容形成的法律体系。而环境保护单行法又主要由环境污染防

---

[1]　杜群、万丽丽：《美国页岩气能源资源产权法律原则及对中国的启示》，载《中国地质大学学报(社会科学版)》2016 年第 5 期。

[2]　Hannah Wiseman, Francis Gradijan, "Regulation of Shale Gas Development, Including Hydraulic Fracturing, Center for Global Energy", *International Arbitration and Environmental Law*, January 20, 2012.

治法与环境要素保护法两大类型构成，而这些单行法的划分依据和立法思路是依据环境要素的具体分类分别制定法律制度，从而形成 30 余部体系庞大的控制环境污染和生态破坏的单行法。我国现行这种的生态环境风险监督管理路径偏离了海底可燃冰开发生态环境风险规制的法律制度需求：(1)可燃冰开发过程导致的环境问题包括地表水、地下水、大气污染，也包括对其赋存区域的野生动植物、环境景观以及生态环境的破坏等，这些环境问题相互交织、紧密联系，需要在整体予以审视的基础上整体应对和直接规制，而现行的法律规制路径直接针对单一环境要素予以保护和污染防治，这是一种间接规制路径，难以直接应对海底可燃冰开发导致的复合型的生态环境风险。(2)与前述我国现行环境单行法立法思路相对应，生态环境立法的零碎性导致当前世界各国普遍实行的生态环境执法与生态环境问题治理体制也呈现出分裂、漏洞、重叠和不协调,① 在此过程中导致的环境风险规制信息收集和决策成本的高昂、单一环境要素保护执法机构之间的不协调与抵牾、规制效率的低下均不利于海底可燃冰开发复合环境风险综合规制的需求。

3. 矿产资源法律规定环境义务的价值失衡

在我国矿产资源法律体系中，一切矿产资源属于国家所有，包括尚未探明的可燃冰等新型能源。一旦海底可燃冰进入商业开发领域，则符合法定资质的矿山企业要经由行政特许程序获得可燃冰矿业权才能进行海底可燃冰的勘查和开采等工作。因此，我国《矿产资源法》为主体的矿产资源法律体系中规定的矿山企业在行使矿业权中履行的环境保护等义务，就不仅是生态环境部门和地质矿产主管部门(自然资源部门)在矿产资源开发过程中行使监督管理职权的法律依据，也是矿山企业享有和行使矿业权对应的法律义务。但是，在我国矿产资源法律体系中，基于立法逻辑和制度价值，使得矿山企业承担的环境保护法律义务的制度设计存在价值失衡，难以有效规制海底可燃冰开发中的生态环境风险：(1)我国现行矿产资源法律将矿业权界定为实现国家矿产资源所有权的一种手段性权利，没有充分尊重矿业权的独立地位，这体现在《矿产资源法》及其配套法律规范对于

---

① ［美］理查德·B. 斯图尔特、［美］霍华德·拉丁、［美］布鲁斯·A. 阿克曼、［美］理查德·拉扎勒斯：《美国环境法的改革——规制效率与有效执行》，王慧编译，法律出版社 2016 年版，第 8~9 页。

符合法定资质矿山企业的选择更多重视的是《探矿权采矿权管理办法》第 7 条规定及其指向《矿产资源勘查区块登记管理办法》和《矿产资源开采登记管理办法》相关条文中规定的矿山企业的资格证书、工作计划、实施方案和资金来源等方面体现的申请者进行矿产资源的探矿开发的能力和实力，而没有将矿山企业履行矿业权行使全过程的环境保护的能力放置同等重要的地位，这就使得一旦矿山企业获得可燃冰矿业权，很难有效预防与规制开发可燃冰全过程导致的生态环境风险。(2)正如有研究所检讨，《矿产资源法》第 26 条、第 31 条和第 32 条也规定了勘探开发矿产资源时要有必要的技术装备、安全措施，遵守国家劳动安全卫生规定和环境保护的规定，防止环境污染。并且，矿权人行使矿业权当然还要适用《环境影响评价法》等环境法律的规定。但是，在对申请人法定资质的规定和审查中并没有对这些生态环境风险预防技术、设备和义务的具体要求。[1] 当我们将履行环境保护义务作为矿业权行使的内生性义务予以审视时，则可以归纳，现行矿产资源法律体系对于矿山企业履行环境保护义务的概括规定难以全面表达与有效规制可燃冰等新能源开发全过程的环境风险，现行法律在审批矿业权时更重视的是矿山企业从技术能力、资金实力等方面体现的法定资质，而并不包括其环境保护与污染防治方面的技术、设备与能力。

二、可燃冰开发环境风险规制的法律需求

前述内容梳理与归纳了在可燃冰尚未进入现行法律体系视野的制度背景下，一旦大规模商业开发可燃冰所面临的环境风险以及现行法律体系规制该过程环境风险的法律逻辑与制度困境。当我国储量丰富的可燃冰成为缓解我国能源危机、保障能源安全、推动能源革命的不二之选时，我们必须权衡利弊，在有效规制和尽量减少伴生环境风险的前提下推动可燃冰商业开发，而这需要针对前述内容剖析可燃冰开发引致的环境风险和当前规制制度的缺陷，探究可燃冰开发环境风险规制的法律规范与制度体系需求。基于环境法律体系规制新型环境问题时存在的适度路径依赖的正当性，海底可燃冰开发中的环境危害会随着海底可燃冰开发的范围、程度的拓展以及产业发展而不断凸显，这也遵循了新型社会问题初始产生时通过扩大解释既有法律规范予以规制到催生专门针对性立法的思路。本节论证

---

[1]　刘超：《页岩气特许权的制度困境与完善进路》，载《法律科学》2015 年第 3 期。

海底可燃冰开发引致的环境风险需要专门立法，也借鉴了美国针对页岩气开发过程中水力压裂技术使用进行专门立法规制的思路，主要针对的是独属于可燃冰开发技术使用产生的环境问题，而既有的生态环境风险规制与环境问题治理法律制度依然要发挥至关重要的作用。大致而言，海底可燃冰开发环境风险规制法律体系包括针对海底可燃冰开发环境治理特殊性进行的专门立法，以及扩大解释、拓展适用既有的环境保护法律制度这两种类型。

（一）可燃冰开发专门立法的证成与展开

虽然当前科学界对于全球可燃冰资源储量估计差异巨大，但各国科学家较为一致认为全球可燃冰资源储量若折算为有机碳资源至少为所有石化能源中含碳总量两倍以上，是一种新世纪的新能源。基于可燃冰在丰富储量对于满足人类能源需求的重要地位、可燃冰对比于传统油气资源的特殊性以及可燃冰开发对于生态环境影响的深远影响，我们应当未雨绸缪，在从可燃冰技术研发和试开采转向商业开发之前，借鉴我国制定《煤炭法》《对外合作开采陆上石油资源条例》《对外合作开采海洋石油资源条例》《海洋石油勘探开发环境保护管理条例》等专门立法的思路，逐步制定专门的可燃冰法律规范。

笔者建议，制定可燃冰专门立法的步骤与路径可以从以下几个方面展开：

第一，在我国当前尚处于可燃冰研究与试采阶段，可以先将可燃冰纳入一些环境保护法律规范中正视其可能引致的生态环境问题，其立法路径可以借鉴《大气污染防治法》(2018 年)第 34 条第 2 款将同为非常规天然气的煤层气规定入法律的思路，该款规定的是"国家鼓励煤矿企业等采用合理、可行的技术措施，对煤层气进行开采利用，对煤矸石进行综合利用。从事煤层气开采利用的，煤层气排放应当符合有关标准规范"。

第二，我国已经将可燃冰批准为我国第 173 个独立矿种，预期通过系列政策支持推动可燃冰产业发展，则建议我国可以制定可燃冰单行法律规范，即使难以做到如《煤炭法》一样制定专门法律，也可以借鉴石油天然气的立法思路，在当前学界和实务界虽有建议制定《石油天然气法》但难以实现的背景下，依然有《对外合作开采陆上石油资源条例》《对外合作开采海洋石油资源条例》《海洋石油勘探开发环境保护管理条例》等产业发展和环境保护的行政法规。

第三，一旦我国近几年能够按照预期实现对海底可燃冰的商业开发，则最理想的专门立法模式应当是借鉴美国在推动、保障和规制页岩气产业健康快速发展的立法路径，具体到海底可燃冰开发领域，应当注重以下几个层面：第一，基于陆上冻土区可燃冰和海底可燃冰在赋存条件、成藏模式、开采技术和环境致害机理等诸多方面均存在较大差异，则应当进行分别立法。第二，美国在监管页岩气开发及预防环境风险过程中，注重了联邦政府与地方政府的分权与分散立法思路，规制内容包括对水资源管理和处置、废弃物管理和处置、废气排放、地下注入、野生动物影响、地表影响、工人的健康和安全在内的环境相关活动和排放等事项，[①] 我们可以借鉴的思路是分别对海底可燃冰的开发规划、生产经营等产业发展内容进行产业立法，以及重点针对海底可燃冰开发开采方式(比如降压法、注热法和注化学试剂法等开采技术使用本身及其使用的化学试剂)导致的生态环境风险进行专门立法规制。

(二)层次化适用环境影响评价制度

环境影响评价是一项基本生态环境法律制度，是典型体现环境风险预防原则的特色制度。该制度要求对可能对人类环境产生影响的行为进行分析、预测和评估，提出预防或减轻不良环境影响的对策与措施。海底可燃冰开发是会带来极大环境风险的行为，稍有不慎就可能引致难以逆转的生态灾难，这也是当前世界上已经掌握成熟开采技术国家在实质推进海底可燃冰开发中谨小慎微的最重要原因。因此，在海底可燃冰开发过程中必须高度重视和层次化适用环境影响评价制度。我国已经进行了环境影响评价制度的体系化建设，专门立法包括《环境影响评价法》和《规划环境影响评价条例》等，环境影响评价的范围包括规划的评价和建设项目的评价。正如有学者分析，我国环境影响评价对象从建设项目扩大到规划，但这里的规划仅包括综合性指导规划和专项规划，并没有把政策和计划纳入现行的环境影响评价制度作为其考察的对象。[②] 2014 年修订的《环境保护法》第19 条依然将环境影响评价范围概括规定为开发利用规划和建设项目，因此，需

---

① J. Daniel Arthur et al., *An Overview of Modern Shale Gas Development in The United States*, ALL Consulting, 2008.

② 王社坤：《我国战略环评立法的问题与出路——基于中美比较的分析》，载《中国地质大学学报(社会科学版)》2012 年第 3 期。

要对海底可燃冰开发中环境影响评价制度的适用范围进行实质拓展和层次化解释：（1）首先是海底可燃冰开发建设项目的环境影响评价，即结合可燃冰具体赋存地区的特殊的地理环境、地质构造、温压条件和可燃冰开发钻井建设、工艺流程、勘查开采技术，来科学分析、预测评估可燃冰开发工程建设造成的环境影响。（2）其次是将海底可燃冰开发的具体规划纳入环境影响评价，即综合多种因素和条件来综合评估拟纳入海底可燃冰区块的可燃冰开发计划和方案造成的环境影响进行评价。（3）最高层次是对可燃冰开发的战略进行环境影响评价，即对不同可燃冰区块是否要纳入开发规划、造成何种程度的环境影响，以及政府与海底可燃冰产业有关的政策和地方决策，甚至在更宏观层面上是否要发展海底可燃冰产业本身纳入环境影响评价范围内。

（三）针对性适用环境公众参与制度

可燃冰开发不仅是国家能源决策行为和行使自然资源所有权行为，也是会引致极大环境风险、影响环境公益的行为，与公众环境权益紧密相关，因此必须对海底可燃冰开发中公众参与权利进行制度体系化保障。我国 2014 年修订的《环境保护法》规定了"信息公开和公众参与"专章，明确规定了公众享有获取环境信息、参与环境保护和监督环境保护这三项程序性权利，环境保护部（现生态环境部）于 2015 年公布了《环境保护公众参与办法》系统规定原则和制度来保障公民、法人和其他组织获取环境信息、参与和监督环境保护的权利。具体到海底可燃冰开发领域，需要针对海底可燃冰开发环境风险与致害的特殊性，来针对性适用环境公众参与制度以平衡国家安全保障与环境公益保护之间的关系。具体而言，首先是海底可燃冰开发环境信息公开，包括向公众公开可燃冰开发产业的相关背景资料和环境影响评价信息等，具体规定政府与矿山企业应当主动公开的相关信息事项，以及赋予公众可以申请政府和企业公开可燃冰勘查开采技术及其使用的化学试剂等数据的权利。其次，环境保护主管部门通过组织问卷调查、召开座谈会、专家论证会等形式邀请相关领域专家、可能受海底可燃冰开发直接影响的相关社会主体参与可燃冰开发决策讨论。最后，鼓励和提供条件保障公众以信函、传真、电子邮件、"12369"环保举报热线、政府网站等途径，向生态环境主管部门监督和举报可燃冰开发中的环境问题。

三、结语

如果说，已经被定位为我国国家战略性新兴产业、出台专门产业发展规划、制定系列产业支持政策并已经实际进行商业开发的页岩气，被视为缓解我国当前能源危机的突破口，那么，可燃冰因为其储量巨大、分布广泛、燃烧清洁，则普遍被认为是未来新世纪的潜在的重要替代能源。当前，世界一些国家正加大对海底可燃冰的研发投入和试采实验。但海底可燃冰开发会引致远超传统油气资源开发的生态环境风险，这不但是引发科学界和社会各界对于是否要开发海底可燃冰巨大争议的最重要原因，也是日本等国家虽然已掌握开采技术却一再推延商业开发时间的根本原因。可以预见，一旦全球可燃冰储量丰富国家正式商业开发可燃冰，必将引发各执一词、难以调和的争议。但是，当我国未来面临传统油气资源枯竭风险之时，在尽量通过技术和法律制度预防与控制伴生的环境风险来商业开发可燃冰，必将是无奈之下作出的务实选择。因此，在大规模开发海底可燃冰之前系统研究、揭示和归纳海底可燃冰开发的生态环境风险，并探究法律监督管理之道，对于我国将来的海底可燃冰大规模开发和可燃冰产业发展至关重要。本节内容主要是从生态环境监督管理的制度与机制层面梳理与归纳了我国的生态环境资源法律体系在规制可燃冰开发中的生态环境风险中的逻辑、利弊与绩效，进而相应地剖析与检讨当前可适用于海底可燃冰开发生态环境风险的监督管理制度的现状与不足，相应地提出完善海底可燃冰开发生态环境监督管理法律制度的具体建议。

第三节　自然资源产权制度与海底可燃冰开发
环境风险规制的逻辑与理路

可燃冰在性质上属于一种自然资源。可燃冰的开发利用必须在我国现行的自然资源权属制度与管理制度体系下展开，因此，我国现行的关于自然资源的权属制度与管理制度的系列规范体系，构成了可燃冰产业发展的制度背景。我国关于自然资源的产权制度的规定，成为参与可燃冰开发利用的多方主体的制度保障与约束，进而决定了多方主体的权利义务，影响了多方主体的行为选择。自我国系统推进生态文明建设战略以来，自然资源产权制度是生态文明建设的重要基础性制度。我国自部署自然资源产权制度改革以来，出台了系列政策文件进行系统推进，展开了制度建设的地方实践。自然资源产权制度改革的地方实践可以划分为专门制定针对性的实施性政策和在整体性的生态文明体制改革方案中涉及这两种类型，呈现出规则供给的总体缺失、制度创新的针对性不足、规则体系的协调性不足等特征。自然资源产权制度改革诉求下的规则创新，需要从协整还原论与整体论以实现自然资源综合立法、兼顾统一规律与自然属性拓展自然资源产权权能、重视自然资源统一确权登记的制度建设作为先导、整合生态文明体制改革政策体系以系统推进等几个方面系统展开。自然资源产权制度体系及其改革趋势与路向，成为将海底可燃冰纳入自然资源产权制度的客体与对象、在现行的权利—义务—职责体系下审视海底可燃冰开发行为、规制海底可燃冰开发环境风险的法律前提与制度背景。本节内容预期在梳理我国自然资源产权制度改革的政策演进、剖析与检讨制度改革地方实践经验的基础上，探究全面推进我国自然资源产权制度改革的机制与路径，进而进一步针对性地探究在自然资源产权制度体系下审视与规制海底可燃冰开发环境风险的逻辑与理路。

一、自然资源产权制度改革研究现状

自然资源产权制度改革近些年来成为我国当前的生态文明建设中的热点，引起社会各界和学术界的高度重视与关注。以党中央 2013 年《中共中央关于全面深化改革若干重大问题的决定》正式提出自然资源产权制度改革为标志与界限，可将学界对于自然资源产权制度的相关研究概括分为两个阶段。

(一) 自然资源产权制度改革之前的研究路径与重点

2013 年《中共中央关于全面深化改革若干重大问题的决定》提出自然资源产权制度改革之前，以"产权"为核心概念展开的研究主要集中于经济学、管理学等学科领域，法学界以"自然资源产权"为核心命题的研究较为鲜见。不同学科对自然资源"产权"的研究虽然各有侧重，其共性之处是以现代产权学派、新制度学派和交易成本学派阐释的"产权"概念为基础展开。由于"产权"不是我国法律规范明确界定的法定权利，故而，学界对"产权"的内涵与构造的界定也众说纷纭、难有共识。比如，有研究认为自然资源产权是国家、集体或个人对于某种自然资源(或某一地域范围内的自然资源)形成的一组排他性的权利。① 有研究认为自然资源产权制度是由"自然资源的所有权、使用权、占有权、支配权等共同组成了产权制度系束"。② 在此制度语境下，自然资源产权制度有关的研究概括而言可以划分两种路径：第一，在传统权利理论与制度架构下阐释自然资源权利理论与制度；第二，直接从应然角度研究自然资源上的相关权利群。

1. 在传统权利理论与制度架构下阐释自然资源权利理论与制度

这一研究路径与框架主要是剖析自然资源国家所有权的理论基础与制度建构。在我国《宪法》《民法典》的制度语境中，自然资源属于国家所有或集体所有。无论从我国物权法的立法目的、价值选择还是制度逻辑上总结，我国法律体系对于自然资源国家所有权是概括性规定，国家所有的自然资源最为广泛。学界对于自然资源国家所有权进行了较为充分的讨论，这些研究可归纳为以下几个方面：(1)研究自然资源国家所有权的性质，认为自然资源国家所有权的概念是经由自然资源全民所有过渡到宪法上国家所有权，进而转化为民法上的国家所有权的。③ (2)对我国当前的自然资源国家所有权制度进行批判性研究，批评自然资源国家所有权的"物权化"，主张要区分公共自然资源与国有自然资源。④ (3)主张自然资源国家所有权应理解为国家必须在充分发挥市场的决定作用基础下，通过使用负责任的规制手段，包括以建立国家所有权防止垄断为核心的措施，以确保社会成员持续性共享自然资源。⑤

2. 直接研究自然资源上的相关权利群

这些研究的对象与观点不局限于既有的法定权利体系，而是以保障与规制自然资源开发利用为预期目标，梳理与证成应然的自然资源权利。比如，有学者在梳理与检讨自然资源利用权基础上证成资源权，界定其为法律上的人对自然资源

① 姜仁良：《我国自然资源产权制度的改革路径》，载《开放导报》2010 年第 4 期。

② 叶青海：《制度兼容、制度互补与我国自然资源产权制度完善》，载《改革与战略》2010 年第 4 期。

③ 单平基：《自然资源国家所有权性质界定》，载《求索》2010 年第 12 期。

④ 邱秋：《中国自然资源国家所有权制度研究》，科学出版社 2010 年版，第 187~226 页。

⑤ 王旭：《论自然资源国家所有权的宪法规制功能》，载《中国法学》2013 年第 6 期。

所享有的进行合理利用的权利,包括自然性资源权与人为性资源权两部分。① 有学者在环境权(环境利用权)的理论与框架下论证了自然资源利用权,认为自然资源利用权属于开发性环境利用权之一种。② 还有研究将自然资源权划分为国家主权管辖范围外的自然资源权与国家主权管辖范围内的自然资源权,再进一步分别展开阐释。③ 这些研究在立论基点、框架与观点上各有侧重,但共性之处是梳理与反思了在传统制度框架下解释自然资源上相关权利存在的弊端,进而努力在尊重自然资源自身属性、赋存规律以及满足人类需求等方面提出自然资源权利配置需求。

(二) 自然资源产权制度改革后的研究路径与重点

《中共中央关于全面深化改革若干重大问题的决定》等中央政策文件出台了生态文明建设方略、部署自然资源产权制度改革之后,对自然资源产权制度的研究成为学界热点。概括而言,与该制度相关的研究可以归纳为以下两个方面:

1. 重启自然资源国家所有权制度的研究

探讨我国自然资源产权制度改革,其中的逻辑起点与重要内容是辨析我国的自然资源国家所有权制度。在此背景下,学界重启对自然资源国家所有权的集中研讨,这较为集中体现在2013年召开的多个学科学者参与的自然资源国家所有权研讨会上的观点之争。对自然资源国家所有权性质的观点及论证体现了不同的学科进路和核心主张,具体而言,有些学者坚持自然资源国家所有权的民事权利属性,认为"我国的自然资源国家所有权制度是一个民法层面上的制度,在物权法中对其作规定不存在任何体系上的问题"。④ 有些学者论证了自然资源国家所有权蕴含着宪法所有权与民法所有权的双阶构造,认为纯粹私权说与纯粹公权说均难谓恰当。⑤ 有环境法学者认为宪法上的自然资源国家所有权的实质是国家权

---

① 金海统:《资源权论》,法律出版社2010年版,第108~132页。
② 王社坤:《环境利用权研究》,中国环境出版社2013年版,第184~242页。
③ 刘卫先:《自然资源权体系及实施机制研究:基于生态整体主义视角》,法律出版社2016年版,第46~117页。
④ 薛军:《自然资源国家所有权的中国语境与制度传统》,载《法学研究》2013年第4期。
⑤ 税兵:《自然资源国家所有权双阶构造说》,载《法学研究》2013年第4期。

力，是管理权，而非自由财产权。① 还有学者论证了自然资源国家所有权的公
权说。②

2. 针对性探讨自然资源产权制度及其改革重点

有研究从宏观层面探讨了我国自然资源产权制度改革的关键领域和工作体
系，认为该项改革要从自然资源权利制度建设、自然资源统一确权登记制度建
设、自然资源权利保护和救济机制建设、自然资源监管制度建设这四个方面全力
攻坚。③ 有研究主张从强化产权保护的法律修编、完善市场配置自然资源的有偿
使用制度和价格改革、加快推进不动产统一登记、完善自然资源产权管理的环境
经济政策、制定国家生态文明建设战略行动纲要等方面，推动我国自然资源产权
制度改革。④

概括而言，当前研究注重对自然资源产权制度改革进行针对性研究，但整体
呈现出亟待改进之处：第一，当前专门针对自然资源产权制度改革的研究多见于
报纸网络媒体的一般探讨，专业性的深度剖析较为匮乏；第二，当前研究多偏于
对自然资源产权制度改革的必要性论证、意义阐释与政策解读，对于制度改革本
身的内容与路径缺乏系统、深入论证；第三，当前多数研究偏于就事论事，而对
中央政策体系部署的"自然资源产权制度改革"与既有的自然资源权利制度体系
之间的沟通、协调、整合缺乏必要的关系性研究，而这些关系性研究是在我国
"物权法定"的法治原则下推动自然资源产权制度改革的内在需求。

二、自然资源产权制度改革的政策演进

2013 年，党的十八届三中全会作出的《中共中央关于全面深化改革若干重大
问题的决定》在第十四部分"加快生态文明制度建设"中首次规定了要健全自然资
源资产产权制度和用途管制制度，"对水流、森林、山岭、草原、荒地、滩涂等
自然生态空间进行统一确权登记，形成归属清晰、权责明确、监管有效的自然资
源资产产权制度"。2014 年，党的十八届四中全会作出的《中共中央关于全面推

---

① 徐祥民：《自然资源国家所有权之国家所有制说》，载《法学研究》2013 年第 4 期。
② 巩固：《自然资源国家所有权公权说》，载《法学研究》2013 年第 4 期。
③ 张富刚：《自然资源产权制度改革如何破局》，载《中国土地》2017 年第 12 期。
④ 马永欢、刘清春：《对我国自然资源产权制度建设的战略思考》，载《中国科学院院
刊》2015 年第 4 期。

进依法治国若干重大问题的决定》提出，"建立健全自然资源产权法律制度，完善国土空间开发保护方面的法律制度，制定完善生态补偿和土壤、水、大气污染防治及海洋生态环境保护等法律法规，促进生态文明建设"。2017 年，党的十九大报告进一步深化和具体化了自然资源产权制度改革的要求与表述，将其放置于"加快生态文明体制改革，建设美丽中国"的高度，"加强对生态文明建设的总体设计和组织领导，设立国有自然资源资产管理和自然生态监管机构，完善生态环境管理制度，统一行使全民所有自然资源资产所有者职责，统一行使所有国土空间用途管制和生态保护修复职责，统一行使监管城乡各类污染排放和行政执法职责"。2019 年，党的十九届四中全会《中共中央关于坚持和完善中国特色社会主义制度 推进国家治理体系和治理能力现代化若干重大问题的决定》在"十、坚持和完善生态文明制度体系，促进人与自然和谐共生"部分，进一步深化了相关论述，在"全面建立资源高效利用制度"中体系化地要求："推进自然资源统一确权登记法治化、规范化、标准化、信息化，健全自然资源产权制度，落实资源有偿使用制度，实行资源总量管理和全面节约制度。"

为更好地贯彻落实党代会和党的全会精神，中央出台了一系列政策文件。中共中央、国务院 2015 年印发的《生态文明体制改革总体方案》从建立统一的确权登记系统、建立权责明确的自然资源产权体系、健全国家自然资源资产管理体制、探索建立分级行使所有权的体制、开展水流和湿地产权确权试点这几个方面提出了健全自然资源资产产权制度的具体方案。2016 年 12 月 29 日，国务院印发《国务院关于全民所有自然资源资产有偿使用制度改革的指导意见》(国发〔2016〕82 号)，针对土地、水、矿产、森林、草原、海域海岛 6 类国有自然资源不同特点和情况，分别提出了建立完善有偿使用制度的重点任务。2017 年，中共中央办公厅、国务院办公厅印发的《关于创新政府配置资源方式的指导意见》从建立健全自然资源产权制度、健全国家自然资源资产管理体制、完善自然资源有偿使用制度、发挥空间规划对自然资源配置的引导约束作用等几个方面规定了创新自然资源配置方式。

为了具体推进我国自然资源资产产权制度改革，我国国土资源部(现自然资源部)于 2017 年开始启动自然资源统一确权登记试点工作。吉林、黑龙江、江苏、福建、江西、湖北、湖南、贵州、陕西、甘肃、青海、宁夏 12 个试点省和齐齐哈尔、徐州、厦门、宜都、芷江、浏阳、澧县、渭南8个试点市县需要在试点期间，完成明确自然资源登记范围、梳理自然资源资产权利体系、开展自然资源统一确权登记、加强自然资源登记信息的管理和应用四项任务。一些生态文明先行示范区和国家生态文明试验区的省份针对本省实际情况，积极探索自然资源资产产权制度改革，典型如福建省政府办公厅2018年7月印发《福建省自然资源产权制度改革实施方案》，系统规定了自然资源产权制度改革的主要任务和保障措施。

通过上述政策文件和实践试点的概略梳理可知，我国已经形成较为完备的自然资源产权制度改革政策体系，下一阶段的工作重点是具体贯彻落实该政策体系。政策体系战略目标需要通过构建体系完整的具体政策、借助于法律制度实现，这是因为政策和法律各自具有相对独立、不可替代的优势，且二者之间密切联系，互补互联谐变。① 自然资源资产产权政策体系的目标必须转化并借助法律的规范性和稳定性，通过政策法的形式对抽象性环境政策进行立法确认，从而使国家环境保护的基本价值理念和方向得到法律的正式宣示。预期全面推进我国自然资源产权制度改革，从法律角度审视自然资源产权制度改革的内在意蕴与法律表达尤为必要：(1)借助环境法律制度来落实国家宏观环境资源政策，是我国的普遍政策实施经验，这一经验也应当借鉴于自然资源产权制度改革政策实施过程中。(2)政策大致可分为较为原则与抽象的政策和具体实施性政策两大类型，中央政策文件规定的自然资源产权制度改革的战略目标，要贯彻于各省市的具体实施性政策与法律制度体系。(3)历次中央全会决定以及《生态文明体制改革总体方案》《关于全民所有自然资源资产有偿使用制度改革的指导意见》(国发〔2016〕82号)规定的自然资源产权制度改革的内容，所涉及的自然资源权利归属、权责配置、监督管理、有偿使用等制度，均不同程度地在我国现行法律体系中有所体现，因此，需要从制度角度剖析我国自然资源产权制度改革的核心命题，进而探究其规则需求，为系统推进我国自然资源产权制度改革提供法律保障与制度措施支撑。

---

① 李龙、李慧敏：《政策与法律的互补谐变关系探析》，载《理论与改革》2017年第1期。

三、我国自然资源产权制度改革的地方实践

《生态文明体制改革总体方案》等政策部署的自然资源产权制度改革的政策目标和重点工作，必须通过具体的实施性政策予以贯彻落实。为此，各地在积极开展的生态文明建设试点中，以各种方式进行自然资源产权制度改革建章立制的尝试。本部分将对这些地方实践进行类型比较与特征归纳。

（一）我国自然资源产权制度改革地方实践的类型比较

我国将生态文明建设纳入"五位一体"中国特色社会主义总体布局后，在出台系列政策文件的同时，推动了多个生态文明建设试点。这些示范区或试验区均重视通过出台政策或者制定地方立法进行制度建设，更多未被纳入各类试点的地区也自发进行了制度创新。由于自然资源产权制度是生态文明建设的基本制度，因此，各地以多种方式、出台不同类型的政策进行了自然资源产权制度改革的地方实践，其类型可以归纳为以下两种：

1. 专门制定针对性的自然资源产权制度改革政策

梳理我国自然资源产权制度改革地方实践，针对自然资源产权制度改革专门制定政策的地区主要是福建省。2018 年 7 月福建省人民政府办公厅印发《福建省自然资源产权制度改革实施方案》，随后福建省三明市、将乐县等县市为贯彻落实《福建省自然资源产权制度改革实施方案》，均制定本地区的自然资源产权制度改革实施方案。这些专门政策的鲜明特征表现为：第一，以自然资源产权制度改革为核心任务，系统规定了自然资源产权制度改革的总体要求、主要任务和保障措施；第二，具体政策措施以土地、水、矿产、森林、海域海岛等类型自然资源的产权制度改革分别展开；第三，将加快推进自然资源产权登记、适度扩大自然资源产权权能、建立健全自然资源产权交易市场、加强自然资源产权保护、强化自然资源产权行使监管等均作为自然资源产权制度改革的有机组分和主要任务。

2. 在整体性的生态文明体制改革方案或生态文明试验区实施方案中提及自然资源产权制度改革

目前，全国大部分地区采取了这一模式，这一类的地方实践的鲜明特征表现

为：第一，大多数地方政府出台了整体性的生态文明体制改革政策，仅将自然资源产权制度作为其中的一个组成部分，没有进行系统性的专门性的规定。比如，与福建省同为国家生态文明试验区的江西省和贵州省，没有出台专门的自然资源产权制度改革政策，而是分别在《国家生态文明试验区(江西)实施方案》《国家生态文明试验区(贵州)实施方案》规定的数十项"重点任务"中规定要"建立健全自然资源资产产权制度"，而这两省没有通过本省制定的专门政策对自然资源产权制度改革措施予以具体化。安徽省、河北省等省不属于生态文明建设的相关试点省份，《安徽省生态文明体制改革总体方案》将自然资源产权制度改革作为生态文明体制改革的主要目标之一，没有进行具体政策体系与制度措施的规定；《河北省生态文明体制改革总体方案》将自然资源产权制度改革作为 40 多个"主要工作"的组成部分，内容论述概括而简略。第二，镶嵌在宏观的上位的地方生态文明体制改革总体方案或者生态文明试验区实施方案中的自然资源产权制度改革措施，基本上在规则体系与制度措施上照搬《生态文明体制改革总体方案》，没有实质上进行地方政策的制度创新。

(二)我国自然资源产权制度改革地方实践的特征

综合梳理和类型化分析自然资源产权制度改革地方实践，可以从中归纳现阶段我国自然资源产权制度改革的特征。

1. 规则供给的总体缺失

《生态文明体制改革总体方案》等中央政策文件规定的自然资源产权制度改革的工作重点具有内容系统、体系庞大且抽象性较强等特征，既为各地根据其自然资源的特殊性具体化推进自然资源产权制度改革提供了较大政策空间，同时也亟待各地积极探索与试行具体的自然资源产权制度改革政策。但是，从 2015 年至今，梳理各地实践，自然资源产权制度改革纵深拓展的进度与效果难以尽如人意，导致规则供给总体上的不足。现实中，除了福建省及其所辖部分县市制定了专门的自然资源产权制度改革政策之外，其他省市鲜见地方政策的规则创新。浙江、江苏、安徽、四川、湖北、河北、甘肃等省制定了生态文明改革总体方案或生态文明改革实施方案，梳理这些方案，在政策思路与制度框架上沿袭和参照了《生态文明体制改革总体方案》，在结合本地区自然资源特殊性与地方特色上进行的规则创新不足。

2. 制度创新的针对性不足

自然资源产权制度改革是一个系统性工程，《生态文明体制改革总体方案》从建立统一的确权登记系统、建立权责明确的自然资源产权体系、健全国家自然资源资产管理体制、探索建立分级行使所有权的体制与开展水流和湿地产权确权试点等几个方面，规定了自然资源产权制度改革要完成的主要内容。并且，从制度需求上看，自然资源产权制度改革还需要通过规则设计与制度创新，矫正当前的自然资源产权制度存在的自然资源资产整体性被忽视、自然资源资产产权权利边界不够清晰、自然资源资产产权发展程度不够平衡、权责不清、利益机制不完善等问题。① 自然资源产权制度改革亟待针对的任务领域和矫正的问题类型，均提出了进行系统的针对性的规则创新的需求。现实中自然资源产权制度改革存在着明显的制度创新针对性不足的弊端。综合梳理，各省市（包括作为国家生态文明试验区的江西省和贵州省）仅出台整体性的生态文明建设实施方案或生态文明体制改革总体方案，参照国家的《生态文明体制改革总体方案》，在思路、框架、内容与篇幅上均属于概略规定自然资源产权制度改革，对自然资源产权制度改革的主要任务、规则体系与保障措施等内容的针对性、细致化规定均存在不足。

3. 规则体系的协调性不足

《生态文明体制改革总体方案》部署了一个体系庞大的改革计划，主要内容可以归纳为"一个目标，六个理念，六个原则，八项制度"。自然资源产权制度镶嵌在这一制度体系中，既需要以自然资源统一确权登记、环境标准等制度的实施作为前提，同时，也为推行市场机制、健全生态保护补偿机制、健全政绩考核和完善责任追究制度奠定了制度基础。并且，自然资源产权制度改革不应是凭空创设全新的制度，而是必须在梳理与检讨既有的自然资源权属制度的逻辑与绩效的基础上，进行制度完善。而就我国当前各地实施的自然资源产权制度改革实践来看，则对于规则体系的联系性与协调性重视不足：（1）梳理全国范围的生态文明体制改革和自然资源产权制度改革的地方实践，福建省作为首个全国生态文明

---

① 谢高地、曹淑艳、王浩、肖玉：《自然资源资产产权制度的发展趋势》，载《陕西师范大学学报（哲学社会科学版）》2015年第5期。

试验区，进行了完整的体制改革与规则创新实践，在中共中央办公厅、国务院办公厅印发的《国家生态文明试验区(福建)实施方案》的基础上，陆续制定了《福建省自然资源产权制度改革实施方案》《福建省自然资源统一确权登记办法(试行)》。并且福建省也确立了省内的相关试点，其部分县市制定了自然资源产权制度改革和自然资源统一确权试点改革方面的具体政策措施。而福建省之外的其他省市则大多处于制定生态文明体制改革实施方案或总体方案阶段。(2)有些被确立为自然资源产权统一确权登记的试点省和试点市县重视了出台自然资源统一确权登记的政策制定和规则创新，比如江西省印发《江西省自然资源统一确权登记试点实施方案》、宜都市印发《湖北省宜都市自然资源统一确权登记试点实施方案》，但并没有出台自然资源产权制度的政策措施。

四、自然资源产权制度改革诉求下的制度创新

全面推进自然资源产权制度改革目标的实现，亟待在审视既有的自然资源权属制度基础上，归纳中央宏观政策文件相关表述提出的总体要求、主要原则和目标任务，系统改革既有的自然资源权属的规则体系，构建体系完整的实施性具体政策，创新制度以落实中央自然资源产权改革的宏观政策目标。

(一)协整还原论与整体论以实现自然资源综合立法

我国当前的自然资源立法秉持的是还原主义方法论，实质上认定作为聚合概念的"自然资源"由具体自然资源种类集合而成，在制度设计上也预期通过针对具体种类的自然资源进行分别立法(比如我国制定的《水法》《森林法》《草原法》等)，综合实现对自然资源的保护。但是，这种立法理念与方法没有尊重各种自然资源之间的紧密联系性和相互依赖性，也没有兼顾各具体种类自然资源构成的自然生态环境的整体性，导致了自然资源管理立法的部门化现象严重。而且，其主要目标是保障自然资源的持续利用和合理利用，而对自然资源的生态价值缺乏足够的关注和维护。[①] 因此，针对此弊端，在自然资源产权制度改革中，首先要进行法律方法论的更新，以整体论为指导，制定自然资源综合立法。

---

① 汪劲主编：《环保法治三十年：我们成功了吗?》，北京大学出版社 2011 年版，第 172~173 页。

在既有还原论作为方法论指导的自然资源分别立法的基础上，以整体论作为指导进行自然资源综合立法，实质上贯彻的是自然资源产权制度改革中的系统方法论。系统论是超越还原论、发展整体论，实现还原论与整体论的辩证统一。"不还原到元素层次，不了解局部的精细结构，我们对系统整体的认识只能是直观的、猜测性的、笼统的，缺乏科学性。没有整体观点，我们对事物的认识只能是零碎的，只见树木，不见森林，不能从整体上把握事物，解决问题。科学的态度是把还原论与整体论结合起来。"①申言之，现有的自然资源领域立法是以还原论作为立法理念与方法论指导，针对具体类型的自然资源进行分别立法，而当前的自然资源产权制度改革提出了综合促进资源保护和合理利用、支撑我国生态文明建设的宏观目标，因此，进一步以整体论为指导进行自然资源综合立法，以与既有的立法一起，形成一个完整的自然资源立法系统。

具体而言，自然资源综合立法的要旨包括以下几个方面：（1）在立法指导思想与方法论上，自然资源综合立法不是对既有自然资源立法体系的替代，而是矫正与补强，即以整体论为指导、针对当前的还原论理念下自然资源分别立法的不足进行专门立法，以二者的融合与互补形成自然资源立法系统。（2）在立法导向上，按照自然资源产权制度改革提出的综合促进资源保护与合理利用的双重目标与价值取向，在自然资源综合立法中重视自然资源在实现生态文明建设的基础功能，在制度设计上不再偏向于其对主体产生的经济价值，重视并配置其对不同类型社会主体产生的生态效益。（3）在立法内容上，应当包括以下几个方面：第一，重点针对既有的自然资源单行法体系所不能涉及的"国土空间""自然生态空间"进行立法，"自然生态空间"是草地、林地、湿地、水面等在国土空间上以一定比例与结构形成的地域空间构成，但其本身并不等同于这些具体类型的自然资源，其本身具有整体性、复合性，也具有独立价值，这就要求综合性的自然资源立法要针对这些新型客体进行专门立法。第二，现行自然资源单行法的内生弊端既有同一类型自然资源事权配置混乱导致的规范冲突、执法权交叉重叠，也有单行法呈现的规范抵牾、权力冲突、交叉地带监管缺位等弊端，综合自然资源立法同时应当从系统论视角，重点针对传统自然资源单行法所不能涉及的不同类型的

---

① 赵光武：《用还原论与整体论相结合的方法探索复杂性》，载《系统辩证学学报》2003年第1期。

自然资源相互联系部分的监管进行立法，还应当根据自然资源产权制度改革相关政策文件的要求，重点划分各类型自然资源产权的边界。

(二) 兼顾统一规律与自然属性拓展自然资源产权权能

我国当前几个关于自然资源产权制度改革的政策文件，均将自然资源产权的权能制度改革作为重中之重。《生态文明体制改革总体方案》在"二、健全自然资源资产产权制度"部分明确提出，"适度扩大使用权的出让、转让、出租、抵押、担保、入股等权能"，"明确国有农场、林场和牧场土地所有者与使用者权能"。《国务院关于全民所有自然资源资产有偿使用制度改革的指导意见》(国发〔2016〕82号) 提出，"适度扩大使用权的出让、转让、出租、担保、入股等权能"。此次改革直接针对当前《民法典》确立的自然资源物权制度的占有、使用、收益和处分四项权能体系。因为该规定，对于自然资源物权(所有权、用益物权)的权能体系作仅有占有、使用、收益和处分四项权能的理解过于僵化，不能因应自然资源种类繁多、属性各异的特殊性所提出的权利主体多样化地行使自然资源权利的诉求，不能充分合理地发挥自然资源在社会文明发展各个方面的效用。因此，自然资源产权制度改革预期通过制度改革来适度拓展自然资源产权权能体系。

宏观政策体系中提出的适度扩大自然资源产权权能，需要通过具体的实施性政策贯彻，比如，《福建省自然资源产权制度改革实施方案》在"主要任务"之"(二)适度扩大自然资源产权权能"部分，具体列举了适度扩大土地资源、水资源、矿产资源、森林资源和海域海岛资源这五类资源的权能体系，其在"附件"部分也以上述五类重要自然资源为分类标准，梳理《自然资源权利类型(试行)》，其实质是列举了每类自然资源的具体权能。需要强调的是，在我国已经通过《民法典》等法律体系系统规定了自然资源物权体系及其权能的制度语境下，必须进行权能的法理阐释与制度更新，才能为试点省市进行的自然资源产权制度改革提供法律供给和制度依据，也才能综合实现中央自然资源产权制度改革的政策目标。

关于所有权权能的性质，学界有权利集合说以及权利作用等观点。笔者认为，权能表征的是权利主体可以行使权利的方式，《民法典》规定的所有权的占有、使用、收益和处分这四项权能不是一个封闭的结构，只是在生产生活实践中对于权利人最经常行使权利方式的总结。随着社会经济生活的发展，所有权的权能也在不断变化，四项权能也不一定能够完全概括所有权的各项权能。① 随着社会实践的进展，当一些权利行使方式越来越频繁时，可以归纳为自然资源权利主体的新的权能，拓展自然资源产权权能应当包括两个层面：

1.《民法典》规定的权能体系在自然资源产权领域的解释适用

现行《民法典》物权编规定所有权的占有、使用、收益和处分四项权能，以及使用权的占有、使用和收益权能，是现行法律对经常使用的四种权利行使方式的法律总结，这些权能也应当解释适用于自然资源产权的行使过程，成为自然资源产权权利主体行使自然资源产权时最频繁适用的措施与手段。比如，土地承包经营权人对于承包地（集体所有的土地资源）的使用权能具体表现为应当按照承包地的自然属性和承包合同的约定用途进行使用，而取水户对水资源的使用权能具体表现为按照取水许可证的规定进行使用。

2. 因应自然资源自然属性拓展自然资源产权权能

在既有权能体系上进行自然资源产权权能的适度拓展，是此次自然资源产权制度改革的重点。《生态文明体制改革总体方案》及《国务院关于全民所有自然资源资产有偿使用制度改革的指导意见》（国发〔2016〕82 号）等中央政策文件仅概括规定应"适度扩大使用权的出让、转让、出租、抵押、担保、入股等权能"。若使其规定具有可操作性，亟待将其具体化。具体化拓展的路径是分别针对土地资源、水资源、矿产资源、森林资源和海域海岛资源等最为基本的自然资源类型，具体拓展每种自然资源权能。

（1）具体到土地资源产权权能。根据《关于农村土地征收、集体经营性建设用地入市、宅基地制度改革试点工作的意见》《关于完善农村土地所有权承包权经营权分置办法的意见》等文件，我国正在进行农村土地"三权分置"改革，构建农村承包土地所有权、承包权、经营权"三权分置"制度。综合分析，土地资源产权一般权能是占有、使用、收益和处分权能；进一步具体到农村承包土地资源和宅基地资源，则还应当适度拓展其权能，具体包括：第一，转让、互换、出租

---

① 王利明：《物权法论（修订本）》，中国政法大学出版社 2003 年版，第 256 页。

(转包)、入股等流转权能；第二，抵押权能；第三，退出权能。①

（2）具体到水资源产权权能。我国法律规定水资源属于国家所有，水资源又是人类生产生活最为关键的物质基础。因此，在我国法律体系与现实生活中，存在着体系庞杂、方式多样的水资源使用权。自然资源产权制度改革要求根据不同用水方式的经济属性、社会效益及其对水资源本身与生态环境的影响，分别厘清各类用水产权及其权能体系。《福建省自然资源产权制度改革实施方案》将水资源权利类型划分为所有权（全民所有权）、用益物权（取水权、养殖权、捕捞权）、担保物权（抵押权）和其他权益（水能资源开发使用权等），这是在梳理用水产权体系基础上进行的有益探索，但仅此不够，还亟待完善与深入之处包括：第一，对水资源权利体系梳理需要结合《水法》等规定进一步具体细致化，我国《水法》（2016 年）第 21 条规定："开发、利用水资源，应当首先满足城乡居民生活用水，并兼顾农业、工业、生态环境用水以及航运等需要。在干旱和半干旱地区开发、利用水资源，应当充分考虑生态环境用水需要。"这一规定实际上确立了水权体系及其位序。第二，结合取水许可证的相关规定进一步类型化确定每种水权权能。

（3）具体到矿产资源产权权能。《福建省自然资源产权制度改革实施方案》的规定可资借鉴，其将矿产资源权利类型划分为所有权（全民所有权）、用益物权（探矿权、采矿权）、担保物权（抵押权）和其他权益（矿产品经营权等）。结合我国现行矿业权的制度逻辑困境与实践需求，在自然资源产权制度改革背景下，我国矿产资源产权权能改革的重点应当包括以下两个方面：第一，由于我国当前矿业权在性质上被界定为一种特许物权，矿业特许权的取得及其内容由公权力确定，矿业权实质上沦为实现矿产资源国家所有权的工具性权利，② 针对此制度弊端，亟待矿产资源产权制度改革中明确探矿权、采矿权的权利效力、权能体系及其与矿产资源国家所有权的关系，健全并通过制度保障其转让、抵押、出资（入股）等权能。第二，随着时代的发展，应当明确规定矿业权的转让、出租等权能，使之成为矿业权主体在符合法定条件实现矿业权财产权利行使的方式。

---

① 管洪彦、孔祥智：《"三权分置"中的承包权边界与立法表达》，载《改革》2017 年第 12 期。

② 刘超：《页岩气特许权的制度困境与完善进路》，载《法律科学》2015 年第 3 期。

（4）《福建省自然资源产权制度改革实施方案》对森林资源和海域资源权利体系及其权能的探索值得借鉴。其规定森林资源权利体系包括所有权（全民所有权和集体所有权）、用益物权（林地承包权、林地使用权、森林或林木使用权）、担保物权（抵押权）以及其他权益（农民集体林地林木资产股权、林地经营权等），这一规定既是对当时《物权法》相关规定的具体化，同时，又是对集体林权制度改革成果的吸纳。其规定海域资源（含无居民海岛资源）的权利体系包括所有权（全民所有权）、用益物权（海域使用权、无居民海岛使用权、养殖权、捕捞权）、担保物权（抵押权）以及其他权益（租赁权）等，其中，无居民海岛使用权的规定既是福建省的地方立法特色，同时也是对海域使用权的完善，亟待在进一步设计与适用中对海域、无居民海岛使用权的转让、抵押、出租、作价出资（入股）等权能具体化。

（三）重视自然资源统一确权登记的制度建设作为先导

2016年，国土资源部（现自然资源部）联合六部委印发《自然资源统一确权登记办法（试行）》（国土资发〔2016〕192号），要求以不动产登记为基础，"对水流、森林、山岭、草原、荒地、滩涂以及探明储量的矿产资源等自然资源的所有权统一进行确权登记，界定全部国土空间各类自然资源资产的所有权主体，划清全民所有和集体所有之间的边界，划清全民所有、不同层级政府行使所有权的边界，划清不同集体所有者的边界"。2019年，自然资源部、财政部、生态环境部、水利部、国家林业和草原局六部委在试点工作的基础上，制定《自然资源统一确权登记暂行办法》，规定了"国家实行自然资源统一确权登记制度"，要求对水流、森林、山岭、草原、荒地、滩涂、海域、无居民海岛以及探明储量的矿产资源等自然资源的所有权和所有自然生态空间统一进行确权登记。《自然资源统一确权登记暂行办法》第4条规定："通过开展自然资源统一确权登记，清晰界定全部国土空间各类自然资源资产的所有权主体，划清全民所有和集体所有之间的边界，划清全民所有、不同层级政府行使所有权的边界，划清不同集体所有者的边界，划清不同类型自然资源之间的边界。"

在我国生态文明体制改革中，自然资源统一确权登记是生态文明建设的基础性和前置性制度。按照《自然资源统一确权登记暂行办法》的规定，自然资源统一确权登记的目的之一是"推动建立归属清晰、权责明确、保护严格、流转顺畅、监管有效的自然资源资产产权制度",申言之,虽然二者各有内涵与侧重,但从逻辑上考察,自然资源统一确权登记是自然资源产权制度改革的前提和基础,二者紧密联系。

审视制度改革的逻辑与实践,在我国当前的生态文明体制改革过程中,虽然中央出台了《中共中央国务院关于加快推进生态文明建设的意见》来系统部署自然资源产权制度改革与自然资源统一确权登记制度,先后印发《自然资源统一确权登记办法(试行)》《自然资源登记簿》《自然资源统一确权登记试点方案》《自然资源统一确权登记暂行办法》,曾确定12个试点省和8个试点市县以推进自然资源统一确权登记工作。但是,通过前述地方制度改革实践梳理可知,当前的生态文明体制改革中,各地并没有充分重视两类制度之间的内在逻辑关系,在政策出台与制度设计等层面均存在不少亟待改进之处:(1)政策出台上的体系缺失,这体现为有些地方在颁布生态文明体制改革的政策体系或其实施方案中,并没有从内在逻辑关系上充分重视两类制度的关联性,没有在制定具体实施性政策中重视以实施自然资源统一确权登记作为改革自然资源产权制度的前提,有些地方仅规定了自然资源产权制度改革系列措施而未规定自然资源统一确权登记制度,或者对两类制度改革规定的政策措施重视程度不一。(2)制度设计上的逻辑失当,这体现在有些地方进行生态文明体制改革的制度设计中,没有充分重视自然资源统一确权登记对于自然资源产权制度的前提性与基础性价值;或者并行规定两类制度,没有将自然资源统一确权登记放置于为自然资源产权制度改革提供基础数据支撑的关键地位;或者仅规定一类制度而忽视另一类制度,比如在国土资源部(现自然资源部)确立的自然资源统一确权登记试点地区出台的政策中,仅重视规定自然资源统一确权登记而没有对应规定自然资源产权制度改革(比如《江西省自然资源统一确权登记试点实施方案》)。

理想的自然资源产权制度改革应当以自然资源统一确权登记制度建设与实践推进作为先导。具体而言,在政策体系及其制度设计上,各地在出台具体政策以推动生态文明体制改革时,应当重视自然资源统一确权登记与自然资源产权制度改革的内在逻辑关系,应当将前者作为后者的前提和基础,二者并重。因此,各地在制定自然资源产权制度改革政策时,不能陷入就事论事的局限。自然资源统一确权登记在生态文明体制改革中处于摸清家底、夯实基础的基础性地位。不能仅将自然资源统一确权登记限定为一个具体的操作性要求，而应将其放置于"有利于进一步推进产权制度改革、构建系统完整的生态文明制度体系、推进国家治理体系和治理能力现代化"的基础性地位。① 因此，即使体系化制定自然资源产权改革政策，也应当重视同时系统规定自然资源统一确权登记制度体系。

(四) 整合生态文明体制改革政策体系以系统推进自然资源产权制度改革

自然资源产权制度改革预期矫正我国当前在自然资源管理、使用与保护等方面存在的缺陷，对于促进自然资源的合理开发利用和有效保护、为经济社会发展提供物质基础意义重大。但是，我们必须清醒地认识到，在我国生态文明建设战略体系中，自然资源产权制度改革为生态文明体制改革提供了制度基础，而不是全部内容。自然资源产权制度改革是镶嵌在上位的、体系庞大的生态文明体制改革系统中，这要求在生态文明体制改革系统中审视自然资源产权制度改革，自然资源产权制度改革必须有体系化的视角：(1)从制度改革的内部层面考察，自然资源产权制度改革必须要矫正当前的自然资源管理与保护的制度设计"只见树木，不见森林"、制度设计针对单一自然资源环境要素而疏忽单一环境要素构成的"自然生态空间"整体的内生困境，在规则构建、制度设计上重视自然资源的联系性、整体性。(2)从制度改革的过程环节层面考察，自然资源产权制度改革还需要注重自然资源产权制度设计的全过程性，从自然资源的权属配置、监管措施、分级行使规则等方面实现全过程规范。(3)从制度改革的关联制度考察，正如前述分析，自然资源产权制度改革必须以自然资源统一确权登记作为基础，因此，自然资源产权制度改革必须放置于更为宏观的生态文明体制改革中予以审视，梳理其与相关联制度之间的关系进而在规则设计上予以体现，若此才能构建因应现状、契合诉求和行之有效的制度体系。

从我国当前的生态文明体制改革的政策框架与制度体系审视，系列制度之间的内在关联性并没有受到充分重视。制度改革中体系化视角的缺失被试点地方的政策措施所放大，比如：(1)前述内容已经论证，自然资源统一确权登记制度应

---

① 刘超：《页岩气特许权的制度困境与完善进路》，载《法律科学》2015 年第 3 期。

当被界定为自然资源产权制度改革的前提与基础，这就需要在政策出台与规则设计层面体现二者的关联性，但各地制度改革实践呈现或者顾此失彼、或者轻重不一、或者多头改革等多种样式的缺陷，即使在宏观政策层面，也没有将二者的关联性放置足够重要的地位。比如在对自然资源的分类与范围的制度设计层面，《国务院关于全民所有自然资源资产有偿使用制度改革的指导意见》（国发〔2016〕82号），针对土地、水、矿产、森林、草原、海域海岛6类国有自然资源不同特点和情况，这是明确列举的方式；而《自然资源统一确权登记办法（试行）》（国土资发〔2016〕192号）明确的水流、森林、山岭、草原、荒地、滩涂以及矿藏7种自然资源类型，"采用列举和开放外延的分类方式，为创设自然资源类型规制留下了空间"。① （2）《自然资源统一确权登记办法（试行）》（国土资发〔2016〕192号）第4条明确规定："自然资源确权登记以不动产登记为基础，已经纳入《不动产登记暂行条例》的不动产权利，按照不动产登记的有关规定办理，不再重复登记。自然资源确权登记涉及调整或限制已登记的不动产权利的，应当符合法律法规规定，并依法及时记载于不动产登记簿。"这要求创新的自然资源统一确权登记制度必须处理好新设制度与既有的不动产登记等既有制度关系，但是梳理地方制度创新规则与实践，却并没有对之予以充分重视，进而在创新制度与既有制度联动协同的基础上为各地自然资源产权制度改革提供基础依据。

因此，预期系统推进我国自然资源产权制度改革，必须重视梳理与整合现有的生态文明体制改革政策体系，矫正现有的政策体系之间的不协调之处，形成内在逻辑清晰、制度协调与措施衔接的政策体系。具体而言：（1）在宏观政策层面，前述的具体领域的制度改革均应定位为齐头并进、综合实现中央生态文明建设的战略目标和生态文明体制改革的工作重点，这就要求以《中共中央国务院关于加快推进生态文明建设的意见》为统领，系统梳理与审视《国务院关于全民所有自然资源资产有偿使用制度改革的指导意见》（国发〔2016〕82号）与《自然资源统一确权登记办法（试行）》（国土资发〔2016〕192号）等具体领域的政策措施，矫正其存在的矛盾之处、改进其存在相互之间不够协调的规则，以综合发挥政策合力。（2）近几年来，我国大力全面推进生态文明体制改革，改革的制度体系进行

---

① 余姝辰、余德清、彭璐等：《自然资源统一确权登记的相关问题雏探》，载《国土资源情报》2018年第2期。

了系列创新，但却并非凭空产生，而是潜在地与既有规则体系发生各种联系。比如，自然资源产权制度改革所提出的权能体系改革，必然要处理好《民法典》等法律规范规定的物权权能体系与物权效力，自然资源统一确权登记制度改革也必然要处理与既存的不动产登记、全国土地调查工作之间的关系。"现阶段，虽然三项工作皆围绕我国的资源现状调查及资源资产管理工作展开，服务于自然资源资产产权制度的构建，但是三项工作在实施过程中的关联程度、任务重叠度、内容及时序的结合程度等并未明晰。"①这就要求我们在自然资源产权制度改革时，必须将其放置于一个制度体系中有层次地推进。必须全面地梳理、比较与剖析自然资源产权制度改革预期的价值目标、重点领域、规则体系，与其他正在同时创新的生态文明建设制度之间的关联性，进而需要协调整合与既有的相关制度规则之间的矛盾、交叉、叠合、协调等多种关系类型。在此基础上，进行政策与制度整合，才能构建逻辑自洽、规则合理的自然资源产权制度体系。

五、自然资源产权制度改革下海底可燃冰开发环境风险规制的路径选择

自然资源产权是指自然资源的所有、占有、处分、收益等权利的总和。从制度内涵层面考察，自然资源资产产权制度是关于自然资源资产产权主体结构、主体行为、权利指向、利益关系等方面的制度安排，亦可理解为关于自然资源资产产权的形成、设置、行使、转移、结果、消灭等的规定或安排。自然资源资产公有，全民或集体共享自然资源资产的福利，同时这一福利接受全民或集体的监督，是我国自然资源资产产权制度的根本特征。② 从制度性质层面考察，自然资源资产产权制度是界定与调整自然资源的权属制度，是调整自然资源的所有、使用、经营等事项的法律制度的总称。按照我国中共中央办公厅、国务院办公厅2019年印发的《关于统筹推进自然资源资产产权制度改革的指导意见》的界定，"自然资源资产产权制度是加强生态保护、促进生态文明建设的重要基础性制度"。自然资源资产产权制度的完善健全是实现自然资源资产节约利用与有效保

---

① 余莉、唐芳林、孔雷、马林：《自然资源统一确权登记、不动产登记和全国土地调查的工作关系探讨》，载《林业建设》2018年第2期。

② 谷树忠：《关于自然资源资产产权制度建设的思考》，载《中国土地》2019年第6期。

护的前提，可燃冰被我国国务院批准为第 173 种独立矿种，在性质上是一种自然资源。海底可燃冰开发利用要求特定海底可燃冰矿区可燃冰资源的权属明晰，这是实现海底可燃冰这一类型自然资源节约利用与生态环境有效保护的前提与基础，也是自然资源产权制度改革背景下审视海底可燃冰开发环境风险法律规制机制的内在逻辑。

（一）矿产资源产权制度在矿产资源开发生态环境保护中的功能

矿产资源是自然资源体系中的重要组成部分，自然资源资产产权制度是调整矿产资源等各类自然资源上产生的权利与责任、调整和保护自然资源产权形成产权规则体系的制度安排。其中，调整矿产资源产权关系的产权规则是自然资源资产产权制度的重要构成部分。

在中共中央办公厅、国务院办公厅 2019 年印发的《关于统筹推进自然资源资产产权制度改革的指导意见》中，我国的自然资源产权制度改革预期针对当前的自然资源产权制度设计与运行中出现的自然资源资产底数不清、所有者不到位、权责不明晰、权益不落实、监管保护制度不健全等问题，以及由此导致的产权纠纷多发、资源保护乏力、开发利用粗放和生态退化严重等问题。按照联合国环境规划署对于自然资源的定义，自然资源是在一定时间和技术条件下，能够产生经济价值，可以提高人类当前和未来福利的自然环境因素的总称。自然资源是自然界中天然存在的、可供人类使用于生产和生活的自然物质，是物质财富的基础和源泉，与此同时，自然资源本身是自然生态系统的有机构成部分，申言之，自然资源具有双重性，既是环境要素，也是人类生存和发展的物质基础。因此，自然资源对于人类既产生经济价值又产生生态价值，人类对于自然资源的可持续利用本质上是要在自然资源的经济价值与生态价值之间取得配置与平衡。自然资源产权制度涉及对自然资源实体的静态配置和动态调整的权利/权力束，而这些权利/权力束意味着不同主体的行为自由及其界限，因此，促进生态环境保护、实现生态环境风险预防与治理，本身是自然资源产权制度必须承载的内生功能。

具体到矿产资源产权制度。可燃冰（天然气水合物）是一种矿产资源，矿产资源属于自然资源的有机构成部分，是指赋存于地壳的内部或表面，由地质作用所形成、具有现实的或潜在的经济价值的、呈现为固态、液态或气态的天然富集物。矿产资源为经济社会的发展提供了重要的物质基础,[1] 开发矿产资源必然造成环境扰动引致生态环境风险。矿产资源产权是由矿产资源所有权及其派生的矿业权(探矿权、采矿权)等组成的权利集合,是以矿产所有权为核心的一组"权利束"。[2] 矿产资源产权制度就是调整与保护矿产资源产权的制度体系。矿产资源产权制度系统规定的是矿产资源产权的配置与流动的规则体系,是以矿产资源所有权为核心的"权利束"的配置与行使规则体系,本质上规定的是多类权利主体的行为自由及其限度的调整规范,要求多类权利主体在行使矿产资源权利、实现矿产资源经济价值的同时兼顾矿产资源的生态价值。因此,矿产资源产权制度设计影响到矿产资源开发的生态环境风险。

长期以来,我国的矿产资源产权制度设计主要存在的弊端包括:第一,法律权利不能转化为现实中的经济权利,矿产资源开采与利用的低效率并不是产权关系模糊,而是矿产资源的国家所有权常常得不到尊重和有效保护。第二,矿产资源使用权流转市场不完善,政府既代表国家行使矿产资源所有权人的权利,又对矿产资源开发利用、环境保护、生产安全等方面负有行政管理职责,这种"既当运动员,又当裁判员"的做法,造成政府对市场干预过多、利益不明。第三,矿产资源收益分配机制不合理。[3] 矿产资源产权制度设计存在的弊端,不仅是矿产资源开发利用低效的重要原因,[4] 而且,基于矿产资源产权制度具有的决定矿产资源由谁来开采、矿产资源开发过程中的利益分配的核心功能,在矿产资源产权制度存在弊端,难以形成明晰科学的利益分配机制的背景下,也难以形成与矿产资源开发利益配置机制相配套的义务履行机制,从而难以体系化构建与实施矿产资源开发生态环境保护义务设计与监督履行制度,放任甚至是加剧了矿产资源开发中的生态环境风险与破坏。科学合理的矿产资源制度设计是预防矿产资源开发

---

① 资料统计表明,矿产资源为我国提供了 95% 以上的一次性能源、80% 以上的工业原料、70% 以上的农业生产资料,参见王赞新:《矿业权市场与矿产资源可持续发展——国际经验与中国对策》,载《资源与产业》2007 年第 3 期。

② 贺冰清:《矿产资源产权制度演进及其改革思考》,载《中国国土资源经济》2016 年第 6 期。

③ 丁志帆、刘嘉:《中国矿产资源产权制度改革历程、困境与展望》,载《经济与管理》2012 年第 11 期。

④ 具体分析参见宫大卫、赵珩、Peter Ho:《我国矿产资源产权制度的功能分析》,载《中国矿业》2016 年第 9 期。

过程引致生态环境风险的前提。从逻辑演绎角度而言，海底可燃冰是一种具体类型的矿产资源，在大规模推进海底可燃冰商业开发之前，改革完善自然资源产权制度及矿产资源产权制度设计，是规制海底可燃冰开发生态环境风险的前提和依据；从矿产资源管理的特殊需求而言，我国国务院已于 2017 批准天然气水合物为第 173 个独立矿种，自然资源部按照独立矿种对天然气水合物(可燃冰)实施独立管理，包括在制定相关产业支持政策、构建专门规则体系、引入多个符合法定资质条件的社会主体作为矿业权主体等方面推动与规范我国海底可燃冰大规模开发。矿产资源产权制度是矿产资源管理体系的核心，因此，从一般层面解释适用矿产资源产权制度一般规则，以及从特殊属性层面构建专门的规范与调整海底可燃冰开发利用的特殊规则，是实现加快构建系统完备、科学规范、运行高效的中国特色自然资源资产产权制度体系，为实现《关于统筹推进自然资源资产产权制度改革的指导意见》提出的"完善社会主义市场经济体制、维护社会公平正义、建设美丽中国提供基础支撑"的改革目标和总体要求的重要制度路径。也是推进矿产资源管理改革的题中应有之义。只有通过完善自然资源产权制度体系、明晰矿产资源产权制度体系，才能真正从制度设计与机制构造环节，为预防与规制海底可燃冰开发的生态环境风险提供制度支撑。

(二)海底可燃冰开发环境风险规制对矿产资源产权制度的需求

预防与规制可燃冰开发中的环境问题，前提是要体系化厘清可燃冰权属制度体系，因为权属明确清晰，不但能兼顾保障国家能源安全和推动可燃冰产业健康迅速发展的政策目标，而且也能明确海底可燃冰开发过程中各方主体在生态环境风险预防与环境问题治理中的权利义务、职权职责。2019 年《关于统筹推进自然资源资产产权制度改革的指导意见》在关于自然资源资产产权制度改革的"总体要求"中明确了自然资源资产产权制度改革的"指导思想"，要求"着力促进自然资源集约开发利用和生态保护修复"，这既是对所有类型的自然资源产权制度改革提出了明确的目标方向，也是提出了自然资源产权制度需要兼顾自然资源经济价值与生态价值的价值定位。构建体系完善、设计合理的可燃冰(天然气水合物)产权制度，保障相关主体权益，明晰相关主体权责，不但是规范海底可燃冰资源管理的需要，并可为推动海底可燃冰开发提供激励机制，同时在以落实产权主体为关键、以明晰权责内容为核心的矿产资源产权制度体系，也是规制海底可燃冰开发环境风险的内在需求，具体而言，体系化的可燃冰权属制度应当包括以下几个层面：

1. 国家对于可燃冰的所有权以及控制权

我国《民法典》物权编第 247 条规定：“矿藏、水流、海域属于国家所有。”因此，我国的一切矿藏资源概括地属于国家所有，包括已经成为独立矿种或尚未独立的潜在的矿产资源，因此，海底可燃冰当然属于国家所有，海底可燃冰的国家所有权是形成海底可燃冰的产权体系的基础。对于作为所有权主体的国家而言，如何实现对海底可燃冰的控制权对于其行使所有权非常重要。这是因为，所有权包括两组合法的权利成分：一组以所有者对其财产所拥有的“基本功能控制”为标志，另一组以所有者拥有从交易和开发其财产获得“收入的基本权利”为标志。[①] 国家所有权人固然对自然资源享有所有权，但很多时候并不享有收入所有权(比如宅基地使用权、土地承包经营权以及划拨方式设立建设用地使用权)，而是基于自然资源的稀缺性享有控制所有权。[②] 国家享有海底可燃冰所有权，不仅可以享有收入所有权(通过出让海底可燃冰矿业权获得经济收益)，还应当享有控制所有权。国家对于具有稀缺性的矿产资源享有的控制的权利效力，在于可以排斥私人主体的排他性权利效力，以实现具有国计民生保障功能和战略地位的矿产资源的公益保障功能。在这种思路下，自然资源部门在代表国家配置稀缺的海底可燃冰资源时，不能仅仅注重于海底可燃冰矿业权的出让带来的经济收益，还需重视通过制度设计保障对于海底可燃冰资源的有效控制，不仅仅是基于可燃冰等战略性资源的公益功能，同时，保证对于海底可燃冰的控制权，也是实现对海底可燃冰开发过程环境风险予以有效规制，以保护环境公益。鉴于此，建议借鉴波兰对于页岩气的权属规定，通过具体制度规定勘探、发掘、利用资源的控制权交由国家保留，国家对勘探者在他们的勘探活动中获得的珍贵地质信息也保留控制权。[③] 我们也可以借鉴波兰对于新能源权属立法规定，确保国家实现对于可

---

① ［美］克里特斯曼：《财产的神话——走向平等主义的所有权理论》，张绍宗译，张晓明校，广西师范大学出版社 2004 年版，第 36~37 页。

② 参见刘超：《页岩气开发法律问题研究》，法律出版社 2019 年版，第 149 页。

③ Wojciech, Bagiński. "Shale Gas in Poland-the Legal Framework for Granting Concessions for Prospecting and Exploration of Hydrocarbons", *Energy Law Journal* 32, 2011, pp. 312-344.

燃冰等新型战略资源的所有权和唯一控制权。

2. 完善可燃冰矿业权的规则体系

在我国《民法典》《矿产资源法》制度体系中，符合法定资质的矿山企业经由行政特许程序获得的是海底可燃冰的探矿权和采矿权是一种特许权，我国矿业权制度设计的价值与逻辑实质上将其定位为实现自然资源国家所有权的一种手段性权利、没有充分尊重其独立物权地位。① 若延循此制度逻辑，则海底可燃冰矿业权也将成为实现可燃冰国家所有权的手段性权利。在此种制度设计逻辑下的海底可燃冰矿业权制度设计与实施，不但不能充分保障可燃冰矿业权物权效力，将会减弱享有海底可燃冰矿业权的主体在投入资金和研发技术上的积极性，最终不利于海底可燃冰这一新能源产业的发展，而且还使得相关职能部门对于矿业权主体的行为规制重点在于考察其是否有助于实现自然资源国家所有权，并没有重视对其行为的全过程控制，难以有效监督其全面履行环境保护义务。因此，可燃冰产业的快速健康发展还有赖于完善可燃冰矿业权规则体系。

3. 完善共生矿产资源的权益冲突解决规则

新型矿产资源经常性地与传统矿产资源伴生与共生。一旦海底可燃冰成为独立矿种并进入商业开发领域，则必然面临的是可燃冰矿业权行使与共生矿产资源矿业权行使的冲突，比如，可燃冰开发会对既存的油气管道及其他海底矿产资源的矿区安全带来的极大的安全威胁。因此，在推动海底可燃冰开发之时，必须高度和充分完善海底可燃冰与其共生矿产资源的权益冲突解决规则体系。

(三)兼顾环境风险规制诉求的可燃冰产权制度完善路径

中共中央办公厅、国务院办公厅于 2019 年印发的《关于统筹推进自然资源资产产权制度改革的指导意见》系统部署了自然资源产权制度改革的总体要求、主要任务和保障措施。《关于统筹推进自然资源资产产权制度改革的指导意见》确立的自然资源产权制度改革以解决"资源保护乏力、开发利用粗放、生态退化严重"等问题为目标，质言之，其预期解决的问题本身即包括生态环境问题；同时，又确立了"着力促进自然资源集约开发利用和生态保护修复"的指导思想，并且，前述内容论证了完善的自然资源产权制度对于规制海底可燃冰开发生态环境风险

---

① 具体分析参见刘超：《页岩气特许权的制度困境与完善进路》，载《法律科学》2015 年第 3 期。

的意义与功能。因此，可燃冰产权制度的完善是实现海底可燃冰开发过程中生态环境风险的内在需求与制度前提。

《关于统筹推进自然资源资产产权制度改革的指导意见》规定的"主要任务"之一为"健全自然资源资产产权体系"，除了规定健全自然资源资产产权体系的一般内容，还分别针对不同类型的自然资源规定了资产产权体系的完善措施。具体到矿产资源，矿产资源产权制度完善内容包括："探索研究油气探采合一权利制度，加强探矿权、采矿权授予与相关规划的衔接。依据不同矿种、不同勘查阶段地质工作规律，合理延长探矿权有效期及延续、保留期限。根据矿产资源储量规模，分类设定采矿权有效期及延续期限。依法明确采矿权抵押权能，完善探矿权、采矿权与土地使用权、海域使用权衔接机制。"在"主要任务"之"促进自然资源资产集约开发利用"部分，提出了矿产资源资产产权体系完善的任务为"全面推进矿业权竞争性出让，调整与竞争性出让相关的探矿权、采矿权审批方式。有序放开油气勘查开采市场，完善竞争出让方式和程序，制定实施更为严格的区块退出管理办法和更为便捷合理的区块流转管理办法"。2019 年 12 月 31 日，自然资源部发布了《自然资源部关于推进矿产资源管理改革若干事项的意见(试行)(自然资规〔2019〕7 号)》，该文件进一步就推进矿产资源管理改革提出了体系化的改革目标与措施。现结合前述梳理的《关于统筹推进自然资源资产产权制度改革的指导意见》部署的自然资源资产产权体系中矿产资源产权制度改革任务与措施，以及《自然资源部关于推进矿产资源管理改革若干事项的意见(试行)(自然资规〔2019〕7 号)》关于矿产资源管理改革的具体意见，结合海底可燃冰在特殊性，归纳矿产资源产权制度改革框架体系下，海底可燃冰产权制度改革的完善路径的要点包括以下内容：

1. 探索油气探采合一权利制度

从制度逻辑和实践操作来看，探矿权与采矿权分离只会人为增加申请和获得探矿权、采矿权的环节，扩大交易费用，带来诸多弊端。① 探矿权和采矿权的分

---

① 投资者取得探矿权、采矿权的目的是为了追求利润。如果投资人得到探矿权后却被告知不能得到采矿权或得到采矿权的预期很渺茫，该投资人就会想尽一切办法尽可能地获得不当收益包括非法采矿和对资源进行掠夺性、浪费性的开采，以收回投资。反之，如果该投资人得到探矿权后同时得到采矿权，该投资人就不会对其所拥有的矿产资源进行浪费，并且还会尽最大努力勘探开发和保护其所拥有的矿产资源。参见张广荣：《探矿权、采矿权的权利性质与权利流转》，载《烟台大学学报(哲学社会科学版)》2006 年第 2 期。

离导致的产权制度内生弊端与现实困境在现实的新型非常规油气资源开发领域更为明显，因此，迫切需要矫正探矿权与采矿权分离引致的弊端，探索油气探采合一权利制度。海底可燃冰是一种新型的非常规天然气，当前由于储量、埋藏深度、物化特性等技术参数条件不充分、基础地质研究程度较低、技术不成熟等因素的制约，① 使得海底可燃冰的勘探开采还存在很多不确定性，这些因素导致探矿权与采矿权主体在获取与行使矿业权过程中存在较大不确定性与较多风险，因此，需要探索海底可燃冰探采合一权利制度，以为海底可燃冰矿业权主体形成持续投入的正向激励和稳定预期。只有符合法定资质的主体依照法律规定同时获得了海底可燃冰的探矿权和采矿权，才能形成对其持续为海底可燃冰勘探开采投资的正面激励，也才能在权益保障和收益预期稳定的情况下，加大对海底可燃冰开发过程中伴生的生态环境风险的预防、控制与治理的投入。《自然资源部关于推进矿产资源管理改革若干事项的意见(试行)(自然资规〔2019〕7 号)》进一步具体规定了探索与实行油气探采合一制度的具体措施途径，包括"油气探矿权人发现可供开采的油气资源的，在报告有登记权限的自然资源主管部门后即可进行开采。进行开采的油气矿产资源探矿权人应当在 5 年内签订采矿权出让合同，依法办理采矿权登记"。

2. 设定合理的海底可燃冰探矿权期限制度

探矿权是一种准物权，根据《矿产资源法》等法律法规规定，"国家实行探矿权、采矿权有偿取得的制度"，符合法定资质的矿山企业按照法律有关规定缴纳资源税和资源补偿费有偿取得有期限的探矿权和采矿权。根据我国《矿产资源勘查区块登记管理办法》第 10 条规定，"勘查许可证有效期最长为 3 年"。② 现实中，我国往往将探矿权期限设定为 3 年。3 年的时间对于油气资源勘查而言过于短暂，尤其是对于页岩气、可燃冰等新兴非常规天然气资源的勘查而言难敷其

---

① 杜正银、杨佩佩、孙建安：《未来无害新能源可燃冰》，甘肃科学技术出版社 2012 年版，第 83~84 页。

② 《矿产资源勘查区块登记管理办法》第 10 条规定："勘查许可证有效期最长为 3 年；但是，石油、天然气勘查许可证有效期最长为 7 年。需要延长勘查工作时间的，探矿权人应当在勘查许可证有效期届满的 30 日前，到登记管理机关办理延续登记手续，每次延续时间不得超过 2 年。探矿权人逾期不办理延续登记手续的，勘查许可证自行废止。石油、天然气滚动勘探开发的采矿许可证有效期最长为 15 年；但是，探明储量的区块，应当申请办理采矿许可证。"

用，往往使得获取探矿权的主体陷入进退两难的窘境，难以实现权利预期，更难以在行使探矿权过程中投入资金、研发技术以预防与控制生态环境风险。这一探矿权期限制度的弊端在我国页岩气探矿权招标出让过程中集中体现，[①] 需要以此为鉴，完善海底可燃冰探矿权期限制度。

《关于统筹推进自然资源资产产权制度改革的指导意见》概括规定："依据不同矿种、不同勘查阶段地质工作规律，合理延长探矿权有效期及延续、保留期限。根据矿产资源储量规模，分类设定采矿权有效期及延续期限。"《自然资源部关于推进矿产资源管理改革若干事项的意见(试行)(自然资规〔2019〕7号)》进一步具体规定了"七、调整探矿权期限"，具体内容为："根据矿产勘查工作技术规律，以出让方式设立的探矿权首次登记期限延长至5年，每次延续时间为5年。探矿权申请延续登记时应扣减首设勘查许可证载明面积(非油气已提交资源量的范围/油气已提交探明地质储量的范围除外，已设采矿权矿区范围垂直投影的上部或深部勘查除外)的25%，其中油气探矿权可扣减同一盆地的该探矿权人其他区块同等面积。"这些规定直面我国既有的探矿权期限制度设计引致的困境，探索探矿权期限制度完善具体路径，将既有规定的探矿权3年期限普遍延长至5年，并且，将《矿产资源勘查区块登记管理办法》规定探矿权"每次延续时间不得超过2年"的期限，由2年拓展至5年，有力地矫正了矿产资源(尤其是非常规油气资源)勘查期限过短的问题。《自然资源部关于推进矿产资源管理改革若干事项的意见(试行)(自然资规〔2019〕7号)》关于探矿权期限的规定，也被吸纳进自然资源部于2019年12月17日发布的《矿产资源法(修订草案)(征求意见稿)》第26条的规定中。对于海底可燃冰开发而言，出让给符合法定资质的矿山企业的探矿权必须综合考量海底可燃冰赋存条件的复杂性、当前所处的研究阶段与勘查起步阶段以及海底可燃冰地质工作任务的艰巨性，设置并实施足够长的探矿权期限，

---

① 在我国页岩气产业发展过程中，我国国土资源部(现自然资源部)在两轮页岩气探矿权招标中均规定页岩气探矿权勘查许可证有效期为3年。但页岩气勘探开发工作面临着上述可采资源储量不明、水力压裂与水平钻井技术落后、投入资金需求量大等困境，页岩气探矿权的具体权利内容(包括期限、效力和成本等)，成为决定页岩气矿业权主体是否有足够动力投入资金进行技术研发、人才培养并开展实质工作的至关重要的影响因素。从2011年首轮页岩气探矿权招标出让开始计算，页岩气探矿权勘查许可证3年有效期很快期满，页岩气探矿权期限制度的规定使得页岩气探矿权人普遍面临进退两难的困境。具体内容参见刘超：《页岩气开发法律问题研究》，法律出版社2019年版，第184页。

为海底可燃冰探矿权主体提供足够的激励和获利预期，这样，不但能够保障与促进海底可燃冰探矿权主体积极投入资金、更新设施设备、研发技术以行使海底可燃冰探矿权，而且也能激励海底可燃冰探矿权主体积极履行相关的生态环境保护义务，实现对海底可燃冰开发过程生态环境风险的有效规制。

3. 完善海底可燃冰矿业权物权效力保障制度

在我国《民法典》物权编规定的权利谱系中，矿业权被界定为"准物权"，是矿业权主体享有和行使的一项民事权利，具有物权效力。物权效力的本质，在于社会性地容忍以直接支配标的物来实现各个物权的内容，而无须他人的协助。物权从本质上被认可了以下效力：（1）在与物权客体所存在的诸权利之间的关系上，具有优先于其他诸权利的效力；（2）在其权利内容的实现过程中，具有直接追随客体排除他人干涉的效力。[①] 具体而言，矿业权的物权效力体现在其排他效力、优先效力、追及效力和物权请求权。[②] 但是，在我国现行《矿产资源法》的相关规定形成的制度逻辑以及实践中，矿业权的物权效力难以得到有效保障，现行《矿产资源法》（2009 年）在立法逻辑上倾向于将矿业权定位为附属于国家矿产资源所有权的附庸地位，没有充分重视矿业权的独立的权利地位。《矿产资源法》第 40 条、第 44 条规定的法律责任中，对矿权人越界开采导致矿产资源破坏、采取破坏性的开采方法开采矿产资源等行为，均要吊销勘查许可证、采矿许可证。[③] 现行规定及其理解适用均难以充分尊重及保障矿业权的物权效力，在此制度逻辑下竞争性出让海底可燃冰矿业权，符合法定资质的矿山企业通过参与招标、以超过出让收益市场基准价的价格获取海底可燃冰矿业权，但所享有和行使的海底可燃冰矿业权的物权效力难以获得有效保障，海底可燃冰矿业权作为一项财产权承载的权利难以有效实现，会极大影响与制约海底可燃冰矿业权主体的积极性。对于海底可燃冰这类新兴非常规天然气资源的勘查开采，矿业权主体面临

---

①　崔建远：《准物权研究（第二版）》，法律出版社 2012 年版，第 195 页。

②　矿业权的排他效力，是指在同一矿区或工作区不得同时并存着两个以上的矿业权；矿业权的优先效力体现在其优先于普遍债权、优先于矿产资源所有权等诸多方面；矿业权的追及效力是指矿业权取得后，其矿区、工作区或局部的矿产资源不论被谁不法侵占、妨害，矿业权人均可主张其矿业权，将不法侵权人驱逐出矿区或工作区，请求排除妨害矿业权行使的障碍；矿业权的物权请求权包括排除妨害请求权、消除危险请求权，较少表现为物的返还请求权。具体分析参见崔建远：《准物权研究（第二版）》，法律出版社 2012 年版，第 287~294 页。

③　参见刘超：《页岩气开发法律问题研究》，法律出版社 2019 年版，第 209~211 页。

着投入资金、新技术和生态环境风险等诸多方面的挑战，如果在制度设计与适用上不能为矿业权主体提供充分的保障、使之形成稳定权益预期，则其往往会基于风险规避考量，很难投入实际勘查，甚至是萌生退意（很多页岩气探矿权主体即如此）。但是，当前矿产资源法律体系对于矿业权转让又进行了严格限制，可以合理预见，若不完善海底可燃冰矿业权物权效力保障制度，难免会使获得矿业权的企业陷入进退两难的窘境。在这种背景下，海底可燃冰矿业权主体对于勘查海底可燃冰本身都会顾虑重重，更遑论会关注在海底可燃冰矿业权行使过程中引致的生态环境风险的预防与控制。

《关于统筹推进自然资源资产产权制度改革的指导意见》部署的自然资源产权制度改革的系列主要任务中，概括地涉及完善矿业权物权效力的相关要求，"依法明确采矿权抵押权能，完善探矿权、采矿权与土地使用权、海域使用权衔接机制"。"全面推进矿业权竞争性出让，调整与竞争性出让相关的探矿权、采矿权审批方式。有序放开油气勘查开采市场，完善竞争出让方式和程序，制定实施更为严格的区块退出管理办法和更为便捷合理的区块流转管理办法。"《自然资源部关于推进矿产资源管理改革若干事项的意见（试行）（自然资规〔2019〕7号）》在关于矿业权出让制度、油气资源矿业权管理制度、矿产资源储量分类和管理制度等方面进行的制度创新，其综合实现的矿产资源管理制度体系和矿业权管理理念的转变，其折射的思路和贯彻的理念，均从不同角度体现了对矿业权独立性的尊重和矿业权物权效力的倾斜配置。这种思路与理念，除了体现在前述的"实行油气探采合一制度""调整探矿权期限"等规定中，还体现在"积极推进'净矿'出让""开放油气勘查开采市场""缩减矿产资源储量政府直接评审备案范围，减轻矿业权人负担"等相关规定中。

《自然资源部关于推进矿产资源管理改革若干事项的意见（试行）（自然资规〔2019〕7号）》采取多种措施综合推进制度创新，从整体上贯彻了加强矿产资源管理、彰显矿业权独立性、减轻矿业权负担、保障矿业权主体权利的制度改革理念。与此制度改革导向与理念一体两面的是，完善矿产资源管理制度，在加强矿业权主体权益保障制度的同时，也更加注重了矿业权主体在安全、环保等资质方面的要求以及履行的相应义务。《自然资源部关于推进矿产资源管理改革若干事项的意见（试行）》（自然资规〔2019〕7号）在"五、开放油气勘查开采市场"中规定："在中华人民共和国境内注册，净资产不低于 3 亿元人民币的内外资公司，均有资格按规定取得油气矿业权。从事油气勘查开采应符合安全、环保等资质要求和规定，并具有相应的油气勘查开采技术能力。"基于前述内容，保障海底可燃冰矿业权物权效力并兼顾矿业权行使的生态环境保护功能的海底可燃冰矿业权制度可以进一步从以下几个方面具体完善：

第一，矫正当前矿产资源立法体系秉持的"权证合一"的定位与思路，在规范设计上重视矿业权作为物权的独立地位，彰显海底可燃冰矿业权的独立性。在海底可燃冰矿业权出让过程中，不再延循将海底可燃冰探矿权交由勘查许可证承载的制度实施逻辑，而应将海底可燃冰探矿权与勘查许可证分离，进行海底可燃冰探矿权登记，保障海底可燃冰矿业的独立地位。

第二，允许矿业权主体在符合法定条件下转让海底可燃冰矿业权。我国当前的法律体系严格控制矿业权转让，其内在逻辑是因为矿业权是经由行政特许设置，行政特许的规定和过程严格遵循国家为矿产资源勘查开采所规定的资质条件，以实现国家在矿产资源开发领域的市场准入、安全生产和生态环境保护等公共领域的预期目标。但这一制度逻辑若机械执行，会过于简单粗暴地剥夺了矿业权主体行使的效力。对于矿业权主体而言，其履行法定程序获取矿业权，营利是其合法正当的诉求，转让矿业权是其实现矿业权带来的经济利益的一种方式。我国当前的政策体系、法律法规并未统一规定矿业权不能转让。与此同时，从矿产资源合理开发利用和集约开发利用角度考虑，《自然资源部关于推进矿产资源管理改革若干事项的意见（试行）》（自然资规〔2019〕7 号）也鼓励"已设采矿权深部或上部的同类矿产（《矿产资源分类细目》的类别，普通建筑用砂石土类矿产除外），需要利用原有生产系统进一步勘查开采矿产资源的，可以协议方式向同一主体出让探矿权、采矿权"。具体到海底可燃冰开发，建议从市场的开放性、能源开发的集约性和高效性以及海底可燃冰开发的规模效应等角度考虑，允许矿业权主体在符合法定条件的前提可以自由转让海底可燃冰矿业权。

第三，体系化构建海底可燃冰所有权人社会义务制度。国家是海底可燃冰的所有权人，国家及自然资源主管部门在出让海底可燃冰矿业权时，其制度实施的出发点，不能仅仅注重如何通过出让海底可燃冰矿业权来实现国家的海底可燃冰所有权，同等重要的是重视所有权人需要承担的社会义务。结合实践经验，在具体的海底可燃冰区块出让工作中，自然资源部代表国家承担的所有权人义务不仅体现为提供海底可燃冰矿区的名称、地理位置、矿区面积以及拐点经纬度坐标等基础信息，还需要为海底可燃冰矿业权主体积极提供海底可燃冰储层的地质构造、成藏条件、可采资源储量、核心技术参数、生态环境风险评估、环境风险预防技术需求等服务工作。自然资源部代表国家享有海底可燃冰矿产资源所有权的权益的同时，也需要履行上述概括的海底可燃冰所有权人的社会义务，这样才能真正保障海底可燃冰矿业权主体的权益，并且，在切实保障海底可燃冰矿业权主体权益的同时，也能督促并便于其履行生态环境保护和环境风险预防的法定义务和合同附随义务。

六、结语

我国在系列中央政策文件中规定的自然资源产权制度改革，是我国生态文明体制改革的重要组成部分，是推动生态文明建设的基础性制度。中央政策文件部署的自然资源产权制度改革是一个宏观系统性工程，包括建立统一的确权登记系统、建立权责明确的自然资源产权体系、健全国家自然资源资产管理体制、探索建立分级行使所有权的体制以及试点推进等诸多方面。中央宏观政策必须贯彻于具体实施性政策，落实于具体法律制度，以形成确实可行的法律保障机制。因此，本节并不预期也难以对体系庞大的自然资源产权制度改革进行全景扫描与系统研究，而是重点从规则路径与制度设计层面，审视我国当前全面部署与试点推进的自然资源产权制度改革，提出制度创新需求。自然资源产权制度改革的制度创新，要求协整还原论与系统论，在系统论视角下进行自然资源综合立法；自然资源产权制度改革要求兼顾统一规律与自然属性的基础上拓展自然资源产权权能体系，重视自然资源统一确权登记的制度建设作为先导，整合生态文明体制改革政策体系以系统推进。海底可燃冰的开发利用必须在我国现行的自然资源权属制度与管理制度体系下展开，我国现行的关于自然资源的权属制度与管理制度的系列规范体系，构成了可燃冰产业发展的制度背景。自然资源资产产权制度以及具体的矿产资源产权制度的完善，是保障矿产资源矿业权主体权益、明晰多方主体权责利的前提，海底可燃冰开发的环境风险预防与控制也应当成为海底可燃冰矿业权主体的义务，因此，完善海底可燃冰矿业权制度是完善矿产资源管理、有效规制海底可燃冰开发生态环境风险的内在需求。

第五章　海底可燃冰开发环境风险多元共治的理据与机制

海底可燃冰开发是使用技术手段钻穿海底泥层的天然气水合物矿层，使海底可燃冰分解出甲烷气体的过程，这一过程所使用的开发技术、海底钻探所使用的化学物质会引发环境污染和生态破坏的风险与危害。传统的法律规制逻辑与路径中，海底可燃冰开发行为作为一类原因行为引致的环境污染与生态破坏的风险，被纳入环境法律体系规定的监督管理制度体系予以审视与规制，这符合"规制"的经典定义，即作为一种当代政策工具，其核心含义在于指导或调整行为活动，以实现既定公共政策，意指"公共机构对那些社会群体重视的活动所进行的持续集中的控制"。① 在传统的经典的关于规制的定义以及对"规制"的内涵界定中，集中关注和重视规制机构在设定规则以及监督实施过程中的作用，预期将规制对象纳入政府的直接控制下，实施监督管理。随着规制理论的发展和实践进展，我们在理论上、规则上和实践中，不再将"规制"等同于政府制定规则并实施监督管理，而是赋予其更为丰富的内涵，即将"规制"理论拓展到"去中心化的规制"，"当考虑一个领域内各个主体的行为之时，我们就需要一个更为广义的概念去更好地理解如何塑造被规制者的行为。这一思考进路提示我们，必须认识到在理解现实、塑造行为过程中，政府能力有着严重的局限性，也要认识到非政府主体的存在价值与活动潜力"。② "去中心化的规制"强调的是，改变传统规制规则与实践中仅有政府公权力主体作为规制主体的规制结构，引入多元主体参与公共事务的处理与行为控制，以更多元的主体、更灵活的形式、更丰富的规则确保公共政

---

① ［英］科林·斯科特：《规制、治理与法律：前沿问题研究》，安永康译，宋华琳校，清华大学出版社2018年版，第3~4页。

② ［英］科林·斯科特：《规制、治理与法律：前沿问题研究》，安永康译，宋华琳校，清华大学出版社2018年版，第5~6页。

策目标的实现，同时也能降低规制成本、提升规制过程的专业技术性和被规制者的接受度。

因此，在这一理论发展与实践进展的趋势与背景下，我们也需要拓展海底可燃冰开发环境风险法律规制的思维与视野。第四章"海底可燃冰开发环境风险监督管理的法理与制度的"内容偏重于在传统规制理念与规则下，梳理现行的环境法律规范体系规定，探讨监督管理制度体系在规制海底可燃冰开发环境风险中的逻辑与适用。正如前述内容梳理、剖析与检讨，在传统的规制理念下，环境法律规范体系规定的监督管理制度构成了规制规则，这些一般监督管理制度适用于海底可燃冰开发环境风险领域，是一般规则的具体适用，其能够基本为海底可燃冰开发这一具体领域的生态环境风险提供法律规制的基本依据和规则框架，但演绎逻辑下的规则适用也存在着面对新型风险针对性不强的内生困境。

应对传统监督管理制度在规制海底可燃冰开发这一具体的新领域的生态环境风险，除了在传统规制路径下完善既有规则之外，另外一个路径是从"规制"理论本身的进展与内涵的拓展，探索"去中心化的规制"理念下，公私合作等新型规制模式与规则适用的空间与规则，即本章内容需要专门重点地讨论的海底可燃冰开发环境风险多元共治的理据与机制。

第一节 生态环境第三方治理的理论依据与体系构造

长期以来，我国实行的生态环境治理制度是环境治理中管制与互动二元模式之间的博弈互动与此消彼长的结果，虽然管制型制度与互动型制度并非截然对立，但在不同的社会情势、制度语境与现实需求下，我们应当对这二者的价值位序作出选择。当以管制为核心的生态环境治理制度弊病丛生之时，互动模式应成为适时之选，我国近些年的宏观环境治理政策已经从制度层面折射了这种生态环境治理理念与路径的转换。2013 年 11 月 12 日中国共产党第十八届中央委员会第三次全体会议通过的《中共中央关于全面深化改革若干重大问题的决定》(以下简称《决定》)对"加快生态文明制度建设"做了系统规定，《决定》提出的"推行环境污染第三方治理"是在环境污染治理上前所未有的理念创新，实质上对现行的环境污染防治制度从管制向互动模式转换提出了全新的制度需求。

《中共中央关于全面深化改革若干重大问题的决定》在我国环境政策系统中首次提出了"推行环境污染第三方治理"。这是在我国全面深化改革、推进国家治理体系和治理能力现代化战略下对生态环境监管体制创新在环境污染治理领域的具体体现。推进环境污染第三方治理，是生态环境监管领域前所未有的理念与制度创新，其背后的政策选择与价值判断是要求生态环境治理的理念与路径从管制模式向互动模式的转换。在管制模式下以行政赋权、"命令—服从"为特征的生态环境治理制度的内在逻辑体现为，制度目标围绕环境行政管理为主线，制度类型以"命令—服从"为重心，这导致了生态环境保护目标悬置与制度异化、运动式环境执法以及管制主体与受制主体合谋形成法律规避等诸多弊病。管制模式下的生态环境治理制度缺陷之原因在于，规制机制断裂与制度抵牾、制度结构的单向性和封闭性以及闭环逻辑导致的制度僵化与规制俘虏。生态环境治理管制模式下的制度现状亟待秉持互动模式为理念进行矫正。我国2014年修订的《环境保护法》提出的"损害担责"原则为生态环境第三方治理提供了法律依据，环境代执行制度已初具环境污染第三方治理制度的雏形，我们应当从生态环境治理市场制度的体系化、环境代执行制度的改进和设立清洁水和清洁空气基金等几个方面构建体系完整的生态环境第三方治理制度。

一、生态环境治理管制模式的制度逻辑及其内生缺陷

1979年《环境保护法(试行)》颁布实施开始，我国随后陆续颁布实施的多部环境保护单行法实质上秉持的是一种管制模式的立法思路，这成为各单行法隐含的立法理念与制度逻辑，由此也决定了当前我国环境法律制度体系长期呈现的一种鲜明特色和制度路径。

(一)生态环境治理管制模式的制度逻辑

我国的生态环境法律体系着眼于保护环境要素，立法思路是依据环境要素的具体分类分别制定法律制度，形成了30余部控制环境污染和生态破坏的单行法体系。[①] 这尤为典型地体现在环境污染防治法的立法思路与体系构成上，环境污染防治法以环境要素污染为立法对象，以各具体环境要素为立法依据，以防治某

---

① 刘超：《生态空间管制的环境法律表达》，载《法学杂志》2014年第5期。

一环境要素污染为内容，在我国主要有《大气污染防治法》《水污染防治法》《海洋环境保护法》《环境噪声污染防治法》《固体废物污染环境防治法》《土壤污染防治法》等。

　　既然我国当前的生态环境保护立法思路是依据环境要素为标准，环境要素种类的多样性便决定了生态环境保护单行法数量众多，各环境要素的污染产生及其防治在具体迁移转变规律、致害机理和规则需求上有所差异。污染控制法律制度及其运行机制在设计安排上有其固有特征，综合《环境保护法》和其他单项污染控制法律的规定，环境法的基本制度和单项环境污染防治的共同性法律制度会贯穿于环境污染防治的全过程，其特征表现在：第一，由政府与经济、生态环境等部门在宏观决策环节将经济、社会发展与环境保护相协调；第二，由生态环境主管部门和其他负有环境监管职责的部门在中观决策环节对新、改、扩建的建设项目和其他产业投资项目进行审查；第三，由生态环境主管部门及其委托的环境监察机构或其他依法行使环境监督管理权的部门实施微观执法。① 从宏观层面去梳理我国的生态环境法制现状，则可以发现我国当前的生态环境法制是在政府环境管制模式下展开制度设计，立法重点和大量规范均属于行政规制制度，生态环境法律体系基本呈现"重公民保护环境义务，轻公民享用环境权利""重规范企业环境责任，轻规范政府环境责任"等特征。② 环境法律制度基本上围绕着对政府及其相关职能部门确权与授权，以公民、法人或者其他组织为规制对象而展开。

　　1. 制度目标围绕环境行政管理为主线

　　生态环境保护与环境污染防治是现代国家的一项基本职能，但如何实现这项职能则路径有异：或以赋予公民个人权利、控制行政权为核心，或以赋予行政权、约束公民个人权利为核心。我国现行的污染防治法律体系为典型的"监管者监管之法"：第一，在制度价值选择上围绕着赋予政府各项环境行政管理权展开制度设计；第二，在立法思路上尽可能体系化地向政府确权与授权；第三，在制度手段上偏向于采取行政指令的方式向污染制造者和排放者下达排污指标，直接限制规制对象（企业）的污染物排放。

　　仔细梳理我国当前的几部重要的污染防治法，可以佐证这一特点。以《水污

_____

① 汪劲：《环境法学》（第四版），北京大学出版社 2018 年版。
② 蔡守秋：《论修改〈环境保护法〉的几个问题》，载《政法论丛》2013 年第 4 期。

染防治法》(2017年)为例,2017年修正、2018年1月1日起施行的《水污染防治法》有103个条文,但有关公民权利的规定仅有第11条第1款、第96条等寥寥数个条款,其余全是命令式的管理制度安排。2018年修正的《大气污染防治法》共129条,没有关于公众权利的规定,并将2000年修订的《大气污染防治法》中第5条关于公民检举和控告的权利以及第62条第2款关于公民权利救济的程序性的规定也予以删除,基本都是关于命令式的管理制度安排。在这些各环境要素的污染防治单行法中,"污染防治的监督管理"均是非常重要且条文比重较大的一章,大量的"禁止""不得""应当"等法律用语占据了一半以上的法律条文。

2. 制度类型以"命令—服从"为重心

综观当前的生态环境保护单行法,在环境监管理念与路径下的生态环境治理法律制度基本上是以自上而下的"命令—服从"或"权威—依附"型制度为重心。这类制度的典型特征在于以政府行政权力为主导来控制各类污染排放行为,其制度运行的特征可以概括为以下几个方面:(1)在制度逻辑上,由于现行生态环境保护法律体系是以各环境要素为依据制定的单行法群,各环境要素保护与污染防治的监管执法权分属不同职能部门来行使,这导致生态环境治理的任务被条块分割,难以体现考虑到自然生态环境的整体性和各生态要素的相互依存关系。[1](2)在制度实施上,行政权力运行的科层制特征使得地方政府在解释与适用上位环境污染防治法律制度时,存在着一个法律再解释与政策界定的过程。笔者曾经在实证调研的基础上,归纳了当前我国地方政府对于中央宏观环境法律与政策再界定的四种类型,[2] 现实中国家层面的生态环境保护与污染防治立法的任务目标在层层分包之下很容易异化。(3)在制度工具上,以行政权力为主导的"命令—服从"型的制度目标主要依赖通过发放排污许可证、制定环境质量标准和污染物排放标准这两类强制性环境标准这些手段来实现的。但对于创设或实施污染防治标准的主体来说,所面对的一个主要的两难困境在于,是让标准变得更为平易从而可以更为广泛地适用,还是让标准趋于特定化,以更好的量体裁衣来适应于特

---

① 汪劲主编:《环保法治三十年:我们成功了吗?》,北京大学出版社2011年版,第172~173页。

② 刘超:《环境法律与环境政策的抵牾与交融——以环境侵权救济为视角》,载《现代法学》2009年第1期。

定的地区、公司和污染物。① 从便于行政执法以及法制统一角度而言，环境标准的简化与统一性有助于环境行政执法，但规制对象的多样性又使得环境标准的特定化与复杂化才能契合生态环境保护与污染防治目标，这种二元困境是现实中生态环境执法困境产生的重要原因。

(二) 生态环境治理管制制度模式之缺陷

生态环境治理制度体系适用管制模式的一个隐含的当然假定是，环境资源是纯公共产品，作为公共服务提供者的政府是保护环境资源的最佳主体，同时，管制的典型正当化的依据是市场在处理环境行为负外部性上的无能。但是，现实中当前的生态环境治理法律制度却存在诸多缺陷。

1. 地方再界定中环保目标悬置与制度异化

以管制模式为主导的生态环境规制体系，使得严重的地方保护主义成为我国当前生态环境执法中存在的内生性顽疾。中国作为一个民族众多、疆域辽阔、各地区发展不平衡的大国，各地在环境状况、资源禀赋和经济社会发展水平等方面存在较大差异，因此，需要中央与地方的分权以分担环境治理责任。由于信息不完全和有限理性等问题的存在，也由于需要在地方个性差异的基础上抽象出共性规律以加强政策与法律的普适性，中央层面的环境政策比较粗略、国家层面的环境法律制度比较宏观，只是针对政策涉及的有关方面作出原则性说明和概括性规定。某种意义上，生态环境保护与污染防治中行政权力主导管制模式的科层制特征，决定了生态环境执法权的分离，中央政府负责宏观决策(比如生态环境部出台部门规章、制定各类强制性环境标准等形式)，而地方政府负责具体执法。这种执法权运行的逻辑导致了现实生态环境执法中地方保护主义盛行：(1) 在政府权力主导的生态环境执法中，中央政府与各级地方政府之间理论上是一种层层委托—代理关系。但是，在地方生态环境执法部门的人员由地方任命及经费由地方支出的背景下，被设定为"代理人"的地方政府会有自己的地方利益与政绩诉求。(2) 现实中，地方政府一般较少以公然违反国家生态环境立法的形式推行地方保护主义，而是在对抽象的环境政策再界定、对宏观的国家法律制度再解释过程

---

① ［美］史蒂芬·布雷耶：《规制及其改革》，李洪雷、宋华琳、苏苗罕、钟瑞华译，北京大学出版社 2008 年版，第 375 页。

中，虚化与悬置环境保护目标，从而实现生态环境保护与污染防治制度功能的异化。比如，通过地方生态环境条例等方式解释上位法，将硬性的生态环境保护目标分解、生态环境保护法律约束软化，或对抽象的环境法律原则与倡导性制度作出有利于地方经济发展的解释，在法律制度存在着空白与漏洞之处放之任之，不会从生态环境保护与污染防治的本质目标出发积极行政，等等。

2. 运动式生态环境执法

在管制模式下，当生态环境地方保护主义出现时，我们会尝试采取生态环境执法机构垂直管理来避免地方干预，这固然可以使得生态环境执法权不断上移，但也使得现实中运动式生态环境执法现象产生，从而危害到生态环境执法的长效机制：(1)单一制国家普遍采取中央立法、地方执法模式，国家出台法律与政策地方负责执行。但我们当前所依赖的"以上压下"对抗地方保护主义的思路却打破了这种结构平衡，使得国家生态环境职能部门不但要负责出台生态环境保护的规则，还要负责具体执法，但国家生态环境执法部门的执法力量却难敷其职。当执法权上移时，国家生态环境职能部门的执法力量决定其也只能针对特别重大的环境污染与破坏行为采取运动式执法方式。(2)在我国当前的环保机构与执法力量设置中，我国环境执法人员主要集中在市县，现有国家、省、市、县四级环境执法监察网络的 5 万人环境执法队伍中，市、县级占全国总数的 99%。[1] 按理说，地方生态环境机构应当成为生态环境执法的主要力量，但是，由于地方政府自身利益与政绩诉求所秉持的对发展经济态度积极而对环境治理则持"不求有功，但求无过"的"不出事逻辑"，则又使得地方政府在维护社会稳定和满足公众环境权诉求的双重压力下游移选择，对于重大突发环境污染事件或公众关注与争议焦点事件采取运动式执法，成为地方政府回应公众环境权诉求的主要方式。[2]

3. 执法者与污染者合谋的法律规避

在管制模式下，执法者履行环境监管职能是通过实施排污许可制度、发放排污许可证、征收排污费和现场检查、排污监测等制度工具实现，其手段是制定和实施各类环境标准。当经济发展冲动、地方利益诉求、政绩考核标准和"以上压

① 杨解君：《"法治"怯场之后——以环境治理困局的突破为分析对象》，载《中国地质大学学报》(社会科学版)2012 年第 6 期。

② 杜辉：《论制度逻辑框架下环境治理模式之转换》，载《法商研究》2013 年第 1 期。

下"机制交织在一起时，环境污染执法中经常会出现执法者与污染者之间合谋形成的法律规避：(1)干部考核指标体系是目前中央政府鼓励地方官员进行环境治理的一种制度性政治激励模式，带有明显的"压力型体制"的特征，但"压力型体制"下的政治激励模式导致地方官员逃避政府在地方环境治理中的必要责任，将操纵统计数据作为地方环境治理的一个捷径，应付上级考核和民众诉求。[①] (2)管制模式下的生态环境执法要求有统一的监管制度和治理模式，企业都要按照《环境保护法》(2014年)第40条规定"优先使用清洁能源，采用资源利用率高、污染物排放量少的工艺、设备以及废弃物综合利用技术和污染物无害化处理技术"、第41条"三同时"制度以及第42条规定安装使用监测设备。但是，这些一体铺陈的规定没有考虑到不同企业主体在提高资源利用效率、使用防治污染的设施和安装使用检测设备的经济实力、技术条件和边际成本。因此，很多企业千方百计地规避法律，而执法者出于地方保护、政绩考核等方面的考虑也会默许甚至是纵容企业的这些违法行为，形成合谋，比如现实中经常会出现环保部门与企业之间"协商收(排污)费"的情形。

二、管制模式下现行生态环境治理制度缺陷之原因

现实中秉持管制模式下的逻辑思维构建的生态环境治理制度弊病丛生，其根源在于理念上的封闭与制度上的僵化，具体原因可以分述如下。

(一)规制机制断裂与制度抵牾

在现行的生态环境保护法律制度体系中，众多单行法是根据环境要素的分类为依据分别立法，每一个环境要素的保护与污染防治法对应专门的政府职能部门作为执法机构。现实中，这种监管体制的实施体现出了规制机制的断裂，其表现及原因是：(1)以环境要素为依据进行的分别立法，没有充分重视到各环境要素之间的联系性。(2)环境要素的联系性使得单一环境要素构成的整体生态功能的保护需求没有被纳入系统考量范围内，但现行依据单一环境要素构建的法律制度及执法机构必然难以在科学分析和整体比较的基础上形成生态环境保护与污染防

---

① 冉冉：《"压力型体制"下的政治激励与地方环境治理》，载《经济社会体制比较》2013年第3期。

治的整体行动计划，难以将稀缺资源合理配置于亟待防治的污染类型中。（3）现行的分别规制理念忽视了附加环境风险或者替代风险，也即预期通过规制进而减少的某些环境污染但却可能会被其他类型的环境污染所替代，比如，我们重视核能发电带来的安全风险，但对于核能源使用的规制却会增加火能发电带来的环境污染。①

规制机制的断裂也导致生态环境治理制度中出现的抵牾与不协调。现行的生态环境保护与污染防治法律路径是，根据环境要素的种类制定相应的环境要素保护法与污染防治单行法，并针对这些环境要素设定行业环境质量标准和污染物排放标准，强制规制对象遵守，这导致了制度之间的不协调与抵牾：（1）针对各环境要素分别构建生态环境保护与污染防治制度是哈耶克所谓的人类"理性建构"，其难以契合环境要素污染之间的联系性，环境诸要素之间产生的环境效应却不是组成该环境要素之间的简单叠加，而是在个体效应基础上呈现出环境整体性。（2）在现实的生态环境保护与污染防治中，各环境行政职能部门依据不同的环境单行法担负着其各自环境要素保护与污染防治的任务，这种立法上的分割与行政上的分业体制不能体现环境整体性与环境要素之间的联系性，各单行法之间存在着不协调甚至是冲突之处。（3）各生态环境保护职能部门依据环境单行法，承担各种环境要素保护与污染防治的职责。这种各行政执法机构权限分配的原则是一种分散管理模式和分业体制。这种分领域的规制权限分配可以体现专业性，各生态环境保护与污染防治执法机构即使会对于本部门职责范围内的环境风险高度敏感、迅速回应，但同时也分割了生态环境保护与污染防治任务，导致制度之间的冲突或不协调，典型如在我国水质水量分别由生态环境和水利部门负责管理的现行体制下《水污染防治法》与《水法》之间的不协调。② 不但如此，生态环境保护与污染防治变成了各职能部门之间的权力竞争，各执法部门倾向于从部门利益考虑，在对本部门职责范围内风险的"最后一成"或"最后一英里"耗费大量的社会资源，当现实中政府是否重视、进而投入大量资源保护某一环境要素或防治某一类型污染时，取决于该执法部门所能支配的公共资源以及该环境要素种类、污染类型与事件是否引起社会关注。

---

① 刘超：《环境风险行政规制的断裂与统合》，载《法学评论》2013 年第 3 期。
② 吕忠梅：《〈水污染防治法〉修改之我见》，载《法学》2007 年第 11 期。

（二）制度结构的单向性和封闭性

一般来说，法律要达到使企业自觉治理污染的目的，可以采取三类措施：一是推动企业降低污染治理成本，二是加大污染处罚力度，三是提高环境监管效率。前一种方式主要是靠市场发挥作用，通过立法建立环境保护的利益保护机制；后两种方式则主要是依靠政府实施，通过立法建立强有力的监管体制并严格执行。① 现行立法所确定的环境监管和污染防治制度，主要采取后两种方式，通过赋予生态环境职能部门以体系完整的监管职权和丰富的行政执法手段来实现制度预期。仔细梳理新修订的《环境保护法》(2014 年)和各污染防治单行法的规定，可以发现现行的污染防治制度具有单向性和封闭性。简单而言，即在制度思路和结构上采取"命令—服从""标准—遵守""违法—处罚"等二元关系模式。现行的生态环境保护与污染防治单行法条文中大量充斥的是"禁止""严禁""不得""应当"的规定。应当说，生态环境治理工作的推行有赖于监督管理主体与受制主体的共同努力，生态环境治理制度的实施需要在洞悉双方目标价值与利益诉求的基础上探析利益交叉点，通过利益相关方的参与"沟通"互动来提高制度的绩效。但反观各环境保护单行法，在"执法者—企业"的二元关系中，作为被规制对象的企业的诉求隐没不现；在各生态环境单行法历次修改过程中，立法机关、执法部门以及学界意见更关注的是如何完善环境监管制度体系、加大违法排污行为处罚力度、改变"守法成本过高，违法成本过低"的法律责任规则设计，至于被规制者的利益诉求、权利实现机制甚至是制度激励功能被遮蔽在单向性的管制制度完善中。因此，如何注重通过制度设计以体现上述第一种方式，即推动企业降低污染治理成本是突破现行污染防治法律制度实施困境的重要的替代路径，这要求生态环境治理在理念上改变单向性和封闭性的管制路径，而注重兼顾采纳互动治理的理念与制度路径，注重市场机制作用。

（三）逻辑闭环导致的制度僵化与规制俘虏

生态环境治理制度体系的单向性与封闭性特征，使其在"逻辑闭环"中陷入制度僵化。在行政权力主导的污染防治制度逻辑中，生态环境治理的效果取决于

---

① 吕忠梅：《监管环境监管者：立法缺失及制度构建》，载《法商研究》2009 年第 5 期。

立法中生态环境监管制度和行政手段的完善与丰富程度，以及生态环境行政执法的绩效，规制对象自身的个体特殊性和态度并不纳入考量范围或并不实质上成为影响生态环境治理制度构建的有效函数。因此，当生态环境法律治理效果不佳时，我们的思维惯性和路径依赖致使我们的第一选项往往是寻求制度更新。实际上，生态环境治理制度实施效果不佳的重要原因在于规制俘虏现象的出现。政府规制俘虏是指由于立法者和管制机构也追求自身利益的最大化，因而某些特殊利益集团（主要是被规制企业）能够通过"俘获"立法者和管制机构而使其提供有利于他们自己的规制。① 规制俘获的后果就可能体现在两个层面：一是规制政策设计层面，即规制对象通过各种途径操纵规制政策的制定者，以便让规制政策符合其自身利益；二是规制政策执行层面，即规制对象通过俘获公共执法人员，弱化现行规制法律的执行，以维护一己私利。②

在生态环境保护与污染防治法律实施过程中，虽然在管制模式下的生态环境立法规定了系统的环境监管制度，貌似被规制对象无所作为，但恰恰是生态环境执法机构在生态环境治理中占有绝对主导地位，这也使得生态环境执法部门享有宽泛的未受到有效限制与监管的自由裁量权，这为现实中执法部门与规制对象利益结盟、被规制企业"俘获"规制机构提供了制度空间。实际上，在地方经济发展诉求与地方保护主义之下，这种规制俘虏某种意义上成为地方政府的自愿选择。规制俘虏成为现实中生态环境执法效果不佳的重要制度性原因，但是，正如前述所言，管制模式下应对此问题的思路是偏好于采取"以上压下"的模式应对地方保护主义，于是通过不断上移执法权、垂直管理和制度更新（以出台更为"先进"和严格的监管制度）等方式来予以应对。当新的监管体制与制度出现时，新型的规制俘虏现象又升级换代以规避新的规制制度。于是，在如此闭环逻辑中，生态环境治理也陷入制度结构上的恶性循环，并伴随着制度的逐渐僵化。

三、互动模式下生态环境第三方治理的理论与制度

置诸上述生态环境治理的理念与制度体系中考察，我们可以发现，2013 年

---

① 杜传忠：《政府规制俘获理论的最新发展》，载《经济学动态》2005 年第 11 期。
② 余光辉、陈亮：《论我国环境执法机制的完善——从规制俘获的视角》，载《法律科学》2010 年第 5 期。

《决定》中首次提出的环境污染第三方治理，就不仅是简单地提出一种污染治理的新模式，而是在生态环境治理理念上从管制模式向互动模式的跨越，这为我们探究生态环境第三方治理的理论依据进而构建系统的制度体系提出了迫切需求。

(一)环境污染第三方治理的理念与探索

我国在《中共中央关于全面深化改革若干重大问题的决定》中首倡的"推行环境污染第三方治理"对于推进我国生态环境治理理念的更新与制度创新具有重要意义。探索与推行"环境污染第三方治理"的意义与价值在于突破了传统污染防治法律仅作用于污染者的制度机理，而是引入更广阔的思路和开放的结构，在"管制者—污染者"的二元关系结构中引入第三方主体参与环境污染治理。推行"环境污染第三方治理"并不是凭空产生或纯粹的"理想建构"，运用体系解释和目的解释的方法来考察现行的生态环境法律体系，① 环境法律的基本原则和制度也为环境污染第三方治理提供了法源依据，笔者根据新修订的《环境保护法》将此依据概括为"损害担责"原则和制度。

其实，在我国和国际社会对于该环境法原则的概括和表述上也历经了变迁，语词的变迁背后表征的是制度理念、内涵与外延的发展。我国 1979 年《环境保护法(试行)》第 6 条规定的是"谁污染谁治理"原则，即"已经对环境造成污染和其他公害的单位，应当按照谁污染谁治理的原则，制定规划，积极治理，或者报请主管部门批准转产、搬迁"。1989 年的《环境保护法》没有直接规定该原则，其内容隐没于具体的制度措施中，因为没有立法界定所以学界对该原则的表述便不尽统一，有"污染者付费，受益者补偿"②"环境责任原则"③，但这一阶段学界较为通行的表述或认可该原则体现的理念是"污染者治理"，其目的在于明确污染者的责任，促进企业治理污染和保护环境。④"污染者治理"强调了国家提供环境公共服务、政府积极履行环境保护公共职能的同时，任何单位和个人还要对自己所造成的环境污染和生态破坏承担环境责任，该原则其实典型体现了我国现行的环

---

① 陈金钊：《法律解释规则及其运用研究(中)——法律解释规则及其分类》，载《政法论丛》2013 年第 4 期。

② 吕忠梅、高利红、余耀军：《环境资源法学》，科学出版社 2004 年版，第 62~64 页。

③ 蔡守秋主编：《环境资源法教程》，高等教育出版社 2004 年版，第 119~123 页。

④ 金瑞林主编：《环境法学》，北京大学出版社 2002 年版，第 90 页。

境污染防治法律制度所呈现出的鲜明的"命令—服从"的制度封闭结构，突出强调了被规制者一旦造成环境污染和破坏则要承担"治理"的责任而不能转嫁于人。

我们认为，新修订的《环境保护法》(2014 年)对于该原则的规定，则体现了理念的进步和制度的开阔视野。该法第 5 条规定："环境保护坚持保护优先、预防为主、综合治理、公众参与、损害担责的原则。"第 6 条第 3 款规定："企业事业单位和其他生产经营者应当防止、减少环境污染和生态破坏，对所造成的损害依法承担责任。"2014 年修订的《环境保护法》规定的不再是"谁污染谁治理"或"污染者治理"原则，而是"损害担责"原则。如果说"污染者治理"更多强调是污染者自己去承担环境治理的责任，那么，"损害担责"则提供了一种开放式的责任承担方式——污染者、环境损害者既可以自己去承担环境治理的责任，也可以市场付费替代履行环境治理责任。笔者认为，"损害担责"原则在目的上契合、在形式上回归到经济合作与发展组织(OECD)于 1972 年在一项决议中明确提出的"污染者负担原则"，其本意和宗旨在于要求企业为排污损害环境而付出治理恢复环境的费用。[1] 污染者承担治理恢复环境的费用，至于具体的治理环境的主体则在所不论。因此，这为环境污染第三方治理提供了制度依据和开放的制度空间。

(二)环境治理体系现代背景下生态环境第三方治理的逻辑与依据

如果说，2013 年《中共中央关于全面深化改革若干重大问题的决定》提出的"推进环境污染第三方治理"是在环境污染防治领域进行的理念更新与制度探索，为管制者与污染者之外的第三方主体参与环境污染防治提供新的理念、思路与制度路径，那么，中共中央办公厅、国务院办公厅于 2020 年 3 月 3 日印发《关于构建现代环境治理体系的指导意见》，进一步将环境多元共治体制推向体系深化。

习近平总书记指出："党的十八届三中全会提出的全面深化改革的总目标，就是完善和发展中国特色社会主义制度、推进国家治理体系和治理能力现代化。这是坚持和发展中国特色社会主义的必然要求，也是实现社会主义现代化的应有之义。"2017 年十九大报告将"推进国家治理体系和治理能力现代化"作为全面深化改革的总目标之一，提出"构建政府为主导、企业为主体、社会组织和公众共

---

① 汪劲：《环境法学》(第四版)，北京大学出版社 2018 年版，第 58 页。

同参与的环境治理体系"作为加快生态文明体制改革的目标。2019 年，党的十九届四中全会报告《中共中央关于坚持和完善中国特色社会主义制度推进国家治理体系和治理能力现代化若干重大问题的决定》聚焦于国家治理体系和治理能力现代化的若干重大问题，从重大意义、总体要求、制度体系、法治保障等方面为我国推进国家治理体系和治理能力现代化指明了前进方向、提供了根本遵循、描绘了制度图谱和路线蓝图。2020 年，党的十九届五中全会通过的《中共中央关于制定国民经济和社会发展第十四个五年规划和二〇三五年远景目标的建议》在"'十四五'时期经济社会发展指导方针和主要目标"部分，进一步将"推进国家治理体系和治理能力现代化"作为"十四五"时期经济社会发展指导思想的重要内容，并将"加强国家治理体系和治理能力现代化建设"作为"十四五"时期经济社会发展必须遵循的原则的构成部分。

中央全面深化改革委员会第十一次会议于 2019 年 11 月 26 日审议通过，中共中央办公厅、国务院办公厅于 2020 年 3 月 3 日印发《关于构建现代环境治理体系的指导意见》。《关于构建现代环境治理体系的指导意见》是中共中央办公厅、国务院办公厅制定颁布的专门的部署现代环境治理体系建设的纲领性文件，进一步将环境多元共治体制推向体系深化，提出"构建党委领导、政府主导、企业主体、社会组织和公众共同参与的现代环境治理体系"的体制改革目标。

我国当前所推动的现代环境治理体系改革，重点不在于重新引入了企业、社会组织和公众等私人主体参与环境治理，而在于重新确立了不同类型主体在生态环境治理中的权力/权利结构。梳理《关于构建现代环境治理体系的指导意见》中提出的"全社会共同推进环境治理的良好格局"的政策目标，多元共治的框架体系可以分为两个部分内容：（1）传统生态环境治理模式下的制度强化与绩效优化。这要求完善各类主体在既有的环境法律体系中承担的法定义务制度，并在现实中贯彻实施。比如，政府承担的监管执法、市场规范、资金安排、宣传教育等职责的完善与生态环境保护督察制度的优化，企业在依法实行排污许可管理制度、推进生产服务绿色化、提高治污能力和水平、公开环境治理信息等方面的完善以优化企业在环境治理中的主体责任，强化社会组织和公民在社会监督中的主体作用。（2）环境治理模式的创新。《关于构建现代环境治理体系的指导意见》在"总体要求"中提出的"政府治理和社会调节、企业自治良性互动"的体制机制完善，以及在"基本原则"中提出的"强化环境治理诚信建设，促进行业自律"的市场导向机制，均超越了既有的以政府主导的命令控制型的环境治理制度模式与运行逻辑，要求在多元主体互动模式下进行环境治理制度的更新。若将《关于构建现代环境治理体系的指导意见》中原则性的政策话语转换为法律表达，即《关于构建现代环境治理体系的指导意见》要求构建环境私人治理机制、改造环境行政管理体制以形成现代化环境治理体系。

治理理论中"治理"是一个含义丰富的现代话语，很多研究者在多种语境下对"治理"进行了界定，其中，较有权威性和代表性的界定是全球治理委员会在其发布的研究报告《我们的全球伙伴关系》中的界定：治理是各种公共的或私人的个人和机构管理其共同事务的诸多方式的总和。从词源考察，作为一种理论与范式的"治理"，是对依靠政府威权或制裁进行支配和管理的社会控制形式的升级与替代，是对"统治"方式的新发展，其核心在于打破公私部门在社会公共事务治理中界限分明的主体分工，"它要创造的结构或秩序不能由外部强加，它之所以发挥作用，是要依靠多种进行统治的以及互相发生影响的行为者的互动"。《中共中央关于全面深化改革若干重大问题的决定》首次提出的创新社会治理体制，从"社会管理"转向"治理"的关键在于政府治理与社会自我调节、居民自治的良性互动；《决胜全面建成小康社会　夺取新时代中国特色社会主义伟大胜利》在"打造共建共治共享的社会治理格局"的原则下明确指出"构建政府为主导、企业为主体、社会组织和公众共同参与的环境治理体系"。这些环境治理体系现代化的改革目标，均不局限于治理方式更新与手段创新层面，而是对传统环境管理体制下形成的权力结构的改造。因此，环境治理体系现代化改革的旨趣并不仅在于引入多元私人主体以遵守政府管理规则、服从管制秩序的方式，浅层次地被动地参与；其要旨在于通过机制设计，将多元私人主体引入环境公共事务的治理框架中，形成多元主体互动的生态环境治理机制。

四、互动模式下生态环境第三方治理的路径与制度

由于管制模式下的生态环境保护与污染防治立法存在着机制断裂、制度抵牾、结构封闭等原因所致。对应对管制模式的上述弊病，互动模式注重了生态环境保护与环境污染防治是多方主体共同参与的系统工程，必须充分了解各方主体

的立场、利益与诉求。互动模式下的污染防治机制实施必须通过利益相关方的参与"沟通"互动来提高政策的质量与效益，亦即由行动主体采取措施来应对治理困境并寻找新的策略以实现更优治理目标，对多方参与的强调，用以区别于传统的、层级性的国家权威治理形式。①

生态环境第三方治理是互动模式的典型体现，它可以也必须贯彻的治理理念包括：第一，在制度类型上，生态环境治理不能再单纯采用由行政权力主导的一元模式，而是应当注重多方主体的积极参与；第二，在制度特征上，不能再是单纯的"命令—服从"模式，而应当兼顾通过行业协会等自我治理以及政府与社会的互动模式；第三，在制度价值上，基于环境资源的公共性和污染治理利益牵连性，不能再在制度设定中遮蔽被规制对象利益诉求、忽视规制对象（污染企业）积极性的发挥。从上述制度诉求出发，可以归纳生态环境第三方治理的制度框架中至少应包括以下几个方面。

（一）生态环境治理市场制度的体系化构建

管制模式下以行政权力为主导所一体推行的环境监管制度，难以兼顾被规制对象的个体差异进而发挥其积极主动性。现在生态环境保护与环境污染防治制度的重要路径是编制更为严密的法网以"加大违法成本"，使得企业为污染环境与破坏生态行为承担责任。但是，这种制度逻辑难以契合企业作为理性经济人的自利倾向，单纯加大对企业的处罚并不能抑制企业逃避治理环境污染与生态破坏的机会主义行为，在上述制度闭环逻辑下只会催生多种形式的规制俘虏。因此，加重对企业的处罚难以有效改进污染防治效果，而应当重视市场手段的作用，使得企业主动治理污染。

我们认为，要真正发挥生态环境第三方治理的功效，其前提是改变现行的单纯的"命令—服从"的管制模式，引入体系化的市场制度。这些制度可能并不是直接的第三方治理制度，但如果没有这些市场制度的培育，则实质上所有的生态环境治理制度的实施主体只有政府执法机构"一方"，被规制对象不可能作为发挥积极作为的"第二方"，更何谈"第三方"。只有市场制度的系统引入，才能为

---

① 谭九生：《从管制走向互动治理：我国生态环境治理模式的反思与重构》，载《湘潭大学学报（哲学社会科学版）》2012年第5期。

被规制对象(污染企业)提供陈述意见的通道和表达利益的路径,为第三方参与生态环境治理提供前提。这些市场制度体系包括污染者付费、排污权交易、环境税、环境保护合同、环境保险、绿色市场,等等。这些经济激励方法被认为是克服环境行政规制的弊端、促进环境规范内面化的重要手段。[1] 我国已经有排污权交易的试点,2014 年修订《环境保护法》也分别在第 43 条第 1 款、第 2 款和第 52 条规定了排污费、环境保护税和环境污染责任保险制度,这些都是对市场手段的引入,但仅简略规定,需要在具体适用中予以具体化。

(二)环境代执行制度的改进

如上分析,我国现行的散见于一些生态环境单行法中的环境代执行制度是互动模式下生态环境第三方治理制度的雏形,但还存在着诸多缺陷。从节省制度创新成本的角度考虑,可以改进当前的环境代执行制度以满足生态环境第三方治理的需要:(1)提升环境代执行制度的法律效力层次。很遗憾的是新近修改的《环境保护法》(2014 年)并没有规定环境代执行制度,使之成为环境法的基本制度。建议在以后的法律修改或者是生态环境综合性立法中,系统规定环境代执行制度,使之当然可以适用于所有类型的生态环境保护与环境污染防治。(2)赋予环境代执行制度的独立性。不再将环境代执行制度作为其他生态环境保护与污染防治法律制度的后续制度和补充制度,而应当赋予环境代执行制度的独立地位,也即其适用不以其他相关制度适用并失效为前提。(3)与上述第二点相关,一旦赋予环境代执行制度独立地位,则应当同时赋予作为规制对象的实施环境污染或生态破坏企业以更大的权限,由其自由选择是自己承担生态环境治理的责任,还是支付费用由其他社会主体代为实施整治恢复环境的责任。

(三)设立清洁水和清洁空气基金

根据我国"三同时"制度的要求,新建、改建和扩建的基本建设项目(包括小型建设项目)、技术改造项目以及自然开发项目和可能对环境造成损害的工程建设,其中防治污染和其他公害的设施及其他环境保护设施,必须与主体工程同时

---

① [日]黑川哲志:《环境行政的法理与方法》,肖军译,中国法制出版社 2008 年版,第 25~26 页。

设计、同时施工、同时投产使用。但现实中，大量的排污企业自己设计建造污染防治设施可能缺乏技术能力和资金来源。如果采取让排污企业付费以承担间接治理环境污染与生态破坏责任而引入专门的第三方公司来替代履行生态环境治理责任，则又会存在一些困境需要克服。基于环境问题致害的长期性、潜伏性等特征，尤其是在一些突发的大规模环境污染事件中，专业化环境污染治理第三方往往无足够的资金购置规模较大的污染防治设施，或对影响广泛的环境污染事件的治理力不从心。在此情况下，建议设立专门的清洁水和清洁空气基金。基金的来源是征收排污费、专项污染治理资金和国有资产拍卖资金。清洁水和清洁空气基金可以采取无息或低息贷款方式优先贷款给实施第三方治理的排污企业或环保企业。在符合一定的条件下可以适当延长周期，以适应污染治理项目周期长的特点。在环保企业项目运营期内，企业须按期足额偿还清洁空气基金的资金，保证清洁空气基金的滚动发展。[1]

五、结语

《中共中央关于全面深化改革若干重大问题的决定》首次在我国国家环境政策层面提出了"推行环境污染第三方治理"，这是前所未有的理念与制度创新。该制度的提出既基于我国当前的生态环境治理法律制度实施的困境，与此同时，也拷问了当前的生态环境治理制度逻辑与路径，提出了全新的污染防治理念。生态环境第三方治理不仅仅是治理方式与手段的更新，同时也是对现行的生态环境保护与环境污染防治管制模式的反思与超越，是对生态环境治理互动模式的兼顾与并重，要求在生态环境治理中引入市场机制、重视受制主体的利益诉求、赋予被规制对象环境责任承担方式的选择权从而发挥其主动性，并通过构建系统的制度以吸纳广泛社会主体参与生态环境防治。当然，生态环境第三方治理制度并不是要否定既有的生态环境监管制度在生态环境治理中的功能，生态环境职能部门更不能以此为借口逃避生态环境治理责任的承担。"推行环境污染第三方治理"制度是打破传统的环境污染防治法型法律关系中确立的"执法者—污染者"相对封闭的二元关系结构的重要尝试，具有重大的制度创新价值。经过该制度的建设与实践，归纳与检验了引入"执法者—污染者"之外的第三方主体参与生态环境

---

① 陈湘静：《第三方治理靠什么推进?》，载《中国环境报》2014年3月4日，第9版。

法律关系、参与生态环境问题治理的需求与绩效，推进了生态环境治理的法理更新与制度创新，以此为起点，生态环境问题治理的理论体系更为丰富、制度创新渐趋深化，其中，尤以《关于构建现代环境治理体系的指导意见》正式体系化构建的环境多元共治体制为典型代表。因此，经由"环境污染第三方治理"发展到环境多元共治机制的生态环境问题治理理论与制度工作的创新，为我们应对与解决海底可燃冰开发环境风险等具体领域的生态环境问题，提供了重要的理论指导和制度供给，我们可以进一步在具体的海底可燃冰开发生态环境风险防控与治理领域，探究适用环境多元共治机制的法理与路径。

第二节　海底可燃冰开发环境风险多元共治的路径与展开

从资源禀赋和全球能源产业发展热点观之，推进页岩气、可燃冰等新型清洁能源的开发是缓解世界各国普遍面临的能源危机的突破口。但前景与挑战并存，这些新能源为增加能源供给点燃了新的希望，但也对生态环境带来前所未有的风险，对现行能源开发、环境保护、环境风险防控制度设计提出了全新需求。而新能源开发中环境风险防控与治理的制度设计与机制运行效果，直接影响甚至很大程度上决定了新能源产业是否能健康迅速发展。

进入 21 世纪以来，在能源需求大幅扩张、能源勘探开发关键技术取得重大突破的背景下，页岩气、可燃冰等新能源进入人类关注的视野。21 世纪全球能源需求的增长，使得世界上新能源储量丰富国家和地区对勘探开发页岩气、可燃冰等新能源在增加能源供给、保障能源安全方面寄予厚望；科学发展和能源勘探开发核心技术的进步，为页岩气、可燃冰等新型的、非常规油气资源的大规模商业性开发提供了可能性。但是，页岩气、可燃冰等非常规油气资源的开发，具有的共性特征之一是，由于其资源禀赋、赋存特性，对勘探开发技术提出了更高的需求，勘探开发过程也会产生更多类型、更大范围的生态环境风险。在当前全球环境正义、绿色运动的潮流下，是推动页岩气、可燃冰等新能源开发以增加能源供给，还是如欧洲有些国家在"生态政治""绿色浪潮"下颁布禁令禁止页岩气等新能源开发，是一种政治决断和社会选择。因此，是否有体系完整、运行有效的生态环境风险防控与治理的政策法规，成为影响甚至是约束页岩气、可燃冰等新型非常规油气资源能否进入产业发展与大规模商业开发领域的重要变量。

可以进行比较、形成镜鉴、获得启发的是同为非常规油气资源的页岩气开发。21世纪初，页岩气进入人类关注视野，被认为是解决人类能源短缺危机的重要突破口，页岩气产业在改变能源结构、提供就业机会及增加财政收入等方面具有优势，[①] 美国在21世纪初爆发的"页岩气革命"成功实现了页岩气大规模商业开发，引领了世界上页岩气储量丰富国家与地区的开发热潮。我国页岩气储量巨大，其有效开发对我国能源安全具有重大意义，同时也可以大大缓解资源压力。[②] 我国已于2013年将页岩气产业定位为国家战略性新兴产业，并颁布系列产业支持政策和实施两轮页岩气探矿权招标出让工作。但是，页岩气生产面临着地质约束、环境约束、人口约束(人口稠密地区的限制)、技术风险以及融资障碍等共性问题，[③] 且我国的页岩气特许权自身内在逻辑使其在现实中存在诸多制度困境，[④] 这使得我国的页岩气产业发展现状与预期目标相去甚远。在世界范围内，法国等欧洲国家虽然充分认识到并高度重视页岩气资源的价值与前景，以及对大规模商业开发页岩气资源对于保障国家能源安全、摆脱对俄罗斯能源依赖富有憧憬，但在国际"绿色浪潮"和国内绿党政治压力下，对于页岩气开发和产业发展犹豫不决、掣肘重重。

可燃冰的科学名称为天然气水合物(Natural Gas Hydrate)，是在一定条件下(合适的温度、气体饱和度、水的盐度和pH值等)由碳氢化合物气体(甲烷、乙烷等烃类气体)与水分子组成的类似冰的、非化学计量的笼形结晶化合物。[⑤] 目前各国科学家较为一致认为全球可燃冰资源总量约为$2×10^{16}m^3$，如果将此储量折算为地球上的有机碳资源，约为所有化石能源中含碳量总和的两倍，足够人类使用千年。地球上的可燃冰分为陆地可燃冰和海底可燃冰两大类型。大多数研究者

---

① Mark Zoback et al., "Addressing the Environmental Risks from Shale Gas Development", *World Watch Institute* 7, 2010, pp. 266-279.

② 邢文婷、张宗益、吴胜利:《页岩气开发对生态环境影响评价模型》，载《中国人口·资源与环境》2016年第7期。

③ Ishaya Paul Amaza, "Exploring Barriers to Financing Shale Gas Production on a Limited Recourse Basis", *International Energy Law Review* 2, 2013, p. 97.

④ 刘超:《页岩气特许权的制度困境与完善进路》，载《法律科学》2015年第3期。

⑤ 杜正银、杨佩佩、孙建安编著:《未来无害新能源可燃冰》，甘肃科学技术出版社2012年版，第28页。

都认为海洋中可燃冰的储量比永久冻土中的储量至少高两个数量级。① 申言之，在全球可燃冰总体储量中，海底可燃冰占有绝大多数，其将为人类提供主要的未来替代新能源。

晚近以来，世界上美俄日本等主要国家以极大热情投入海底可燃冰的研究和开发试验，我国从 20 世纪 80 年代开始关注可燃冰至今，于 2007 年采集到可燃冰实物样品。但是，海底可燃冰勘查开发过程却引致远较传统油气资源开发严峻的生态环境风险，这也是日本等已经掌握成熟的可燃冰开采技术的国家却一再延迟大规模商业化开采可燃冰的重要原因。前述内容已经梳理与归纳了海底可燃冰开发的生态环境风险，在实质性地推进海底可燃冰的商业开发之前，需要科学、准确地识别与辨析海底可燃冰开发中的生态环境风险，进而未雨绸缪地探究海底可燃冰开发生态环境风险的规制制度，是正式推动可燃冰产业发展的前提。

一、海底可燃冰开发环境风险治理的法律需求

大多数情况下，一种能源资源的可行性差不多是单纯基于经济考量，但是，在某些情况下，一种特殊烃类资源的可行性可由独特的当地经济和非技术的因素来控制。② 申言之，纵然可燃冰开发提出了全新的技术需求和存在极大的环境风险，但在全球普遍面临能源危机的情势下，不能因为存在环境风险就排斥被视为绿色新能源的海底可燃冰。同时，随着全球对可燃冰的重视，海底可燃冰工程技术迅速发展，开采和生产成本下降，海底可燃冰的开发越来越具有商业可行性。并且，我们要理性地对待海底可燃冰开发引致的环境风险，避免陷入桑斯坦教授所论述的"直觉毒理学"（intuitive toxicology）误区，当一个新风险增加了危险时，人们可能更为关注危险本身而不是和危险相伴随的利益。③ 海底可燃冰开发固然会带来环境风险，但却为人类重新开启了未来千年能源供给的新希望。因此，勘

---

① 肖钢、白玉湖、董锦编著：《天然气水合物综论》，高等教育出版社 2012 年版，第 1~4 页。

② ［美］T. 科利特、A. 约翰逊、C. 纳普、R. 博斯维尔编：《天然气水合物——能源资源潜力及相关地质风险》，邹才能、胡素云、陶士振等译，石油工业出版社 2012 年版，第 63 页。

③ ［美］凯斯·R. 孙斯坦：《风险与理性——安全、法律及环境》，师帅译，中国政法大学出版社 2005 年版，第 52 页。

探开发海底可燃冰不但是日本、韩国和欧洲各国等传统能源匮乏国家的现实迫切需求，对于我国和美国等传统能源大国缓解传统油气资源日渐耗竭的能源危机意义重大。因此，务实的理性选择是，一方面需要加强海底可燃冰勘查开采的关键技术研发，以祛除海底可燃冰开发的技术障碍，减少开发成本，增加海底可燃冰开发的商业可行性；另一方面，在研究、识别和类型化辨析海底可燃冰开发环境风险的基础上，探究海底可燃冰开发环境风险规制的制度需求，设计科学合理的环境风险规制规则体系。在探究具体的海底可燃冰开发环境风险规制法律路径之前，需要针对其资源属性、赋存规律的特殊性，从宏观层面梳理海底可燃冰开发环境风险规制与治理制度亟待因应的问题、遵循的规律与彰显的价值。

(一)利益衡量：划定制度设计中的可接受风险标准

海底可燃冰对于人类是一种全新能源，开发使用此能源会带来新型的环境风险。出于"损失规避"的天然性，人们倾向于厌恶新型风险。新能源开发的环境风险在环保组织的呼吁与媒体机构的渲染下，会得以凸显甚至是被夸大，引发广泛社会争议和社会恐慌。比如，虽然欧洲多国传统能源匮乏，对于页岩气开发有现实迫切需求，但是，在政府内部的绿党人士、环保组织以及民意的双重压力下，很多国家在预期推动页岩气产业发展遇到诸多障碍，法国这一欧洲页岩气储量丰富的国家更是明确颁发了禁止页岩气开采的禁令。可以合理预期，海底可燃冰开发也必将面临类似争议。必须承认，社会不同利益群体和公众参与可燃冰开发的讨论是现代民主社会环境民主和环境公众参与的体现。但是，承受可燃冰开发伴生的环境风险，是发挥海底可燃冰未来千年能源支柱功能必须支付的必要代价。因此，设计海底可燃冰开发环境风险规制制度，就不可能预期规制可燃冰勘查开采行为使之不产生任何的环境风险与环境损害，而必须在制度设计中理性地秉持人类可接受风险标准。

当人类作出开发海底可燃冰的选择，并不必然意味着接受这一行为伴生的所有环境风险，反之，也并不意味着只要有环境风险的产生，就不能作出开发海底可燃冰的选择，我们应当理性地综合衡量行为抉择的成本、风险与收益。事实上，当开发海底可燃冰会为人类带来增加能源供给、缓解能源危机的收益，以这一收益作为补偿，我们应当适度接受随之伴生的一定程度的环境风险及其后果。

因此，关键问题就转化成如何确立海底可燃冰开发可接受环境风险的标准，这一标准就成为海底可燃冰开发环境风险规制法律体系首要解决的问题。

有研究在分析人类可接受风险时，制定了七项评价标准来衡量一项决策引致的风险是否为可接受风险的评估方法：全面性、逻辑合理性、实用性、公开评价、政治可接受性、与权威机构一致性和有益学习。① 具体而言，在设计具体的海底可燃冰开发环境风险规制制度时，应当通过制度设计将该行为控制为可接受的风险，其具体方法可以包括以下方面：(1)成本—收益分析的策略性方法，即将复杂的海底可燃冰开发行为的法律规制问题分解为更为具体的规制策略选择问题，而成本—收益方法是美国等环境法制发达国家在设计环境问题规制制度时最经常使用的分析工具，可以借鉴。具体而言，在设定海底可燃冰开发行为规制制度的立法目的时，要针对海底可燃冰开发导致的环境风险的领域与问题划分具体类型。在此基础上，综合考量海底可燃冰开发的环境风险及其可能致害结果与海底可燃冰开发产生的经济与生态收益，进而分别确定不同类型法律制度体系预期实现的环境风险控制目标。(2)经验对比方法，即根据过往相关情况为参照来设定安全标准。具体而言，海底可燃冰开发过程需要采取的一些勘查开采技术虽然是新技术，但这些技术的并不是凭空而生而是在既有矿产资源开采技术基础上的创新，可以参考这些技术在过去一段时间使用(包括一些化学试剂的使用)所产生的生态环境风险与危害，来预测评估海底可燃冰开发将会导致的生态环境风险，以及专门规制法律要设置的环境安全标准。(3)专业判断方法，即对于海底可燃冰开发可接受环境风险的法律标准设定这种专业问题，不能盲目诉诸舆论讨论主观感觉，而应当引入相关领域技术专家运用专业知识提供专业判断。

(二)路径选择：吸纳既有的相关法律制度体系

海底在可燃冰成藏模式、赋存特征、勘探开采技术及其引致环境风险上的共性，使得世界各国在对其环境风险的防控与规制上具有共性要求，这在一定程度上使得各国环境风险法律规制制度可以相互借鉴。与此同时，可燃冰属于矿产资源的一种，对其资源勘查、评估、开采、利用和管理各个环节均需要纳入一个国

① [英]巴鲁克·费斯科霍夫、莎拉·利希滕斯坦、保罗·诺斯维克、斯蒂芬·德比、拉尔夫·基尼：《人类可接受风险》，王红漫译，北京大学出版社2009年版，第68~69页。

家既有的矿产资源法律体系予以调整，包括此过程中产生的环境风险与问题也大体要纳入既有的环境资源法律体系予以审视与规制。我们探究新型能源开发利用时的法律需求，理性选择是如何解释既有的法律体系以适用于新的具体领域，以及当新型风险超越既有制度可以解释适用的射程范围时，归纳与制定新的规则体系。

因此，探究我国的海底可燃冰开发环境风险治理法律制度，必须充分吸纳其所深嵌的法律系统，包括以下几个层面：（1）总体而言，海底可燃冰开发产生的环境风险的防控与环境问题的治理，首先是解释适用我国以《矿产资源法》为统领的矿产资源法律体系，以及以《环境保护法》为基础法的环境保护法律体系。（2）可燃冰分为陆地永久冻土区可燃冰与海底可燃冰，其各自赋存的地理环境存在较大差异，也决定这两类可燃冰的勘查开采过程的环境风险致害机理与路径存在差异，在如何吸纳与衔接邻近环境风险规制法律时也有所不同。陆地冻土带可燃冰大多赋存于陆地 200~2000 米深处的厚达十几米至上百米的砂岩层、细砂岩层和砂质泥岩层，对其开发环境风险的规制，除了要适用现行《环境保护法》《矿产资源法》等环境保护与矿产资源法律体系，还需要以现行的《土地管理法》《土地复垦条例》等土地管理法律规范为依据。而规制海底可燃冰开发的环境风险，在适用环境保护法律规范和矿产资源法律规范时，要更多吸纳与参照《海洋环境保护法》等海洋管理法律法规的相关规定。（3）与上述第二点直接相关，陆地可燃冰开发法律规范还涉及如何处理地下矿产资源所有权与土地所有权之间的关系。目前，世界各国主要有合一制与分离制这两类制度，英美法系国家早期形成矿产资源所有权与土地所有权合一的原则与制度，大陆法系很多国家则基于矿产资源在经济发展中的重要地位，则采取了矿产资源与土地所有权相分离的立法体制，将一些具有战略价值的矿产资源的所有权与其所依附的土地所有权相分离，并宣布为国家所有。世界上越来越多国家明确规定石油天然气等自然资源的国家所有权制度，这些制度被明确规定在这些国家的宪法、石油立法以及矿业立法中。① 我国也采取的是矿产资源所有权与土地所有权的分离立法体制，《矿产资

---

① ［英］艾琳·麦克哈格、［新西兰］巴里·巴顿、［澳］阿德里安·布拉德鲁克、［澳］李·戈登主编：《能源与自然资源中的财产和法律》，胡德胜、魏铁军译，胡德胜校，北京大学出版社 2014 年版，第 87 页。

源法》第3条明确规定"矿产资源属于国家所有，由国务院行使国家对矿产资源的所有权"。但土地所有权则有多元主体，由此派生出复杂的权利冲突类型。因此，这也是如何设计可燃冰开发环境风险法律规制时必须充分予以兼顾考虑的制度语境。与之不同，由于海底可燃冰大部分分布于海洋深处，许多海底可燃冰矿床横跨多个国家边界和专属经济区的边界，有些还是国际上的争议海域。由此，海底可燃冰开发中的环境风险法律体系，必须充分对接《联合国海洋法公约》等国际法律规范中矿产开采、环境保护的相关规则体系，还必须面临如何平衡生产和生产环境内的安全问题，利用提供多方均衡生产和顾及环境内的安全生产单位，将需要寻求跨界解决方案。①

(三)体系构建：综合公共监管制度与私人治理规则

海底可燃冰开发既会带来类似于传统油气资源开发伴生的环境风险，同时又会引致难以控制的海底可燃冰甲烷气的释放所引发的各种新型环境风险。一旦发生海底可燃冰中的甲烷大规模泄漏，则会导致难以扭转的损害。这就使得对于海底可燃冰资源开发过程当中产生的问题的预防与控制应当尽量在大规模商业开发之前完成，而不是留待开发过程当中产生事故才进行处理。这要求海底可燃冰开发环境风险规制法律体系要重视制度设计的激励效果，来影响海底可燃冰开发参与者行为导致环境灾害或事故的事前行动。以行为激励为目标指向的海底可燃冰环境风险规制法律体系，可以划分为两种类型，一种是公共监管制度体系，另一种是私人治理规则体系。

公共监管制度体系主要是指以各项环境标准为依据的海底可燃冰开发行为规制规范。注重海底可燃冰开发行为的公共监管，其主要原因包括以下几个方面：(1)海底可燃冰开发首先是一个国家宏观的产业政策选择问题，该产业发展本身伴生极大环境风险，需要通过国家立法来为该产业发展设置议程和制定一般环境风险控制标准，在具体的海底可燃冰勘查开采行为实施之前设定环境风险可接受程度和确定行为控制标准。(2)海底可燃冰开发行为在实现其提供能源供给、保

---

① Roy Andrew Partain, "Avoiding Epimetheus: Planning Ahead for the Commercial Development of Offshore Methane Hydrates", *Sustainable Development Law & Policy* 15, 2015, pp. 20-58.

障能源安全的公益的同时，也会对环境公益造成严重威胁。"我国环境保护主要靠政府，政府不仅是环境保护的主导者，也是环境污染和生态破坏的主要责任者。"[①]保障环境安全和维护环境公益是国家应当承担的法定义务，国家的环境保护义务的实现方式之一是通过立法和行政手段。具体到海底可燃冰开发领域，即体现为国家因应海底可燃冰开发引致环境风险的种类与内容，针对性地制定完善的环境保护法律规范，以及监督管理海底可燃冰开发过程导致的各种污染和破坏环境。(3)海底可燃冰赋存的特性决定了经常会导致海底可燃冰矿床跨界，这一自然属性决定了一国在海底可燃冰开发过程中，会经常在矿产资源权属、污染责任划分等方面与其他国家和地区产生跨界纠纷。在海底可燃冰开发环境风险防控与规制层面，无论是从减少和减轻海底可燃冰开发环境风险需要的事前外交努力，还是从达成环境风险规制法律协作以及事后的环境治理责任分配层面，国家作为主体进行的跨界沟通与协作最有效率。(4)有些国外研究也梳理了通过公共监管手段在规制海底可燃冰开发环境风险中具有的优势：第一，公共监管机构和手段在缓解某些信息不对称方面更具效率和作用，尽可能地为海底可燃冰开发环境风险及其致害防治规定配套设施和要求信息披露；第二，公共监管机构作为主体更具偿债能力；第三，公共监管更具威慑力；第四，公共监管机构在制度能力上更具优势。[②]

与此同时，注重海底可燃冰开发行为的过程控制及事后私人治理规则，则是规划其行为环境风险的有效补充和补救措施。其理由包括：(1)公共监管路径只能制定海底可燃冰开发环境风险规制的一般标准，难免会遗留过量环境风险和逃逸环境损害，此时，重视私人管理路径则可以成为公共监管系统来规制海底可燃冰环境致害的有效补充方式，有效地适用于具体的海底可燃冰开发项目带来的多样性的风险和危害。(2)公共监管手段实施的目标在于维护环境公益，但海底可燃冰开发在引致环境风险、损害环境公益的同时，也会导致环境私益损害(比如，海底可燃冰开发引发的海水毒化会损害水产养殖承包户的利益、引发的海底滑坡坍塌等地质灾害会损害其他矿业权主体的利益)，私人主体通过提起诉讼等方式

---

① 蔡守秋：《从环境权到国家环境保护义务和环境公益诉讼》，载《现代法学》2013 年第6 期。

② Roy Andrew Partain, "Public and Private Regulations for the Governance of the Risk of Offshore Methane Hydrates", *Vt. J. Envtl. L.* 17, 2015, pp. 87-137.

寻求侵权救济是实现公民民事权益、环境权益的正当方式。因此，我们也应当审视与观照当前关于环境私益纠纷解决的制度，能否契合海底可燃冰开发环境致害中私益纠纷解决的制度需求。(3)当前全球尚未进入海底可燃冰商业开发阶段，可以预见这一产业会随着勘探进展和技术研发而不断发展，其所致环境风险也随着不同运营商使用差异技术、矿区所在地环境状况的差异而有不同，而公共监管模式则会基于对稳定性和统一性的追求而很容易陷入僵化从而难敷其用境况。这种情况下，私人治理的灵活性和针对性可以为公共监管提供有效补充。

二、海底可燃冰开发环境风险共治法律路径之具体展开

海底可燃冰开发伴随着极大环境风险，通过法律规制其环境风险及其损害，首先需要在源头环节和宏观层面进行利益衡量，在理性务实地确定海底可燃冰开发行为可接受环境风险基础上，制定行为规制标准。从法律规制路径选择角度来看，应当通过体系解释和扩展适用既有的环境保护和矿产资源法律规范规制海底可燃冰开发中的环境风险，当海底可燃冰开发引致环境风险的机理与内容超越现行规范解释适用射程范围时，应当针对性制定专门法律规范。从具体海底可燃冰开发环境风险规制法律体系构成上看，则应当包括公共监管和私人管理这两大类型，下文内容将对之进行具体展开。

(一)海底可燃冰开发环境风险的公共监管

在风险预防原则下，海底可燃冰开发环境风险的公共监管的主要目标是确立以维护环境安全标准为指向的事前行为规范，进而以此为依据对海底可燃冰开发行为实施全过程监督管理。因此，海底可燃冰开发公共监管是一个包含规则构建、标准制定、机构设置和行政执法等内容的系统工程。在公共监管体系中，源头环节的内容在于如何确立海底可燃冰开发环境风险监管的规范体系。所以，本部分主要是从法律依据的角度探讨海底可燃冰开发生态环境风险的公共监管。基于前述海底可燃冰赋存的自然规律，对于开发行为生态环境风险的公共监管的法律依据包括国内法律与国际法律两个部分。

1. 海底可燃冰开发生态环境风险规制的国内法律规范

我国国内尚无关于海底可燃冰的任何法律规范，这无可厚非，因为可燃冰尚

处于科学研究和勘探取样阶段，而未作为一种矿产资源进入商业开发领域。但我国现有的环境保护和矿产资源法律体系可以解释适用于海底可燃冰开发的环境致害行为。可以概括为以下几个方面：（1）《环境保护法》是我国环境保护基本法，我国《环境保护法》中规定的保护和改善环境、防治污染和其他公害的基本原则和法律制度，均可适用于海底可燃冰开发中的环境风险规制。（2）根据我国《宪法》第9条和《民法典》物权编第247条等规定，我国一切矿产资源属于国家所有，包括可燃冰等尚未被批准为独立矿种的以及尚未被探明的矿产资源。其他社会主体从事海底可燃冰开发必须通过行政特许程序获得海底可燃冰的探矿权和采矿权。因此，我国以《矿产资源法》为统领的矿产资源法律体系可以规制海底可燃冰开发中的环境风险。我国《矿产资源法》及其配套法律规范规定了取得矿业权的矿山企业必须符合的法定资质，也在相关规范中规定了矿山企业行使矿业权时要履行的环境保护义务，比如《矿产资源法》第32条第1款规定："开采矿产资源，必须遵守有关环境保护的法律规定，防止污染环境。"这些规定也是海底可燃冰矿业权主体在勘查开采海底可燃冰时必须履行的法定义务。（3）我国《海洋环境保护法》是保护和改善海洋环境、保护海洋资源、防治污染损害、维护生态平衡的专门立法，可以直接规制海底可燃冰开发中的环境风险与致害。我国《海洋环境保护法》（2016年11月7日修正）第3条第1款规定："国家在重点海洋生态功能区、生态环境敏感区和脆弱区等海域划定生态保护红线，实行严格保护。"该规定为海底可燃冰开发可能选择的分布区域划定了红线。该法第24条规定："国家建立健全海洋生态保护补偿制度。开发利用海洋资源，应当根据海洋功能区划合理布局，严格遵守生态保护红线，不得造成海洋生态环境破坏。"该条明确规定了开发利用可燃冰等海洋资源时要遵循的生态保护义务。《海洋环境保护法》第六章"防治海洋工程建设项目对海洋环境的污染损害"第47～54条规定的海洋建设工程的污染防治系列制度，也可以具体解释适用于治理海底可燃冰开发导致的环境环境污染。除此之外，我国其他的环境要素保护与污染防治的单行法，也可以适用于规制海底可燃冰开发过程引致的环境污染与生态破坏。

虽然现行法律体系能为规制海底可燃冰开发引致的环境风险提供基本法律依据。但是，由于缺失专门针对性的立法，使得通过体系解释与拓展适用现有的法律规范，在规制海底可燃冰开发环境风险时存在着间接性、零散性等特征，这使得规制规范在应对海底可燃冰开发环境风险的范围、程度和针对性上存在不足。从资源属性上看，海底可燃冰作为新型能源资源，无论在成藏模式、赋存规律、开采技术还是环境致害机理上，与传统油气资源存在较大差异，需要有专门针对性立法。从同为新型能源的页岩气产业发展的法律保障与规制经验来看，美国"页岩气革命"的成功昭示的重要经验也在于美国联邦和州既重视从矿业权获取与行使上创新出强制联营规则，① 还在于针对页岩气开发中的特殊环境风险，规制法律从对既有法律的拓展适用发展到针对气开发和水力压裂进行专门立法。②因此，为了加强对海底可燃冰开发环境风险的法律规制效果，我们也应当针对海底可燃冰开发的专门环境风险进行针对性专门立法，包括对可燃冰的开发规划、生产经营等产业发展内容进行产业立法，以及重点针对可燃冰开发开采方式（比如降压法、注热法和注化学试剂法等开采技术使用本身及其使用的化学试剂）导致的环境风险进行专门立法规制。

2. 海底可燃冰开发环境风险规制的国际法律规范

海底可燃冰以胶状物与海洋中的沉积层共存于海底连绵成片，即使海底可燃冰岩层赋存于一国领海、毗连区甚至是专属经济区之下，海底可燃冰依然可能与公海或其他国家领海之下的海底可燃冰相连接。因此，海底可燃冰开发中会经常地出现跨界纠纷，也会使得海底可燃冰开发时导致的海水污染、海底滑坡、表层海啸和温室效应等生态环境风险与损害不可避免地超出一国国内法律管辖与规制范围。

在联合国法律框架体系内，只要与海洋保护、环境保护或矿产资源开发有关的国际法律规范，均对海底可燃冰开发行为规制有一定内在联系和部分适用性。主要有两个主要公约《联合国海洋法公约》和《联合国气候变化框架公约》分别管理海洋与气候变化，能管理或协调一国国内海底可燃冰开发活动主要导致的海洋生态环境破坏与温室效应的环境风险，以下将分别予以梳理：

（1）《联合国海洋法公约》的相关规定

---

① Russell Bopp, "A Wolf in Sheep's Clothing: Pennsylvania's Oil and Gas Lease Act and the Constitutionality of Forced Pooling", *Duquesne Law Review* 2, 2014, pp. 439-463.

② Hannah Wiseman, Francis Gradijan, *Regulation of Shale Gas Development*, *including Hydraulic Fracturing*, Center for Global Energy, International Arbitration and Environmental Law, January 20, 2012.

《联合国海洋法公约》于 1982 年在第三次联合国海洋法会议最后会议上通过，1994 年 11 月 16 日生效。我国于 1996 年 5 月 15 日批准《联合国海洋法公约》并附加条件。该公约对全球各处的领海主权争端、海上天然资源管理、污染处理等具有重要的指导和裁决作用，故而对赋存海底可燃冰的水域和海底土地具有管辖权。《联合国海洋法公约》在"序言"中提出："在妥为顾及所有国家主权的情形下，为海洋建立一种法律秩序，以便利国际交通和促进海洋的和平用途，海洋资源的公平而有效的利用，海洋生物资源的养护以及研究、保护和保全海洋环境。"鉴于可燃冰在海底赋存特殊性，使得其赋存海域超越领海与专属经济区，对其开发会产生更强外溢性环境影响，要受到国际海底管理局的监管。《联合国海洋法公约》"第十二部分海洋环境的保护和保全"明确规定了各国开发其自然资源的主权权利和保护与保全海洋环境的一般义务。自然资源也包括海底可燃冰，所以，该部分的相关规定在法律逻辑上当然可以解释适用于海底可燃冰开发行为规制。具体而言，该部分对于海底可燃冰开发环境风险规制的规定主要包括但不限于以下几个部分：第一，沿海国应当制定完善的法律和规章，来防止、减少和控制来自受其管辖的海底可燃冰开发活动造成的海洋环境污染；第二，沿海各国应采取符合《联合国海洋法公约》的必要措施，防止、减少和控制海底可燃冰开发导致海洋环境污染，为此目的应当使用最佳可行手段，规定海底可燃冰开发设施装置的设计、建造、装备、操作和人手配备，旨在实现最大可能范围内减少污染；第三，沿海国应当对其海底可燃冰开发活动可能对海洋环境造成重大污染或重大和有害的变化进行评价与监测；第四，损害通知与应急计划，各国应共同发展和促进各种应急计划，以应付海洋环境的污染事故，当一国获知海洋环境有即将遭受污染损害的迫切危险或已经遭受污染损害的情况时，应立即通知其认为可能受这种损害影响的其他国家以及各主管国际组织。

（2）《联合国气候变化框架公约》的相关规定

《联合国气候变化框架公约》于 1992 在巴西里约热内卢举行的联合国环发大会（地球首脑会议）上通过，我国于 1992 年 6 月 11 日签署并于 1993 年 5 月 7 日批准该公约，1994 年 3 月 21 日起对中国生效。它是世界上第一个为全面控制温室气体排放、应对全球气候变化提供责任框架的国际公约。《联合国气候变化框架公约》对"温室气体"及"排放"等关键概念进行了界定，《《联合国气候变化框

公约〉京都议定书》附件 A 则具体列举了"温室气体"，可燃冰中主要成分甲烷
（CH_4）为温室气体。由于海底可燃冰开发对于整体环境以及在此过程中难以避免
的甲烷泄漏与逸失造成的气候变化的影响，我国海底可燃冰开发中温室气体排放
行为亦受《联合国气候变化框架公约》监管。首先，《联合国气候变化框架公约》
概括地提出了各缔约方在行动时的指导原则，其"第三条原则"中第 3 项规定：
"各缔约方应当采取预防措施，预测、防止或尽量减少引起气候变化的原因，并
缓解其不利影响。当存在造成严重或不可逆转的损害的威胁时，不应当以科学上
没有完全的确定性为理由推迟采取这类措施，同时考虑到应付气候变化的政策和
措施应当讲求成本效益，确保以尽可能最低的费用获得全球效益。"①尤其需要辨
析的是，该公约目标是将大气中温室气体的浓度稳定在防止气候系统受到危险的
"人为干扰"水平上，海底可燃冰开发中既有开采技术使用过程导致的甲烷释放，
也有甲烷的泄漏，但均属于海底可燃冰开发活动的结果。因此，甲烷从海底可燃
冰装置向大气的人为排放和泄漏符合《联合国气候变化框架公约》下的"排放"。
该公约为缔约国在承诺履行、研究和系统观测、教育培训和提高公众意识、气候
变化科学评估、履行信息提供等诸多方面均规定了具体义务，这些规定均可以适
用于海底可燃冰开发活动。

　　需要特别针对性强调的是：(1)《联合国气候变化框架公约》要求各缔约国在
预防原则下制定政策和采取措施来限制人为温室气体排放，同时又要考虑到不同
的社会经济情况。因此，我国在制定海底可燃冰开发环境风险与温室气体排放规
制制度时，应当充分考虑我国的能源开发与环境保护的政策目标与成本效益。
(2)《联合国气候变化框架公约》规定的缔约国承担的温室气体减排的义务是在国
家层面施加的，并没有特别规定各缔约国家如何开发利用海底可燃冰等活动的具
体义务，保留了缔约方可以根据其经济结构和资源基础等特殊性来制定具体的法
律规范与民事责任规则的权力。因此，我国在规制海底可燃冰开发环境风险规制
制度时，应当将《联合国气候变化框架公约》规定的缔约方在限制温室气体认为
排放中的实体性和程序性义务要求予以具体化，具体可以通过国内的监管性立法
和民事责任规范来实现这一要求。(3)《联合国气候变化框架公约》规定发达国家
缔约方和发展中国家缔约方在限制温室气体排放中时，要根据共同但有区别的责

---

① 万霞编：《国际环境法资料选编》，中国政法大学出版社 2011 年版，第 41 页。

任和各自能力来分摊负担与责任。具体到海底可燃冰开发领域，沿海大国也要比内陆国等承担更多减排责任。承担义务的国家需要通过国内法来执行这些义务，但是，很多其他富含海底可燃冰资源的国家没有承担限制排放的义务，这使得《联合国气候变化框架公约》将受到开发海底可燃冰的重大挑战。① 比如，美国和加拿大均为沿海大国并积极开展海底可燃冰研究，但两国均在《联合国气候变化框架公约》第 6 次缔约方大会期间，退出《京都议定书》。这是我国通过制定国内规章或民事责任来限制海底可燃冰开发甲烷排放，以促进我国在《联合国气候变化框架公约》下的国家义务履行时，需要考虑的国际环境。(4)《联合国气候变化框架公约》还规定了发展中国家缔约方可以在自愿基础上提出需要资助的项目，包括为执行这些项目所需要的具体技术、材料、设备、工艺和做法，发达国家缔约方应当向发展中国家缔约方提供技术和资金支持。我国当前虽然积极展开海底可燃冰研究，但在勘查开采和环境风险防治等关键技术研发上，依然滞后于日本等国家。我国可以充分依据《联合国气候变化框架公约》的相关规定，在海底可燃冰开发的技术、环境风险预防和防治甲烷泄漏等关键技术上，尽可能争取更多的技术合作与资金资助机会。

(二) 海底可燃冰开发环境风险的私人治理

虽然海底可燃冰开发引致的是大范围不确定公共环境风险，政府应当在风险预防与监管中丰富监管方式和增强监管力度以履行环境保护国家义务，但是，公共监管模式本身存在的效率低下与执法不足等内生弊端，既为多元治理模式提供了空间也昭示了必要性。同时，就环境保护法制理念更新与制度进展而言，相对于第一代以政府的绝对强制监管制度进行环境治理和第二代引入市场机制、注重管制成本和效率，倡导广泛参与、共同合作和手段多元化是第三代环境治理理念。② 我国 2014 年修订的《环境保护法》的亮点之一是矫正了以往环境问题治理仅重视政府和职能部门单维治理方式，贯彻社会多元主体参与多元共治的现代环境治理理念。《环境保护法》增设了"信息公开和公众参与"专章并在第 53 条规定

---

① Roy Andrew Partain, "A Comparative Legal Approach for the Risks of Offshore Methane Hydrates: Existing Laws and Conventions", *Pace Envtl. Law Review* 32, 2015, pp. 791-927.

② 李挚萍:《环境基本法比较研究》，中国政法大学出版社 2013 年版，第 130~137 页。

"公民、法人和其他组织享有获取环境信息、参与和监督环境保护的权利"。具体到海底可燃冰开发环境问题治理，根据我国《环境保护法》和《海洋环境保护法》的相关规定，生态环境部(原环境保护部和国家海洋局)作为生态环境主管部门，履行国家在海底可燃冰开发中的海洋环境监督管理的主要职责，除此之外，其他社会社会主体也可以依据前述相关法律规定参与海底可燃冰开发中的环境问题治理，本节进一步划分为多元主体参与机制与诉讼机制。

1. 多元主体参与机制

公民、法人和其他组织参与海底可燃冰开发环境问题是行使法定权利的行为，我国《环境保护法》及《环境保护公众参与办法》具体规定了多元主体在环境保护中的获取环境信息、参与和监督环境保护的程序性权利。多元社会主体有权依据《企业事业单位环境信息公开办法》，要求可燃冰矿业权主体以便于公众知晓的方式公开可燃冰开发过程中的环境信息，具体包括基础信息、排污信息、防治污染设施建设与运行情况、环境影响评价等可能造成生态环境影响的信息，并对海底可燃冰勘查开采活动时的环境违法行为行使监督权和举报权。同时，还可以要求政府依据法定信息公开范围公开环境信息，监督相关职能部门对海底可燃冰开发的公共监管行为，以举报、参与座谈会和听证会等多种方式参与政府对海底可燃冰开发环境风险的监管。

前述内容是我国现行环境保护法法律形成的多元共治理的环境治理体系在具体领域的一般适用。海底可燃冰开发本身的特点却使得其对环境多元主体治理机制提出了特殊需求。海底可燃冰目前在全球范围内尚处于调查研究、评价和勘探逐步深入阶段，可以合理预见，即使美日等国家率先投入海底可燃冰大规模商业开发，在很长时期内该产业也远难成熟，在此过程中，海底可燃冰开发的环境风险与致害效应会逐步加剧，带来远较传统油气资源开发的环境风险的不确定性。这种特性使得环境风险预防原则的贯彻实施尤其必要。而公共监管模式则主要关注海底可燃冰开发中的环境违法行为监测和执法。即使应因海底可燃冰开发环境风险特殊性而注重制定事前的行为规范和安全标准，但公共监管本身对于标准统一性的追求和僵化特性，也使其难以针对不同矿区海域环境特殊性而导致的环境风险的差异性有效规制。因此，针对海底可燃冰开发环境风险特殊性的多元治理，还应当发挥环境公益组织的特殊功能。环境公益组织在应对海底可燃冰开发环境风险时，其具有的公益诉求和专业优势，使其可以在海底可燃冰开发前通过发布信息、环境公益广告扩大宣传等形式，将海底可燃冰开发的环境风险建构为一种应受到重视的社会问题，以引发海底可燃冰运营商对于环境风险的重视进而研发更为先进的环境保护技术与设备，整合社会资源监督海底可燃冰开发的环境影响行为。同时，重视发挥可燃冰行业协会或联合会在制定行业标准中的行业规范、行业环境标准或者推荐的实践标准，以对每个海底可燃冰运营商形成约束力。

2. 多元主体诉讼机制

公民和其他社会组织为了维护私益提起的私益诉讼以及为维护环境公益提起的环境公益诉讼，也是私人环境治理的重要方式。海底可燃冰开发活动会引发多种类型严峻环境风险，导致环境公益损害。我国《环境保护法》《民事诉讼法》《行政诉讼法》及相关的司法解释逐渐体系化构建的环境公益诉讼制度，针对海底可燃冰开发过程中损害环境公益的行为，社会环境公益组织可以对海底可燃冰开发矿山企业提起环境民事公益诉讼，这是我国当前环境司法实践中的热点。解读《环境保护法》第 58 条环境公益诉讼条款的制度逻辑，该条文对于适格环境公益诉讼原告规定了一个开放空间，并没有否定公民等其他类型主体的原告资格。与此同时，环境行政公益诉讼是克服和纠正负有监督管理职责的行政机关违法行使职权或者不作为，造成国家和社会环境公益受到侵权的适当手段，它的特点之一是被告皆为行政机关。① 环境公益组织和检察机关针对履行海底可燃冰开发环境问题监管职责的行政机关的监管失职行为(包括怠于或疏于履行环境监管职责、违反《环境影响评价法》关于规划环评和建设项目环评的规定、不依法公开政府环境信息等行为)提起环境行政公益诉讼，也是多元治理海底可燃冰开发环境风险的重要方式。

还要特别强调的是私益诉讼在治理海底可燃冰开发环境风险中的功能。海底可燃冰开发活动引致的环境风险、造成的生态环境破坏，会损害环境利益。环境利益表征的是环境对于人类主体产生的收益性，是人对环境的需要并且环境能为

---

① 王曦：《论环境公益诉讼制度的立法顺序》，载《清华法学》2016 年第 6 期。

人类需要满足的利益表达。① 因为主体的多元性也使得环境利益成为一个集合概念，包括环境公益与环境私益。"环境公共利益与环境私人利益的承载客体大多相同或者重叠，作为体现环境公共利益的各类环境要素，每时每刻都在与人们的生产和生活活动发生着联系。"②海底可燃冰开发行为导致的生态环境破坏损害了环境公益，但同时也会损害遭受破坏的环境资源对于私人主体产生的私益。因此，海域使用权人、捕捞权人、养殖权人等享有环境资源使用权的主体，当因为海底可燃冰开发行为造成私益损害时向海底可燃冰开发矿山企业提起私益诉讼，其本身也能间接维护环境公益，修复受到损害的生态环境。并且，环境私益诉讼本身性质与过程决定了其在实现海底可燃冰开发环境问题治理中的优势。

第一，信息优势。私人主体对于其依赖实现私益的环境资源的风险与损害状况接触最早且最为敏感，其在对于海底可燃冰开发过程环境致害的范围和细节方面的环境信息的捕获、对隐藏环境信息的揭露等方面具有超越公共监管模式的优势。

第二，抵御代理成本的激励机制优势。公共监管机制将承担环境监管职责的职能部门设定为国家自然资源所有权人和环境公益的代理人，但委托—代理机制本身由于职能部门自身的部门利益诉求、官僚程序和激励不足等原因，存在较大代理成本，约束了公共监管的效果。而环境资源上的私权主体则因为遭遇环境风险与损害的环境资源对其产生的是私益，有足够的动力激励去制止海底可燃冰开发的环境损害行为。

第三，破除"合规抗辩"以捕获"剩余污染"的优势。环境风险行政监管必须制定统一适用的环境标准和行为规范，当从事海底可燃冰开发的矿山企业遵从管制标准时则是合规行为。但是，基于公共监管法律规范内生的统一性、僵化性，以及不同矿区海底可燃冰赋存的环境状况导致的环境风险的差异性，使得海底可燃冰开发活动经常会出现一个符合行为规范的合规行为却引致不符合状态规范的结果引发合规致害，导致大量的"剩余污染"。私人主体对于其遭受的私益损害提起诉讼寻求救济，则可以有力矫正海底可燃冰开发行为人的合规抗辩，捕获在

---

① 杜健勋：《环境利益：一个规范性的法律解释》，载《中国人口·资源与环境》2013年第2期。

② 朱谦：《环境公共利益的法律属性》，载《学习与探索》2016年第2期。

公共监管机制实施中产生的"剩余污染"。

具体到海底可燃冰开发环境损害的私益诉讼中，根据我国《环境保护法》第64条规定："因污染环境和破坏生态造成损害的，应当依照《中华人民共和国侵权责任法》的有关规定承担侵权责任。"任何社会主体因海底可燃冰开发过程引致的环境污染、温室效应、海啸与海底坍塌滑坡等任何海洋生态灾难遭受权益损害，均可提起侵权诉讼来主张权益救济。概括而言，海底可燃冰开发导致的侵权主要包括以下类型：第一，准物权侵害，海底可燃冰开发行为导致的海洋环境污染和生态破坏，由此导致海洋的水面、水体、海床和底土的污染与破坏，导致了以海域资源为客体形成的准物权遭受侵害，包括我国《民法典》规定与保障的海域使用权、渔业权（养殖权和捕捞权）等。第二，财产权侵害，海底可燃冰开发行为引致的环境生态灾害造成的海底电缆、通信光缆、钻井平台、矿产资源开采设备等工程设施的损害，以及对航行船舶和沿海建筑物构筑物等财产的损害，侵犯了相关主体的财产权。第三，人身权侵害，海底可燃冰开发活动引致的生态环境风险对于受其影响主体的健康权与生命权等人身权的侵犯。一旦相关主体因为海底可燃冰开发行为遭受上述诸多类型的人身财产权益侵害，可以按照《民法典》侵权责任编及《关于审理环境侵权责任纠纷案件适用法律若干问题的解释》等相关规范追究海底可燃冰运营商的侵权责任，在举证责任和责任形式等方面适用特殊规则体系，私权主体在通过私益诉讼路径救济私权时，停止侵害、排除妨碍、消除危险等责任形式的实施也能实现矫正海底可燃冰开发环境致害行为的客观效果。

三、结论与建议

本节从能源消费现状与统计数据引出我国正面临严峻能源危机的背景下，我国正大力推动消费革命与供给革命为核心的能源革命。其中推动可燃冰页岩气等新型清洁能源开发，能同时实现增加能源供给与实现煤炭替代以减少二氧化碳排放的二元价值，同时也能兼顾维护我国能源安全与改进环境治理双重目标。据最新研究，全球海底可燃冰资源储量丰富，美国和日本等国家正积极出台政策、投入资金甚至专门立法以推动可燃冰商业开发。我国是世界上海底可燃冰能源最为丰富的国家之一，也已钻获可燃冰样品并拟订商业开发计划。但必须引起高度重视的是，日本等已经掌握成熟可燃冰开采技术的国家，却一再推延商业开采时间，其根本原因在于海底可燃冰开发会引致远甚传统油气资源开发的环境风险。海底可燃冰开发引致的生态环境风险包括引发海底地质灾害、加剧温室效应和导致海洋生物灾害等诸多方面，推动海底可燃冰商业开发必须以高度重视和充分应对其伴生的环境风险为前提。

我国正积极构建的"多元共治、社会参与"的环境治理模式，为多元共治海底可燃冰开发过程的环境风险提供了理论指导、政策依据和制度支撑。本节内容归纳了海底可燃冰开发多元治理的法律需要：划定制度设计中的可接受风险标准以进行利益衡量，在路径选择上要吸纳既有的相关法律制度体系，体系构建上要综合公共监管制度与私人治理规则。

针对前述归纳的法律需求，本节对实现海底可燃冰开发环境风险多元共治的具体建议包括：(1)完善海底可燃冰开发环境风险的公共监管制度，国内制度与国际规范。国内制度层面，除了扩大解释与拓展适用《环境保护法》《海洋环境保护法》《矿产资源法》等现行法律体系之外，还应当对可燃冰的开发规划、生产经营等产业发展内容进行产业立法，以及重点针对可燃冰开发开采方式导致的环境风险进行专门立法；在国际规范层面，《联合国海洋法公约》和《联合国气候变化框架公约》分别管理海洋与气候变化，能管理或协调一国国内海底可燃冰开发活动主要导致的海洋生态环境破坏与温室效应的环境风险，成为我国规制海底可燃冰开发环境风险应当遵循的法律规范。(2)推动海底可燃冰开发环境风险的私人治理，包括多元主体参与机制与多元主体诉讼机制。在多元主体参与机制方面，除了多元社会主体可以依据《环境保护法》等相关法律规定依法行使获取环境信息、参与和监督环境保护的程序性权利，参与海底可燃冰开发环境问题治理之外，还应当借鉴国际通行做法，注重通过制度建构来完善专业环境保护组织的功能，发挥可燃冰行业协会或联合会在制定行业规范、行业环境标准或者推荐的实践标准以监督与约束可燃冰运营商的行为。在多元主体诉讼机制层面，则应通过制度鼓励受到海底可燃冰开发行为影响的私权主体，通过提起诉讼救济私权的方式，在救济私权过程中矫正海底可燃冰开发的环境致害行为。

参 考 文 献

一、中文著作

1. 习近平：《在首都各界纪念现行宪法公布施行 30 周年大会上的讲话》，人民出版社 2012 年版。

2. 习近平：《习近平谈治国理政》（第二卷），外文出版社 2017 年版。

3. 蔡守秋主编：《环境资源法教程》，高等教育出版社 2004 年版。

4. 曹峰主编：《中国公共管理思想经典》（1978—2012）（上），社会科学文献出版社 2014 年版。

5. 陈月明、李淑霞、郝永卯、杜庆军：《天然气水合物开采理论与技术》，中国石油大学出版社 2011 年版。

6. 崔建远：《准物权研究（第二版）》，法律出版社 2012 年版。

7. 杜正银、杨佩佩、孙建安：《未来无害新能源可燃冰》，甘肃科学技术出版社 2012 年版。

8. 冯象：《摩西五经》，生活·读书·新知三联书店 2013 年版。

9. 甘阳：《通三统》，生活·读书·新知三联书店 2007 年版。

10. 高鸿钧主编：《清华法治论衡》（第 14 辑），清华大学出版社 2011 年版。

11. 高全喜：《立宪时刻：论〈清帝逊位诏书〉》，广西师范大学出版社 2011 年版。

12. 郭友钊：《钻冰取火记——新盗火者的故事》，科学出版社 2017 年版。

13. 侯学宾：《美国宪法解释中的原旨主义》，法律出版社 2015 年版。

14. 金观涛、刘青峰：《兴盛与危机：论中国社会超稳定结构》，法律出版社 2011 年版。

15. 金海统：《资源权论》，法律出版社 2010 年版。

16. 金瑞林主编:《环境法学》,北京大学出版社 2002 年版。

17. 李伯重:《火枪与账簿:早期经济全球化时代的中国与东亚世界》,生活·读书·新知三联书店 2017 年版。

18. 李挚萍:《环境基本法比较研究》,中国政法大学出版社 2013 年版。

19. 刘超:《页岩气开发法律问题研究》,法律出版社 2019 年版。

20. 刘慈欣:《地球往事(三部曲)》,重庆出版集团 2013 年版。

21. 刘晗:《合众为一:美国宪法的深层结构》,中国政法大学出版社 2018 年版。

22. 刘卫先:《自然资源权体系及实施机制研究:基于生态整体主义视角》,法律出版社 2016 年版。

23. 刘永谋:《福柯的主体解构之旅:从知识考古学到"人之死"》,江苏人民出版社 2009 年版。

24. 路风:《走向自主创新:寻求中国力量的源泉》,中国人民大学出版社 2019 年版。

25. 吕忠梅、高利红、余耀军:《环境资源法学》,科学出版社 2004 年版。

26. 吕忠梅:《环境法新视野》(第三版),中国政法大学出版社 2019 年版。

27. 吕忠梅主编:《环境法学概要》,法律出版社 2016 年版。

28. 马建平、罗文静、辛平:《国际碳政治》,国家行政学院出版社 2013 年版。

29. 穆治霖:《环境立法利益论》,武汉大学出版社 2017 年版。

30. 潘忠岐等:《中国与国际规则的制定》,上海人民出版社 2019 年版。

31. 庞名立:《非常规油气资源》,中国石化出版社 2013 年版。

32. 强世功、宋磊、郑戈等:《超越陷阱:从中美贸易摩擦说起》,当代世界出版社 2020 年版。

33. 强世功:《立法者的法理学》,生活·读书·新知三联书店 2007 年版。

34. 邱秋:《中国自然资源国家所有权制度研究》,科学出版社 2010 年版。

35. 萨孟武:《〈西游记〉与中国古代政治》,北京出版社 2013 年版。

36. 桑本谦:《理论法学的迷雾:以轰动案例为素材》(增订版),法律出版社 2015 年版。

37. 苏崇民:《满铁史》,中华书局出版社 1990 年版。

38. 苏力:《大国宪制:历史中国的制度构成》,北京大学出版社 2018 年版。

39. 苏力：《制度是如何形成的》(增订版)，北京大学出版社 2010 年版。

40. 苏力主编：《法律和社会科学》(第 12 卷第 1 辑)，法律出版社 2013 年版。

41. 苏力主编：《法律和社会科学》(第 13 卷第 2 辑)，法律出版社 2014 年版。

42. 铁人王进喜纪念馆编著：《铁人王进喜》，文物出版社 2010 年版。

43. 万霞编：《国际环境法资料选编》，中国政法大学出版社 2011 年版。

44. 汪劲：《环境法学》(第四版)，北京大学出版社 2018 年版。

45. 汪劲主编：《环保法治三十年：我们成功了吗?》，北京大学出版社 2011 年版。

46. 王俊豪：《政府管制经济学导论：基本理论及其在政府管制实践中的应用》，商务印书馆 2017 年版。

47. 王利明：《物权法论(修订本)》，中国政法大学出版社 2003 年版。

48. 王社坤：《环境利用权研究》，中国环境出版社 2013 年版。

49. 魏洪钟：《科学实在论导论》，复旦大学出版社 2015 年版。

50. 吴时国、王秀娟、陈端新等：《天然气水合物地质概论》，科学出版社 2015 年版。

51. 肖钢、白玉湖、董锦：《天然气水合物总论》，高等教育出版社 2012 年版。

52. 肖钢、白玉湖编著：《天然气水合物——能燃烧的冰》，武汉大学出版社 2012 年版。

53. 许勤华主编：《中国能源国际合作报告——"一带一路"能源投资 2015/2016》，中国人民大学出版社 2016 年版。

54. 於兴中：《法治东西》，法律出版社 2015 年版。

55. 张灏：《幽暗意识与民主传统》，新星出版社 2006 年版。

56. 张剑方主编：《迟到的报告——五二三项目与青蒿素研发纪实》，羊城晚报出版社 2015 年版。

57. 张淞纶：《财产法哲学：历史、现状与未来》，法律出版社 2016 年版。

58. 张维迎：《博弈论与信息经济学》，格致出版社、上海三联书店 2012 年版。

59. 张五常：《经济解释(卷二)：收入与成本》，中信出版社 2014 年版。

60. 张五常：《经济解释(卷一)：科学说需求》，中信出版社 2014 年版。

二、中文译著

1. ［德］弗里德里希·迈内克：《马基雅维利主义——"国家理由"观念及其在现代史上的地位》，时殷弘译，商务印书馆2008年版。

2. ［德］海德格尔：《在通向语言的途中》，孙周兴译，商务印书馆2004年版。

3. ［德］黑格尔：《法哲学原理》，范扬、张企泰译，商务印书馆1979年版。

4. ［德］卡尔·施米特：《政治的概念》，刘宗坤等译，上海人民出版社2003年版。

5. ［德］卢曼：《社会的法律》，郑伊倩译，人民出版社2009年版。

6. ［德］马克斯·韦伯：《韦伯政治著作选》，阎克文译，东方出版社2009年版。

7. ［德］马克斯·韦伯：《学术与政治》，冯克利译，生活·读书·新知三联书店1998年版。

8. ［德］耶林：《法学的概念天国》，柯伟才、于庆生译，中国法制出版社2009年版。

9. ［法］福柯：《安全、领土与人口》，钱翰、陈晓径译，上海人民出版社2010年版。

10. ［法］福柯：《词与物：人文科学的考古学》(修订译本)，莫伟民译，上海三联书店2016年版。

11. ［法］卢梭：《论人类不平等的起源与基础》，李常山译，商务印书馆1982年版。

12. ［法］孟德斯鸠：《论法的精神》(上卷)，许明龙译，商务印书馆2012年版。

13. ［法］让·博丹：《主权论》，李卫海、钱俊文译，北京大学出版社2008年版。

14. ［古希腊］柏拉图：《苏格拉底的申辩》(修订版)，吴飞译/疏，华夏出版社2017年版。

15. ［古希腊］亚里士多德：《政治学》，吴寿彭译，商务印书馆2014年版。

16. ［加］伊恩·哈金：《表征与干预：自然科学哲学主题导论》，王巍、孟强译，科学出版社2011年版。

17. ［美］汉娜·阿伦特：《论革命》，陈周旺译，译林出版社2011年版。

18. ［美］汉娜·阿伦特：《马克思与西方政治思想传统》，孙传钊译，江苏人民出版社 2007 年版。

19. [美]T. 科利特、A. 约翰逊、C. 纳普、R. 博斯维尔编:《天然气水合物——能源资源潜力及相关地质风险》,邹才能、胡素云等译,石油工业出版社 2012 年版。

20. [美]阿兰·兰德尔:《资源经济学》,施以正译,商务印书馆 1989 年版。

21. [美]阿维那什·迪克西特:《经济政策的制定:交易成本政治学的视角》,刘元春译,中国人民大学出版社 2004 年版。

22. [美]埃尔斯特、斯莱格斯塔德主编:《宪政与民主——理性社会变迁研究》,潘勤、谢鹏程译,生活·读书·新知三联书店 1997 年版。

23. [美]奥利弗·威廉姆森:《治理机制》,石烁译,机械工业出版社 2016 年版。

24. [美]奥利弗·威廉姆森:《资本主义经济制度》,段毅才、王伟译,商务印书馆 2002 年版。

25. [美]保罗·卡恩:《摆正自由主义的位置》,田力译,中国政法大学出版社 2015 年版。

26. [美]保罗·萨缪尔森、威廉·诺德豪斯:《经济学》,萧琛等译,华夏出版社 1999 年版。

27. [美]彼得·伯格、托马斯·卢克曼:《现实的社会建构:知识社会学论纲》,吴肃然译,北京大学出版社 2019 年版。

28. [美]波普尔:《开放社会及其敌人》,郑一明等译,中国社会科学出版社 2015 年版。

29. [美]波斯纳:《超越法律》,苏力译,北京大学出版社 2016 年版。

30. [美]波斯纳:《正义/司法的经济学》,苏力译,中国政法大学出版社 2002 年版。

31. [美]布坎南:《宪政经济学(下):规则的理由》,秋风、冯克利等译,中国社会科学出版社 2004 年版。

32. [美]布鲁斯·琼斯等:《权力与责任:建构跨国威胁时代的国际秩序》,秦亚青等译,世界知识出版社 2009 年版。

33. [美]布鲁斯·阿克曼:《我们人民:奠基》,汪庆华译,中国政法大学出版社 2013 年版。

34. [美]查尔斯·蒂利:《强制、资本和欧洲国家(公元 990—1992 年)》,魏洪钟译,上海人民出版社 2007 年版。

35. [美]戴维·施特劳斯:《活的宪法》,毕洪海译,中国政法大学出版社 2012 版。

36. [美]丹尼尔·耶金:《奖赏:石油、金钱与权力全球大博弈》,艾平译,中信出版社 2016 年版。

37. [美]丹尼尔·F. 史普博:《管制与市场》,余晖、何帆等译,格致出版社、上海人民出版社 2017 年版。

38. [美]弗拉森:《科学的形象》,郑祥福译,上海译文出版社 2002 年版。

39. [美]弗兰克·奈特:《风险、不确定性与利润》,安佳译,商务印书馆 2006 年版。

40. [美]福山:《历史的终结与最后的人》,陈高华译,广西师范大学出版社 2014 年版。

41. [美]富勒:《法律的道德性》,郑戈译,商务印书馆 2005 年版。

42. [美]杰弗里·赫夫:《德意志公敌:第二次世界大战时期的纳粹宣传与大屠杀》,黄柳建译,译林出版社 2019 年版。

43. [美]杰克·巴尔金:《活的原旨主义》,刘连泰、刘玉姿译,厦门大学出版社 2015 年版。

44. [美]凯斯·孙斯坦:《风险与理性——安全、法律及环境》,师帅译,中国政法大学出版社 2005 年版。

45. [美]科斯、哈特等:《契约经济学》,李风圣主译,经济科学出版社 1999 年版。

46. [美]科斯:《论经济学和经济学家》,茹玉骢、罗君丽译,上海三联书店、上海人民出版社 2010 年版。

47. [美]克里特斯曼:《财产的神话——走向平等主义的所有权理论》,张绍宗译,广西师范大学出版社 2004 年版。

48. [美]雷蒙德·戴维斯、丹·温:《进攻日本——日军暴行及美军投掷原子弹的真相》,臧英年译,广西师范大学出版社 2014 年版。

49. [美]理查德·B. 斯图尔特、[美]霍华德·拉丁、[美]布鲁斯·A. 阿克曼

等：《美国环境法的改革——规制效率与有效执行》，王慧编译，法律出版社
2016 年版。

50. [美]路易斯·梅南：《形而上学俱乐部：美国思想的故事》，舍其译，上海译
文出版社 2020 年版。

51. [美]罗伯特·基欧汉、约瑟夫·奈：《权力与相互依赖》(第 3 版)，门洪华
译，北京大学出版社 2002 年版。

52. [美]迈克尔·迪屈奇：《交易成本经济学：关于公司的新的经济意义》，王铁
生、葛立成译，经济科学出版社 1999 年版。

53. [美]麦金太尔：《追寻美德：道德理论研究》，宋继杰译，译林出版社 2011
年版。

54. [美]米尔顿·弗里德曼：《弗里德曼文萃》，高榕、范恒山译，北京经济学院
出版社 1991 年版。

55. [美]乔治·弗莱切：《隐藏的宪法：林肯如何重新铸定美国民主》，陈绪刚
译，北京大学出版社 2009 年版。

56. [美]施特劳斯：《迫害与写作艺术》，刘锋译，华夏出版社 2012 年版。

57. [美]施特劳斯：《苏格拉底问题与现代性——施特劳斯讲演与论文集：卷
二》，刘小枫、彭磊、丁耘等编译，华夏出版社 2008 年版。

58. [美]史蒂芬·平克：《当下的启蒙：为理性、科学、人文主义和进步辩护》，
侯新智等译，浙江人民出版社 2018 年版。

59. [美]史蒂芬·布雷耶：《规制及其改革》，李洪雷、宋华琳、苏苗罕、钟瑞华
译，北京大学出版社 2008 年版。

60. [美]斯蒂夫·卡拉布雷西：《美国宪法的原旨主义：廿五年的争论》，李松锋
译，当代中国出版社 2014 年版。

61. [美]施特劳斯：《自然权利与历史》，彭刚译，生活·读书·新知三联书店
2003 年版。

62. [美]托马斯·杰斐逊：《杰斐逊选集》，朱曾汶译，商务印书馆 2011 年版。

63. [美]威廉·恩道尔：《石油战争》，赵刚等译，知识产权出版社 2008 年版。

64. [美]亚历山大·温特：《国际政治的社会理论》，秦亚青译，上海世纪出版集
团 2008 年版。

65. [美]沃格尔：《市场治理术：政府如何让市场运作》，毛海栋译，北京大学出版社 2020 年版。

66. [美]西摩·查特曼：《故事与话语：小说和电影的叙事结构》，徐强译，中国人民大学出版社 2013 年版。

67. [美]伊恩·托尔：《燃烧的大洋（1941—1942）：从突袭珍珠港到中途岛战役》，徐彬等译，中信出版社 2020 年版。

68. [美]约翰·赫西：《广岛》，董幼学译，广西师范大学出版社 2014 年版。

69. [日]黑川哲志：《环境行政的法理与方法》，肖军译，中国法制出版社 2008 年版。

70. [日]中西辉政：《看懂世界本质的思考术》，陈勤、雷蕊菡译，北京科学技术出版社 2012 年版。

71. [日]中原茂敏：《大东亚补给战》，纪华、田邦、蒲瑞元译校，解放军出版社 1984 年版。

72. [斯诺文尼亚]齐泽克：《斜目而视——透过通俗文化看拉康》，季广茂译，浙江大学出版社 2011 年版。

73. [以色列]尤瓦尔·赫拉利：《人类简史：从动物到上帝》，林俊宏译，中信出版集团 2017 年版。

74. [英]阿克顿：《自由与权力》，侯建、范亚峰译，译林出版社 2011 年版。

75. [英]阿瑟·J. 马德尔：《英国皇家海军：从无畏舰到斯卡帕湾（第一卷）》，杨坚译，吉林文史出版社 2019 年版。

76. [英]艾琳·麦克哈格、[新西兰]巴里·巴顿、[澳]阿德里安·布拉德鲁克、[澳]李·戈登主编：《能源与自然资源中的财产和法律》，胡德胜、魏铁军译，胡德胜校，北京大学出版社 2014 年版。

77. [英]约翰·奥斯丁：《法理学的范围》（第二版），刘星译，北京大学出版社 2013 年版。

78. [英]巴鲁克·菲斯科霍夫、莎拉·利希滕斯坦、保罗·诺斯维克、斯蒂芬·德比、拉尔夫·基尼：《人类可接受风险》，王红漫译，北京大学出版社 2009 年版。

79. [英]保罗·皮尔逊：《拆散福利国家：里根、撒切尔和紧缩政治学》，舒绍福译，吉林出版集团 2007 年版。

80. [英]庇古：《福利经济学》(上卷)，朱泱、张胜纪、吴良建译，商务印书馆 2006 年版。

81. [英]蒂姆·海沃德：《宪法环境权》，周尚君、杨天江译，法律出版社 2014 年版。

82. [英]韩礼德：《功能语法导论》(第 2 版)，彭宣维等译，外语教学与研究出版社 2010 年版。

83. [英]霍布斯：《利维坦》，黎思复、黎廷弼译，商务印书馆 2008 年版。

84. [英]安东尼·吉登斯：《民族—国家与暴力》，胡宗泽、赵力涛译，生活·读书·新知三联书店 1998 年版。

85. [英]科林·斯科特：《规制、治理与法律：前沿问题研究》，安永康译，宋华琳校，清华大学出版社 2018 年版。

86. [英]李嘉图：《政治经济学及赋税原理》，郭大力、王亚南译，译林出版社 2011 年版。

87. [英]洛克：《政府论》(下)，叶启芳、瞿菊农译，商务印书馆 2004 年版。

88. [英]马丁·瑟勒博·凯泽：《福利国家的变迁：比较视野》，文姚丽译，中国人民大学出版社 2020 年版。

89. [英]马歇尔：《经济学原理》(上卷)，朱志泰、陈良璧译，商务印书馆 2009 年版。

90. [英]帕特里克·卡罗尔：《科学、文化与现代国家的形成》，刘萱、王以芳译，上海交通大学出版社 2017 年版。

91. [英]尚塔尔·墨菲：《论政治的本性》，周凡译，江苏人民出版社 2016 年版。

92. [英]温斯顿·丘吉尔：《第一次世界大战回忆录 1：世界危机(1911—1914)》，吴良健译，译林出版社 2013 年版。

三、期刊论文

1. 习近平：《关于坚持和发展中国特色社会主义的几个问题》，载《求是》2019 年第 7 期。

2. [法]福柯：《尼采·谱系学·历史学》，苏力译，载《社会理论论坛》1998 年总第 4 期。

3. [法]福柯：《治理术》，赵晓力译，载《社会理论论坛》1998 年总第 4 期。

4. [法]辛西娅·休伊特·德·阿尔坎塔拉：《"治理"概念的运用与滥用》，黄语生译，载《国际社会科学杂志》(中文版)1999 年第 1 期。

5. Colin Scott：《作为规制与治理工具的行政许可》，石肖雪译，载《法学研究》2014 年第 2 期。

6. Ian Coxhead：《国际贸易和自然资源"诅咒"：中国的增长威胁到东南亚地区的发展了吗?》，载《经济学》(季刊)2006 年第 2 期。

7. 艾佳慧：《法律经济学的新古典范式——理论框架与应用局限》，载《现代法学》2020 年第 6 期。

8. 艾佳慧：《科斯定理还是波斯纳定理：法律经济学基础理论的混乱与澄清》，载《法制与社会发展》2019 年第 1 期。

9. 蔡守秋：《论修改〈环境保护法〉的几个问题》，载《政法论丛》2013 年第 4 期。

10. 曹静韬：《从庇古税的有效性看我国环境保护的费改税》，载《税务研究》2016 年第 4 期。

11. 曹明德：《中国参与国际气候治理的法律立场和策略：以气候正义为视角》，载《中国法学》2016 年第 1 期。

12. 曹任何：《合法性危机：治理兴起的原因分析》，载《理论与改革》2006 年第 2 期。

13. 曾娜：《从协调到协同：区域环境治理联合防治协调机制的实践路径》，载《西部法学评论》2020 年第 2 期。

14. 陈海嵩：《中国环境法治的体制性障碍及治理路径——基于中央环保督察的分析》，载《法律科学》2019 年第 4 期。

15. 陈花、关富佳等：《间壁换热开采天然气水合物注入温度优化》，载《天然气与石油》2019 年第 2 期。

16. 陈金钊：《法律解释规则及其运用研究(中)——法律解释规则及其分类》，载《政法论丛》2013 年第 4 期。

17. 陈兴良：《刘涌案改判是为了保障人权》，载《理论参考》2003 年第 10 期。

18. 池永翔：《韩国天然气水合物资源调查进展及启示》，载《能源与环境》2020

年第 5 期。

19. 单平基:《自然资源国家所有权性质界定》,载《求索》2010 年第 12 期。

20. 邓海峰:《环境法与自然资源法关系新探》,载《清华法学》2018 年第 5 期。

21. 丁晓东:《美国宪法中的时间观》,载《华东政法大学学报》2017 年第 1 期。

22. 丁志帆、刘嘉:《中国矿产资源产权制度改革历程、困境与展望》,载《经济与管理》2012 年第 11 期。

23. 钭晓东、杜寅:《中国特色生态法治体系建设论纲》,载《法制与社会发展》2017 年第 6 期。

24. 钭晓东:《论环境监管体制桎梏的破除及其改良路径——〈环境保护法〉修改中的环境监管体制命题探讨》,载《甘肃政法学院学报》2010 年第 2 期。

25. 杜传忠:《政府规制俘获理论的最新发展》,载《经济学动态》2005 年第 11 期。

26. 杜辉:《论制度逻辑框架下环境治理模式之转换》,载《法商研究》2013 年第 1 期。

27. 杜健勋:《环境利益:一个规范性的法律解释》,载《中国人口·资源与环境》2013 年第 2 期。

28. 杜群、万丽丽:《美国页岩气能源开发的环境法律管制及对中国的启示》,载《中国政法大学学报》2015 年第 6 期。

29. 杜群、万丽丽:《美国页岩气能源资源产权法律原则及对中国的启示》,载《中国地质大学学报(社会科学版)》2016 年第 5 期。

30. 杜吴鹏、房小怡、刘勇洪等:《面向特大城市的风环境容量指标和区划初探——以北京为例》,载《气候变化研究进展》2017 年第 6 期。

31. 范如国:《"全球风险社会"治理:复杂性范式与中国参与》,载《中国社会科学》2017 年第 2 期。

32. 付亚荣:《可燃冰研究现状及商业化开采瓶颈》,载《石油钻采工艺》2018 年第 1 期。

33. 高大统:《"可燃冰"的工业化开采前景分析》,载《北京石油管理干部学院学报》2017 年第 6 期。

34. 高健:《美国石油储量何以跃居世界第一》,载《中国石化》2016 年第 8 期。

35. 耿建新、焦若静：《上市公司环境会计信息披露初探》，载《会计研究》2002年第1期。

36. 宫大卫、赵珩、Peter Ho：《我国矿产资源产权制度的功能分析》，载《中国矿业》2016年第9期。

37. 巩固：《政府激励视角下的〈环境保护法〉修改》，载《法学》2013年第1期。

38. 巩固：《自然资源国家所有权公权说》，载《法学研究》2013年第4期。

39. 谷树忠：《关于自然资源资产产权制度建设的思考》，载《中国土地》2019年第6期。

40. 管洪彦、孔祥智：《"三权分置"中的承包权边界与立法表达》，载《改革》2017年第12期。

41. 郭廷杰：《日本"资源有效利用促进法"的实施》，载《中国环保产业》2003年第9期。

42. 郭永园、彭福扬：《元治理：现代国家治理体系的理论参照》，载《湖南大学学报(社会科学版)》2015年第2期。

43. 郭玉琨：《新的后备能源——天然气水合物矿藏》，载《能源技术》1988年第3期。

44. 何庆倍：《一战，石油定乾坤》，载《中国石油石化》2018第23期。

45. 贺冰清：《矿产资源产权制度演进及其改革思考》，载《中国国土资源经济》2016年第6期。

46. 胡键：《治理的发轫与嬗变：中国历史视野下的考察》，载《吉首大学学报(社会科学版)》2021年第2期

47. 胡杨、郑剑、王晓宁：《国内外可燃冰研究发展现状及前景展望》，载《科技风》2016年第11期。

48. 胡耀强、何飞、刘婷婷等：《动力学型天然气水合物抑制剂研究进展》，载《现代化工》2015年第3期。

49. 黄河：《美国可燃冰研究及开采技术发展现状》，载《全球科技经济瞭望》2017年第9期。

50. 黄健、万勇、马廷灿、姜山：《3R政策提升日本资源使用效率》，载《新材料产业》2009年第5期。

51. 黄少安、刘阳荷：《科斯理论与现代环境政策工具》，载《学习与探索》2014年第7期。

52. 黄新华：《政治过程、交易成本与治理机制——政策制定过程的交易成本分析理论》，载《厦门大学学报（哲学社会科学版）》2012年第1期。

53. 黄宗智：《重新思考"第三领域"：中国古今国家与社会的二元合一》，载《开放时代》2019年第3期。

54. 姜仁良：《我国自然资源产权制度的改革路径》，载《开放导报》2010年第4期。

55. 姜雅、张涛、黎晓言：《日本天然气水合物研发最新动态及问题对策研判》，载《国土资源情报》2020年第6期。

56. 柯坚：《环境行政管制困局的立法破解——以新修订的〈环境保护法〉为中心的解读》，载《西南民族大学学报（人文社科版）》2015年第5期。

57. 蓝建中：《日本何以成为资源大国》，载《半月谈》2011年第3期。

58. 蓝建中：《资源回收利用达极致日本成为资源大国》，载《今日国土》2011年第2期。

59. 雷怀彦、郑艳红：《印度国家天然气水合物研究计划》，载《天然气地球科学》2001年第1期。

60. 李春成：《信息不对称下政治代理人的问题行为分析》，载《学术界》2000年第3期。

61. 李芳琴：《美国石油战略演进及对中国的启示》，载《中外能源》2019年第8期。

62. 李洪光、孙忠强：《我国环境会计信息披露模式研究》，载《审计与经济研究》2002年第6期。

63. 李剑：《地方政府创新中的"治理"与"元治理"》，载《厦门大学学报（哲学社会科学版）》2015年第3期。

64. 李京原：《冻结资产与石油禁运——太平洋战争前美国对日本的经济制裁》，载《南都学坛》2003年第3期。

65. 李静云：《"碳关税"重压下的中国战略》，载《环境经济》2009年第9期。

66. 李龙、李慧敏：《政策与法律的互补谐变关系探析》，载《理论与改革》2017

年第 1 期。

67. 李龙、任颖：《"治理"一词的沿革考略——以语义分析与语用分析为方法》，载《法制与社会发展》2014 年第 4 期。

68. 李晟：《"地方法治竞争"的可能性：对晋升锦标赛理论的经验反思与法理学分析》，载《中外法学》2014 年第 5 期。

69. 李守定、李晓、王思敬、孙一鸣：《天然气水合物原位补热降压充填开采方法》，载《工程地质学报》2020 年第 2 期。

70. 李守定、孙一鸣、陈卫昌等：《天然气水合物开采方法及海域试采分析》，载《工程地质学报》2019 年第 1 期。

71. 李双溪、孟含琪：《我国科学家发明可燃冰冷钻热采技术》，载《石油化工应用》2017 年第 2 期。

72. 李斯特：《创新与知识私有的矛盾》，载《中国法律评论》2017 年第 1 期。

73. 梁海峰、宋永臣：《降压法开采天然气水合物研究进展》，载《天然气勘探与开发》2008 年第 2 期。

74. 梁慧：《日本天然气水合物研究进展与评价》，载《国际石油经济》2014 年第 4 期。

75. 梁金强：《揭开海洋可燃冰的奥秘》，载《国土资源科普与文化》2017 年第 3 期。

76. 廖静：《可燃冰试采记》，载《海洋与渔业》2017 年第 8 期。

77. 廖志敏：《法律如何界定权利——科斯的启发》，载《社会科学战线》2014 年第 7 期。

78. 林伯强、李江龙：《环境治理约束下的中国能源结构转变——基于煤炭和二氧化碳峰值的分析》，载《中国社会科学》2015 年第 9 期。

79. 林伯强、毛东昕：《煤炭消费终端部门对煤炭需求的动态影响分析》，载《中国地质大学学报(社会科学版)》2014 年第 6 期。

80. 铃木敬夫、陈根发：《论拉德布鲁赫的"事物的本性"》，载《太平洋学报》2007 年第 1 期。

81. 刘超：《〈长江法〉制定中涉水事权央地划分的法理与制度》，载《政法论丛》2018 年第 6 期。

82. 刘超：《管制、互动与环境污染第三方治理》，载《中国人口·资源与环境》2015 年第 2 期。

83. 刘超：《海底可燃冰开发环境风险多元共治之论证与路径展开》，载《中国人口·资源与环境》2017 年第 8 期。

84. 刘超：《环境法律与环境政策的抵牾与交融——以环境侵权救济为视角》，载《现代法学》2009 年第 1 期。

85. 刘超：《环境风险行政规制的断裂与统合》，载《法学评论》2013 年第 3 期。

86. 刘超：《矿业权行使中的权利冲突与应对——以页岩气探矿权实现为中心》，载《中国地质大学学报(社会科学版)》2015 年第 2 期。

87. 刘超：《生态空间管制的环境法律表达》，载《法学杂志》2014 年第 5 期。

88. 刘超：《习近平法治思想的生态文明法治理论之法理创新》，载《法学论坛》2021 年第 2 期。

89. 刘超：《页岩气开发中环境法律制度的完善：一个初步分析框架》，载《中国地质大学学报(社会科学版)》2013 年第 4 期。

90. 刘超：《页岩气特许权的制度困境与完善进路》，载《法律科学》2015 年第 3 期。

91. 刘超：《自然资源产权制度改革的地方实践与制度创新》，载《改革》2018 年第 11 期。

92. 刘国柱：《应对大国科技竞争的美国〈无限边疆法案〉》，载《世界知识》2020 年第 24 期。

93. 刘虹：《我国能源转型中的煤炭战略定位必须鲜明》，载《煤炭经济研究》2019 年第 9 期。

94. 刘伟伟、张博宇：《日本为何难弃核？——基于政策终结理论的分析》，载《社会科学》2017 年第 5 期。

95. 刘星：《法律解释中的大众话语与精英话语——法律现代性引出的一个问题》，载《比较法研究》1998 年第 1 期。

96. 刘亚娟、张晓萍：《政府行政指导下的软法治理新探》，载《领导科学》2018 年第 24 期。

97. 刘志坚：《环境监管行政责任实现不能及其成因分析》，载《政法论丛》2013

年第 5 期。

98. 鲁东侯：《日本发展天然气水合物面临重重考验》，载《中国石化》2015 年第
    11 期。

99. 鲁楠：《"一带一路"倡议中的法律移植——以美国两次"法律与发展运动"为
    镜鉴》，载《清华法学》2017 年第 1 期。

100. 罗佐县：《唤醒沉睡的可燃冰》，载《中国石化》2013 年第 4 期。

101. 吕忠梅：《〈水污染防治法〉修改之我见》，载《法学》2007 年第 11 期。

102. 吕忠梅：《〈长江保护法〉适用的基础性问题》，载《环境保护》2021 年第 Z1
     期。

103. 吕忠梅：《从后果控制到风险预防：中国环境法的重要转型》，载《中国生态
     文明》2019 年第 1 期。

104. 吕忠梅：《环境法典编纂：实践需求与理论供给》，载《甘肃社会科学》2020
     年第 1 期。

105. 吕忠梅：《监管环境监管者：立法缺失及制度构建》，载《法商研究》2009 年
     第 5 期。

106. 吕忠梅：《论环境法的沟通与协调机制——以现代环境治理体系为视角》，
     载《法学论坛》2020 年第 1 期。

107. 马宝金、樊明武、王鄂川：《海域天然气水合物产业与技术发展及对策建
     议》，载《石油科技论坛》2020 年第 3 期。

108. 马丁：《1949—1950 年美国对华石油出口政策解析》，载《中国石油大学学报
     （社会科学版）》2015 年第 3 期。

109. 马怀德、孔祥稳：《中国行政法治四十年：成就、经验与展望》，载《法学》
     2018 年第 9 期。

110. 马英娟、李德旺：《我国政府职能转变的实践历程与未来方向》，载《浙江学
     刊》2019 年第 3 期。

111. 马英娟：《独立、合作与可问责——探寻中国食品安全监管体制改革之路》，
     载《河北大学学报（哲学社会科学版）》2015 年第 1 期。

112. 马永欢、刘清春：《对我国自然资源产权制度建设的战略思考》，载《中国科
     学院院刊》2015 年第 4 期。

113. 毛国权：《证券法律制度变迁：中央地方的竞争与合作(1980—2000)》，载《中外法学》2004 年第 1 期。

114. 孟凡利：《论环境会计信息披露及其相关的理论问题》，载《会计研究》1999 年第 4 期。

115. 孟明、尹维翰、龚建明等：《印度专属经济区天然气水合物的主控因素》，载《海洋地质前沿》2018 年第 6 期。

116. 孟庆国、刘昌岭、业渝光等：《天然气水合物动力学研究进展》，载《海洋地质动态》2008 年第 11 期。

117. 莫杰、吴必豪：《印度调查开发天然气水合物"九五"计划简介(1996—2000 年)》，载《海洋地质前沿》1999 年第 8 期。

118. 莫杰：《日本天然气水合物研究与开发计划(1995—1999)》，载《海洋地质前沿》1999 年第 10 期。

119. 聂辉华：《交易费用经济学：过去、现在和未来——兼评威廉姆森〈资本主义经济制度〉》，载《管理世界》2004 年第 12 期。

120. 牛振磊、南莹浩、刘一凡、申丑孩：《浅谈"未来能源"可燃冰开采研究现状》，载《华北科技学院学报》2017 年第 3 期。

121. 潘令枝：《"可燃冰"小考》，载《现代语文》2018 年第 1 期。

122. 彭昊、何宏、王兴坤、李禹：《CO_2 置换开采天然气水合物方法及模拟研究进展》，载《当代化工》2019 年第 1 期。

123. 强世功：《"一国"之谜：Country vs. State——香江边上的思考之八》，载《读书》2008 年第 7 期。

124. 强世功：《国家法治能力建构：法律治理能力和法治技艺》，载《经济导刊》2019 年第 8 期。

125. 强世功：《科斯定理与陕北故事》，载《读书》2001 年第 8 期。

126. 强世功：《气候政治：国家利益与道义的博弈》，载《绿叶》2010 年第 6 期。

127. 秦鹏、何建祥：《检察环境行政公益诉讼受案范围的实证分析》，载《浙江工商大学学报》2018 年第 4 期。

128. 秦天宝、刘彤彤：《自然保护地立法的体系化：问题识别、逻辑建构和实现路径》，载《法学论坛》2020 年第 2 期。

129. 秦亚青：《国际体系的无政府性——读温特〈国际政治的社会理论〉》，载《美国研究》2001 年第 2 期。

130. 秦亚青：《国际政治的社会建构——温特及其建构主义国际政治理论》，载《欧洲》2001 年第 3 期。

131. 冉冉：《"压力型体制"下的政治激励与地方环境治理》，载《经济社会体制比较》2013 年第 3 期。

132. 冉冉：《如何理解环境治理的"地方分权"悖论：一个推诿政治的理论视角》，载《经济社会体制比较》2019 年第 4 期。

133. 任剑涛：《找回国家：全球治理中的国家凯旋》，载《探索与争鸣》2020 年第 3 期。

134. 桑本谦、李秀霞：《"向前看"：一种真正负责任的司法态度》，载《中国法律评论》2014 年第 3 期。

135. 邵明娟、张炜：《美国国家天然气水合物研发计划概述及启示》，载《地质评论》2020 年第 S1 期。

136. 沈小波：《英国海军的石油之变》，载《能源》2012 年第 11 期。

137. 石俊杰：《论新中国成立初年美英对华贸易管制的政策分歧与协调》，载《重庆大学学报(社会科学版)》2010 年第 2 期。

138. 税兵：《自然资源国家所有权双阶构造说》，载《法学研究》2013 年第 4 期。

139. 思娜、安雷、邓辉等：《天然气水合物开采技术研究进展及思考》，载《中国石油勘探》2016 年第 5 期。

140. 苏力：《从药家鑫案看刑罚的殃及效果和罪责自负》，载《法学》2011 年第 6 期。

141. 苏力：《法条主义、民意与难办案件》，载《中外法学》2009 年第 1 期。

142. 苏力：《认真对待人治》，载《华东政法大学学报》1998 年第 1 期。

143. 孙珠峰、胡近：《"元治理"理论研究：内涵、工具与评价》，载《上海交通大学学报(哲学社会科学版)》2016 年第 3 期。

144. 谭九生：《从管制走向互动治理：我国生态环境治理模式的反思与重构》，载《湘潭大学学报(哲学社会科学版)》2012 年第 5 期。

145. 谭蓉蓉：《我国将与德国合作钻探可燃冰实物样品》，载《天然气工业》2006

年第 4 期。

146. 唐晶、葛会超、马琳等:《环境承载力概念辨析与测算》,载《环境与可持续发展》2019 年第 2 期。

147. 田雷:《宪法穿越时间:为什么? 如何可能?》,载《中外法学》2015 年第 2 期。

148. 田顺花:《日本可燃冰开发技术发展进程》,载《当代石油石化》2013 年第 5 期。

149. 汪燕:《行政许可制度对国家治理现代化的回应》,载《法学评论》2020 年第 4 期。

150. 王灿发:《论生态文明建设法律保障体系的构建》,载《中国法学》2014 年第 3 期。

151. 王灿发:《论我国环境管理体制立法存在的问题及其完善途径》,载《政法论坛》2003 年第 4 期。

152. 王大锐:《冻土区天然气水合物形成的"风水宝地"》,载《石油知识》2019 年第 4 期。

153. 王力峰、付少英、梁金强等:《全球主要国家水合物探采计划与研究进展》,载《中国地质》2017 年第 3 期。

154. 王莉莉:《日本成功分离可燃冰商业化开采尚需时日》,载《中国对外贸易》2013 年第 4 期。

155. 王清军:《排污权法律属性研究》,载《武汉大学学报(哲学社会科学版)》2010 年第 5 期。

156. 王绍光:《国家能力与经济发展》,载《经济导刊》2019 年第 8 期。

157. 王绍光:《治理研究:正本清源》,载《开放时代》2018 年第 2 期。

158. 王社坤:《我国战略环评立法的问题与出路——基于中美比较的分析》,载《中国地质大学学报(社会科学版)》2012 年第 3 期。

159. 王树义、蔡文灿:《论我国环境治理的权力结构》,载《法制与社会发展》2016 年第 3 期。

160. 王曦、邓旸:《从"统一监督管理"到"综合协调"——〈中华人民共和国环境保护法〉第 7 条评析》,载《吉林大学社会科学学报》2011 年第 6 期。

161. 王曦：《论环境公益诉讼制度的立法顺序》，载《清华法学》2016年第6期。

162. 王旭：《论自然资源国家所有权的宪法规制功能》，载《中国法学》2013年第6期。

163. 王祝：《可燃冰的研究与开发进展》，载《中国石油和化工标准与质量》2016年第17期。

164. 魏镜郦：《天然气水合物开采方法的研究进展》，载《武汉工程职业技术学院学报》2015年第4期。

165. 魏伟、张金华、于荣泽等：《2017年天然气水合物研发热点回眸》，载《科技导报》2018年第1期。

166. 吴灏：《产权制度与环境："科斯定理"的延伸》，载《生态经济》2016年第5期。

167. 吴林强、张涛、蒋成竹等：《黑海天然气水合物地质调查现状分析》，载《地球学报》2021年第2期。

168. 吴能友：《可燃冰：未来潜在的替代能源》，载《紫光阁》2017年第7期。

169. 吴忠超：《〈威斯特伐利亚条约〉与近代民族国家体系建立的新思考》，载《历史教学问题》2000年第2期。

170. 肖力：《韩国重视可燃冰开发》，载《农村电工》2008年第5期。

171. 谢高地、曹淑艳、王浩、肖玉：《自然资源资产产权制度的发展趋势》，载《陕西师范大学学报（哲学社会科学版）》2015年第5期。

172. 谢克昌：《我国能源安全存在结构性矛盾》，载《中国石油企业》2014年第8期。

173. 谢伟：《美国清洁能源计划及对我国的启示》，载《学理论》2016年第1期。

174. 邢军辉、姜效典、李德勇：《海洋天然气水合物及相关浅层气藏的地球物理勘探技术应用进展——以黑海地区德国研究航次为例》，载《中国海洋大学学报（自然科学版）》2016年第1期。

175. 邢文婷、张宗益、吴胜利：《页岩气开发对生态环境影响评价模型》，载《中国人口·资源与环境》2016年第7期。

176. 徐祥民：《自然资源国家所有权之国家所有制说》，载《法学研究》2013年第4期。

177. 徐兴恩、蒋季洪、白树强等：《天然气水合物形成机理与开采方式》，载《天然气技术》2010 年第 1 期。

178. 宣之强、李钟模等：《天然气水合物新能源简介——对全球试采、开发和研究天然气水合物现状的综述》，载《化工矿产地质》2018 年第 1 期。

179. 薛军：《自然资源国家所有权的中国语境与制度传统》，载《法学研究》2013 年第 4 期。

180. 薛小蕙：《法律—文件共治模式的生成逻辑与规范路径——基于四十年教育规范性文件的考察》，载《交大法学》2021 年第 1 期。

181. 鄢德奎：《中国环境法的形成及其体系化建构》，载《重庆大学学报(社会科学版)》2020 年第 6 期。

182. 严杰、曾繁彩、陈宏文：《日韩海洋天然气水合物勘探研究进展及对我国的启示》，载《海洋开发与管理》2015 年第 11 期。

183. 杨解君：《"法治"怯场之后——以环境治理困局的突破为分析对象》，载《中国地质大学学报(社会科学版)》2012 年第 6 期。

184. 杨明清、赵佳伊、王倩：《俄罗斯可燃冰开发现状及未来发展》，载《石油钻采工艺》2018 年第 2 期。

185. 杨铜铜：《论立法起草者的角色定位与塑造》，载《河北法学》2020 年第 6 期。

186. 杨雪冬、季智璇：《政治话语中的词汇共用与概念共享——以"治理"为例》，载《南京大学学报(哲学·人文科学·社会科学版)》2021 年第 1 期。

187. 姚洋、张牧扬：《官员绩效与晋升锦标赛——来自城市数据的证据》，载《经济研究》2013 年 1 期。

188. 叶青海：《制度兼容、制度互补与我国自然资源产权制度完善》，载《改革与战略》2010 年第 4 期。

189. 叶清：《可燃冰：天然气水合物》，载《厦门科技》2017 年第 3 期。

190. 伊然：《丘吉尔让石油成为首要战略物资》，载《石油知识》2014 年第 2 期。

191. 于力宏、王艳：《国有产权对绿色技术创新是促进还是挤出？——基于资源型产业负外部性特征的实证分析》，载《南京财经大学学报》2020 年第 5 期。

192. 于晓果、李家彪、Young-Joo Lee 等：《Cascadia 边缘与天然气水合物共生沉积物中有机质碳、氮同位素组成及意义》，载《中国科学 D 辑：地球科学》2006 年第 5 期。

193. 余光辉、陈亮：《论我国环境执法机制的完善——从规制俘获的视角》，载《法律科学》2010 年第 5 期。

194. 余莉、唐芳林、孔雷、马林：《自然资源统一确权登记、不动产登记和全国土地调查的工作关系探讨》，载《林业建设》2018 年第 2 期。

195. 余姝辰、余德清、彭璐等：《自然资源统一确权登记的相关问题雏探》，载《国土资源情报》2018 年第 2 期。

196. 郁建兴、高翔：《地方发展型政府的行为逻辑及制度基础》，载《中国社会科学》2012 年第 5 期。

197. 袁红、孙秀民：《中国共产党治国理政中的"治理"理念辨析》，载《探索》2015 年第 3 期。

198. 袁军：《日本成功分离近海可燃冰或将影响全球能源格局》，载《能源研究与利用》2013 年第 4 期。

199. 臧雷振：《治理研究的多重价值和多维实践——知识发展脉络中的冲突与平衡》，载《政治学研究》2021 年第 2 期。

200. 张春晖编译：《俄罗斯天然气水合物研究现状》，载《地质与资源》2003 年第 3 期。

201. 张富刚：《自然资源产权制度改革如何破局》，载《中国土地》2017 年第 12 期。

202. 张光学、梁金强等：《南海东北部陆坡天然气水合物藏特征》，载《天然气工业》2014 年第 11 期。

203. 张广荣：《探矿权、采矿权的权利性质与权利流转》，载《烟台大学学报（哲学社会科学版）》2006 年第 2 期。

204. 张寒松：《清洁能源可燃冰研究现状与前景》，载《应用能源技术》2014 年第 8 期。

205. 张曙光：《美国关于经济制裁的战略思考与对华禁运决策（1949—1953）》，载《国际政治研究》2008 年第 3 期。

206. 张帅：《从及物性特征分析〈继承者〉人物的认知能力》，载《四川文理学院学报》2014 年第 3 期。

207. 张炜、白凤龙、邵明娟、田黔宁：《日本海域天然气水合物试采进展及其对我国的启示》，载《海洋地质与第四纪地质》2017 年第 5 期。

208. 张炜、王淑玲：《美国天然气水合物研发进展及对中国的启示》，载《上海国土资源》2015 年第 2 期。

209. 张炜：《天然气水合物开采方法的应用——以 Ignik Sikumi 天然气水合物现场试验工程为例》，载《中外能源》2013 年第 2 期。

210. 张五常：《交易费用的范式》，载《社会科学战线》1999 年第 1 期。

211. 张五常：《新制度经济学的来龙去脉》，载《交大法学》2015 年第 3 期。

212. 张旭辉、鲁晓兵：《一种新的海洋浅层水合物开采法——机械—热联合法》，载《力学学报》2016 年第 5 期。

213. 张洋、李广雪、刘芳：《天然气水合物开采技术现状》，载《海洋地质前沿》2016 年第 4 期。

214. 张忠民、冀鹏飞：《论生态环境监管体制改革的事权配置逻辑》，载《南京工业大学学报(社会科学版)》2020 年第 6 期。

215. 赵汗青、李春雷、吴时国、王征：《澳大利亚西北陆架盆地天然气水合物成矿地质条件及资源潜力》，载《海洋科学》2014 年第 3 期。

216. 赵宏图：《国际能源格局调整及其对气候谈判的影响》，载《现代国际关系》2013 年第 9 期。

217. 赵建忠、石定贤：《天然气水合物开采方法研究》，载《矿业研究与开发》2007 年第 3 期。

218. 赵荣：《俄罗斯天然气水合物研究进展概述》，载《青海师范大学学报(自然科学版)》2014 年第 2 期。

219. 赵生才：《德国气水合物研究计划简介》，载《天然气地球科学》2001 年第 Z1 期。

220. 赵晓力：《基层司法的反司法理论？——评苏力〈送法下乡〉》，载《社会学研究》2005 年第 2 期。

221. 赵勇、齐讴歌：《分立的治理结构选择——2009 年诺贝尔经济学奖获得者奥利弗·E. 威廉姆森思想述评》，载《财经科学》2010 年第 1 期。

222. 赵悦、曹潇潇：《天然气水合物开采方法的研究》，载《广州化工》2020 年第 9 期。

223. 郑军卫：《印度实施天然气水合物勘探计划》，载《天然气地球科学》1998 年第 Z1 期。

224. 郑石明：《改革开放 40 年来中国生态环境监管体制改革回顾与展望》，载《社会科学研究》2018 年第 6 期。

225. 郑震：《西方建构主义社会学的基本脉络与问题》，载《社会学研究》2014 年第 5 期。

226. 舟丹：《日本商业化开采可燃冰的时间》，载《中外能源》2015 年第 4 期。

227. 周葆巍：《"国家理由"还是"国家理性"？——三重语境下的透视》，载《读书》2010 年第 4 期。

228. 周黎安：《中国地方官员的晋升锦标赛模式研究》，载《经济研究》2007 年第 7 期。

229. 周频：《Halliday 的建构主义科学实在观遭遇的问题与困境》，载《外国语文》2009 年第 1 期。

230. 周其仁：《信息成本与制度变革——读〈杜润生自述：中国农村体制变革重大决策纪实〉》，载《经济研究》2005 年第 12 期。

231. 周庆智：《"文件治理"：作为基层秩序的规范来源和权威形式》，载《求实》2017 年第 11 期。

232. 周巍、沈其新：《社会治理研究的文献计量学分析》，载《求索》2016 年第 4 期。

233. 周云亨、余家豪：《海上能源通道安全与中国海权发展》，载《太平洋学报》2014 年第 3 期。

234. 朱炳成：《形式理性关照下我国环境法典的结构设计》，载《甘肃社会科学》2020 年第 1 期。

235. 朱海燕、刘凤华：《日本"正常国家化"及其影响》，载《国际论坛》2013 年第 5 期。

236. 朱谦：《环境公共利益的法律属性》，载《学习与探索》2016 年第 2 期。

237. 宗新轩、张抒意、冷岳阳等：《可燃冰的研究进展与思考》，载《化学与黏合》2017 年第 1 期。

238. 左汝强、李艺：《加拿大 Mallik 陆域永冻带天然气水合物成功试采回顾》，载《探矿工程》2017 年第 8 期。

239. 左汝强、李艺：《美国阿拉斯加北坡永冻带天然气水合物研究和成功试采》，载《探矿工程》2017 年第 10 期。

240. 左亦鲁：《一代人来一代走——〈三体〉、宪法与代际综合》，载《读书》2020 年第 7 期。

241. 左亦鲁：《原旨主义与本真运动——宪法与古典音乐的解释》，载《读书》2017 年第 8 期。

四、报纸文章

1. 习近平：《发扬斗争精神增强斗争本领为实现"两个一百年"奋斗目标而顽强奋斗》，载《人民日报》2019 年 9 月 4 日。

2. 习近平：《致"2015·北京人权论坛"的贺信》，载《人民日报》2015 年 9 月 17 日。

3. 习近平：《二〇一九年新年贺词》，载《人民日报》2018 年 12 月 31 日。

4. 习近平：《推动全球治理体制更加公正更加合理为我国发展和世界和平创造有利条件》，载《人民日报》2015 年 10 月 14 日。

5. 郭声琨：《深入学习宣传贯彻习近平法治思想　奋力开创全面依法治国新局面》，载《人民日报》2020 年 12 月 21 日。

6. 孟昭莉：《可燃冰前景可期》，载《第一财经日报》2010 年 5 月 31 日。

7. 刘丽娜：《奥巴马的能源战略新目标：加大清洁能源投资》，载《中国证券报》2011 年 4 月 2 日。

8. 刘军国：《日本充分利用"城市矿山"》，载《人民日报》2014 年 2 月 18 日。

9. 陈湘静：《第三方治理靠什么推进?》，载《中国环境报》2014 年 3 月 4 日。

10. 郭焦锋、高世楫、李维明、洪涛、武旭：《可燃冰应成为中国能源变革新引擎》，载《中国经济时报》2014 年 5 月 13 日。

11. 贾科华：《能源结构不合理不能仅归因于资源禀赋》，载《中国能源报》2016 年 1 月 25 日。

12. 张翼燕、李洪源：《日本欲借助可燃冰推进能源独立》，载《光明日报》2016年6月19日。

13. 王传军：《美国已成世界石油储量最大国家》，载《光明日报》2016年7月10日。

14. 李刚：《我国首次海域可燃冰试采成功：打开一个可采千年的宝库》，载《人民日报》2017年5月19日。

15. 黄晓芳：《中国领跑可燃冰开采》，载《经济日报》2017年6月12日。

16. 常钦、李刚：《可燃冰试开采创多项世界纪录》，载《人民日报》2017年7月10日。

17. 黄晓芳：《可燃冰：未来能源愈行愈近》，载《经济日报》2017年12月4日。

18. 李斌：《让煤不再"英雄气短"》，载《人民日报》2017年12月27日。

19. 翟振宇、王芳：《集团公司首个天然气水合物实验平台建成投用》，载《中国石油报》2019年2月22日。

20. 袁亮：《"智慧"出击，推动煤炭利用清洁化——院士把脉能源高质量发展》，载《中国能源报》2019年3月18日。

21. 楼阳生：《健全充分发挥中央和地方两个积极性体制机制》，载《人民日报》2019年12月5日。

22. 陈曙光：《不断开辟"中国之治"新境界》，载《人民日报》2020年1月2日。

23. 常钦、李刚：《我国海域可燃冰第二次试采成功》，载《人民日报》2020年3月27日。

24. 杨舒：《我国"可燃冰"试采创造两项世界纪录》，载《光明日报》2020年3月27日。

25. 操秀英：《试采创纪录我国率先实现水平井钻采深海"可燃冰"》，载《科技日报》2020年3月27日。

26. 常钦：《开采可燃冰有望再提速》，载《人民日报》2020年3月31日。

27. 王社教：《秦岭生态保护的历史意义与责任担当》，载《光明日报》2020年4月27日。

28. 辛闻、郭程、史金龙：《一只钻头见证石油会战传奇》，载《光明日报》2021年3月16日。

29. 瞿剑：《南海可燃冰自主钻探完成新一轮海试，专家表示：建成试验区预计在 2028 年—2030 年间》，载《科技日报》2021 年 7 月 15 日。

30. 龙锟：《自主开采可燃冰"广州造"勘察船再立功》，载《广州日报》2021 年 7 月 19 日。

五、外文文献

1. Barack Obama, *Weekly Address：An All-of-the-above Approach to American Energy*, Saturday, February 25, 2012.

2. Barack Obama, *Weekly Address：Taking Control of Our Energy Future*, Department of State International Information Programs, November 16, 2013.

3. Biastoch A et al., "Rising Arctic Ocean Temperatures Cause Gas Hydrate Destabilization and Ocean Acidification", Geophysical Research Letters 38, 2011.

4. Bob Jessop, "The Rise of Governance and the Risks of Failure：the Case of Economic Development", International Social Science Journal 155, 1998.

5. Bruce. A. Ackerman, *Private Property and the Constitutions*, New Haven, Yale University Press, 1977.

6. Byrne. R, Whiten. A, "The Machiavellian Intelligence Hypotheses", in Byrne. R. and Whiten. A, eds., *Machiavellian Intelligence*, New York, Oxford University Press, 1988.

7. Carolyn D. Ruppel, "Methane Hydrates and Contemporary Climate Change", *Nature Education Knowledge* 3, 2011.

8. Cass R. Sunstein, "Constitutionalism and Secession", *University of Chicago Law Review* 58, 1991, pp. 633-639.

9. Charles K. Paull, William P. Dillon eds., *Natural Gas Hydrates：Occurrence, Distribution, and Detection*, American Geophysical Union, 2001.

10. Commission on Global Governance, *Our Global Neighborhood：The Report of Commission on Global Governance*, New York, Oxford University Press, 1995.

11. Demirbas A., "Methane Hydrates as Potentia Lenergy Resource：Part1—Importance, Resource and Recovery Facilities", *Energy Conversion and*

Management 51, 2010.

12. Dinah Shelton, "Human Rights, Environmental Rights, and the Right to Environment", *Stanford Journal of International Law* 28, 1991.

13. Douglass. C. North, "A Transaction Cost Theory of Politics", *Journal of Theoretical Politics* 2, 1990.

14. E. G. Hammer Schmidt, "Formation of Gas Hydrates in Natural Gas Transmission Lines", *Industrial & Engineering Chemistry Research* 26, 1934.

15. E. G. Hammer Schmidt, "Gas Hydrate Formations: A Further Study on Their Prevention and Elimination from Natural Gas Pipe Lines", *Gas* 15, 1939.

16. Eberhard J. Sauter et al., "Methane Discharge from A Deep-sea Submarine Mud Volcano into the Upper Water Column by Gas Hydrate-coated Methane Bubbles", *Earth and Planetary Science Letters* 243, 2006.

17. Ebinuma Takao, Method for Dumping and Disposing of Carbon Dioxide Gas and Apparatus Therefor, US: 5261490A, 1993.

18. Farell. H et al., "CO2-CH4 Exchange in Natural Gas Hydrate Reservoirs: Potential and Challenges", Fire in the Ice 10, 2010.

19. Fred Sissine, *Energy Independence and Security Act of* 2007: *A Summary of Major Provisions*, CRS Report for Congress, RL34294, December 21, 2007.

20. Frederic Jackson Turner, "The Significance of the Frontier in American History", in R. E. Kasperson and J. V. Minghi, eds., *The Structure of Political Geography*, New York, Routledge Press, 2011.

21. Garrett Hardin, "The Tragedy of the Commons", *Science* 162, 1968.

22. Gregory Shaffer, Henry Gao, "China's Rise: How it Took on the U.S. at the WTO", *University of Illinois Law Review* 1, 2018.

23. Guoguang Wu, "Documentary Politics: Hypotheses, Process and Case Studies", in Carol Lee Hamrin and Suisheng Zhao eds., *Decision-Making in Deng's China: Perspectives from Insiders*, Armonk, New York, M. E. Sharpe, 1995.

24. Hannah Wiseman, Francis Gradijan, "Regulation of Shale Gas Development, including Hydraulic Fracturing, Center for Global Energy", *International Arbitration*

and Environmental Law, January 20, 2012.

25. Hans Kelsen, Law, "State and Justice in the Pure Theory of Law", *Yale Law Journal* 57, 1948.

26. Ishaya Paul Amaza, "Exploring Barriers to Financing Shale Gas Production on a Limited Recourse Basis", *International Energy Law Review* 2, 2013.

27. J. Stigler, *The Theory of Price*, 3rd edition, New York, Macmillan Press, 1966.

28. J. Daniel Arthur et al., *An Overview of Modern Shale Gas Development in the United States*, ALL Consulting, 2008.

29. J. B. West, "Joseph Priestley, Oxygen, and the Enlightenment", *American Journal of Physiology—Lung Cellular and Molecular Physiology* 306, 2014.

30. Jed Rubenfeld, *Freedom and Time: A Theory of Constitutional Self-Government*, New Haven, Yale University Press, 2001.

31. John Gillott, *SSK's Challenge to Natural Science Governance*, London, Palgrave Macmillan Press, 2014.

32. John. E. Thanassoulis, "Competitive Mixed Bundling and Consumer Surplus", *Journal of Economics and Management Strategy* 16, 2007.

33. Kathryn R. Williams, "The Discovery of Oxygen and Other Priestley Matters", *Journal of Chemical Education* 10, 2003.

34. Konno Y. et al., "Sustainable Gas Production from Methane Hydrate Reservoirs by the Cyclic Depressurization Method", *Energy Convers Manage* 108, 2016.

35. Lisa Ruhanen et al., Governance: "A Review and Synthesis of the Literature", *Tourism Review* 65, 2010.

36. Mark Zoback et al., "Addressing the Environmental Risks from Shale Gas Development", *World Watch Institute* 7, 2010.

37. Maslin M, Owen M, Betts R, et al. "Gas Hydrates: Past and Future Geohazard?", *Philosophical Transactions of the Royal Society A: Mathematical, Physical and Engineering Sciences* 368, 2010.

38. O. S. Gaydukova, S. Ya. Misyura, P. A. Strizhak, "Investigating Regularities of Gas Hydrate Ignition on a Heated Surface: Experiments and Modeling", *Combustion*

and Flame 228, 2021.

39. Ohgaki K et al., "Methane Exploitation by Carbon Dioxide from Gas Hydrates-Phase Equilibria for CO2-CH4 Mixed Hydrate System", *Journal of Chemical Engineering of Japan* 29, 1996.

40. Olive. E. Williamson, "The Economics of Governance", *American Economic Review* 95, 2005.

41. Peter Englezos, Ju Dong Lee, "Gas Hydrates: A Cleaner Source of Energy and Opportunity for Innovative Technologies", *Korean Journal of Chemical Engineering* 22, 2005.

42. R. A. W. Rhodes, "Governance and Public Administration", in Jon Pierre eds., *Debating Governance*, New York, Oxford University Press, 1992.

43. R. A. W. Rhodes, "The New Governance: Governing without Government", *Political Studies* 44, 1996.

44. R. C. O. Matthews, "The Economics of Institutions and the Sources of Growth", *The Economic Journal* 96, 1986.

45. RA Partain, "Governing the Risks of Offshore Methane Hydrates: Part II Public and Private Regulations", *Electronic Journal* 7, 2014.

46. Ray Boswell, Tim Collett, "The Gas Hydrates Resource Pyramid: Fire in the Ice", *Methane Hydrate Newsletter*, US Department of Energy, Office of Fossil Energy, National Energy Technology Laboratory, Fall Issue, 2006.

47. Ray Boswell, *An Interagency Roadmap for Methane Hydrate Research and Development: 2015—2030*, US: Department of Energy, 2013.

48. Robert Gilpin, *War and Change in World Politics*, Cambridge: Cambridge University Press, 1981.

49. Ronald. H. Coase, "The Nature of the Firm", *Economica* 4, 1937.

50. Ronald. H. Coase, "The Problem of Social Cost", *Journal of Law and Economics* 3, 1960.

51. Roy A. Partain, "The Application of Civil Liability for the Risks of Offshore Methane Hydrates", *Fordham Envt'l Law Review* 26, 2015.

52. Roy Andrew Partain, "A Comparative Legal Approach for the Risks of Offshore Methane Hydrates: Existing Laws and Conventions", *Pace Envtl. Law Review* 32, 2015.

53. Roy Andrew Partain, "Avoiding Epimetheus: Planning Ahead for the Commercial Development of Offshore Methane Hydrates", *Sustainable Development Law & Policy* 15, 2015.

54. Roy Andrew Partain, "Public and Private Regulations for the Governance of the Risk of Offshore Methane Hydrates", *Vt. J. Envtl. L.* 17, 2015.

55. Russell Bopp, "A Wolf in Sheep's Clothing: Pennsylvania's Oil and Gas Lease Act and the Constitutionality of Forced Pooling", *Duquesne Law Review* 2, 2014.

56. Sanya Carley, "Energy Programs of the American Recovery and Reinvestment Act of 2009", *Review of Policy Research* 33, 2016.

57. Sean Wilentz, *No Property in Man: Slavery and Antislavery at the Nation's Founding*, Cambridge, Harvard University Press, 2018.

58. Shann Turnbull, "The Theory and Practice of Government De-regulation", *SSRN Electronic Journal* 9, 2008.

59. St Amati F, "Challenges of Contemporary Regionalism: The EU between Regional and Global Governance, A Review Essay", *Annals of the Fondazione Luigi Einaudi, An Interdisciplinary Journal of Economics, History and Political Science* 52, 2018.

60. T. Kawamura et al., "Gas Recovery from Gas Hydrate Bearing Sediments by Inhibitor or Steam Injection Combined with Depressurization", *International Society of Offshore and Polar Engineers* 85, 2009.

61. T. S. Collett, "Energy Resource Potential of Natural Gas Hydrates", *AAPG Bulletin* 86, 2002.

62. Trevor M. Letcher, eds., *Future Energy: Improved, Sustainable and Clean Options for Our Planet*, Third Edition, London, Elsevier Press, 2020.

63. US Department of Energy Office of Fossil Energy Federal Energy Technology Center, *National Methane Hydrate Multi-year R&D Program Plan*, 1999.

64. Wojciech, Bagiński. "Shale Gas in Poland-the Legal Framework for Granting Concessions for Prospecting and Exploration of Hydrocarbons", *Energy Law Journal* 32, 2011.

65. Yen-Chiang Chang, "The Exploitation of Oceanic Methane Hydrate: Legal Issues and Implications for China", *International Journal of Marine and Coastal Law* 35, 2020.

66. Yuri F. Makogon, "Natural Gas Hydrates—A Promising Source of Energy", *Journal of Natural Gas Science and Engineering* 2, 2010.

后　记

本书是笔者主持的司法部 2017 年度国家法治与法学理论研究项目"海底可燃冰开发环境风险法律规制研究"（项目编号：17SFB3043）的结项成果。该书在阐释可燃冰开发对中国能源安全的意义、梳理可燃冰开发现状、归纳海底可燃冰开发生态环境风险、探究应对海底可燃冰开发生态环境风险策略选择的基础上，从行政监管和多元共治两个层面体系化地剖析了海底可燃冰开发生态环境风险规制的法理与制度。

犹记得 2012 年的某一天，笔者在仔细阅读 2012 年国务院政府工作报告中看到在"推进节能减排和生态环境保护"部分有一句"加快页岩气勘查、开发攻关"的表述，当时因为不了解"页岩气"而产生的疑惑令笔者记忆犹新。按理说，作为环境法的研究者，对于《政府工作报告》在当年度的"主要任务"之"推进节能减排和生态环境保护"这一与自己研究专业紧密相关的部分，提出了一个自己不懂的概念，应当及时去查阅资料以释疑解惑，但当时因为种种事情就留下了困惑而放过了。一直到几个月后的一天，笔者在与中国地质大学的周振新博士聊天时，他提到时任国务院总理温家宝 2012 年在中国地质大学(武汉)的考察和讲座中提到了页岩气、可燃冰的勘探开发大有前景，建议笔者多关注和研究页岩气和可燃冰这些新能源。此番交谈让笔者记起了当时阅读《政府工作报告》时的困惑，赶紧查阅资料，从此欲罢不能，感觉别有洞天，这一经历，为笔者开启了新能源法律问题研究之门。

一般而言，对于社会新生事物，旨在研究社会现象和规律的社会科学往往滞后探索研究自然界事物和现象的自然科学。页岩气是赋存于致密黑色页岩或者碳质泥岩地层的非常规天然气；可燃冰(天然气水合物)是以甲烷为主要成分、由气体或挥发性液体与水相互作用形成的白色固态结晶物质，既赋存于陆地永久冻土层，也广泛赋存于世界海洋斜坡地带，其中，海底可燃冰占有地球可燃冰储量中的绝大多数。页岩气包括自然生成的热裂解成因气和生物成因气，海底可燃冰是由海洋板块活动而形成，均历经千百年，本身不是新生事物，但因为科学技术发展的制约，晚近才进入人类关注的视野，因此，属于研究领域的"新生事物"。我在2012年开始系统查阅资料，关注页岩气、可燃冰时，发现学界虽已有相关研究，但总体上而言，研究资料匮乏且大多处于起步阶段，主要以自然科学领域的研究为主，社会科学领域的相关研究鲜少。国内对页岩气的研究还基本上集中于自然规律揭示层次，基于我国的法学理论惯性和立法体系化追求，少数有间接启示意义的制度研究也多需从矿产资源及新能源法律制度研究中推导，对页岩气自身独特的制度需求呼应不足。国内对于可燃冰的研究则更为鲜见，基本上处于知识介绍和新闻报道层面。为了更为系统地了解页岩气、可燃冰，我通过多种渠道搜集和研读域外的相关研究文献。美国于21世纪爆发"页岩气革命"，进行了大规模商业开发，美国对页岩气研究的成果较为丰富，但也较多从页岩气的资源特性、产业利弊、环境风险等角度展开。其在法律制度研究中，更多关注宏观层面的规则需求、法律检讨和制度适用，鲜少进行具体制度研究。域外对于可燃冰开发的社会科学领域的研究，同样匮乏，这与可燃冰虽然被认为是可供人类使用千年的改变未来的新能源，但迄今为止，仅有中国等几个国家试采可燃冰成功而尚未有国家进行大规模商业开发的现状直接相关。从实践层面看，2011年，国务院批准页岩气为中国第172种独立矿产，国土资源部（现自然资源部）将按独立矿种制定投资政策，进行页岩气资源管理。2012年，国家发展改革委、财政部、国土资源部、国家能源局联合发布《页岩气发展规划（2011—2015年）》。国家能源局2013年发布《页岩气产业政策》，将页岩气产业定位为战略性新型产业，并陆续出台了系列产业支持政策，国土资源部（现自然资源部）分别于2011年和2012年实施了两轮页岩气探矿权招标出让工作，一些中标企业已在实践中进行了页岩气勘探工作。完成了资料收集、文献研究、政策分析和初步研究工作后，笔者了解到我国的页岩气、可燃冰等新能源资料储量丰富，能极大缓解我国能源危机，也是我国未来推动能源革命的重要领域，但页岩气、可燃冰勘探开发过程中涉及的很多法律问题，既挑战了传统的法律理论，又提出了全新的法律制度需求，笔者初步确定了未来的一段时间，将新能源法律问题研究作为一个研究重点领域。为此，笔者又较为系统地恶补了能源法领域的研究文献。做好了这些准备工作后，笔者于 2012 年底撰写了论文《页岩气开发中环境风险规制法律制度的完善》，并于 2013 年年初在《环境保护》杂志发表，以前期系统准备工作为基础和该论文作为前期研究成果，我成功申报了 2013 年国家社科基金项目"页岩气开发法律问题"。该国家社科基金项目从 2013 年 6 月获批立项到 2016 年 6 月提交专著申请结项的三年时间，我系统研究了页岩气开发涉及的环境风险法律规制、土地侵害法律责任、页岩气矿业权制度设计、页岩气矿业权行使时的权利冲突解决与联营规则等系列法律问题。在研究过程中陆续撰写的十余篇阶段性研究成果论文大多发表于 CSSCI 来源期刊，结项专著《页岩气开发法律问题研究》已于 2019 年在法律出版社出版。随着该专著的出版，笔者对页岩气这一新能源开发法律问题的研究，暂告一段落。

2017 年年初，笔者主持的国家社科基金项目"页岩气开发法律问题研究"结项后，按照原定计划，旋即转入对另一种重要的新能源可燃冰开发法律问题的研究，并以"海底可燃冰开发环境风险法律规制研究"为题，申报了 2017 年司法部法治建设与法学理论研究部级科研项目并获批立项。笔者进一步以"可燃冰开发法律问题研究"为选题，申报了 2018 年国家社科基金项目。这两个选题的关系是，"海底可燃冰开发环境风险法律规制研究"的选题切口较小，预期研究海底可燃冰在开发过程中引致的生态环境风险的法律规制，"可燃冰开发法律问题研究"定位为体系化研究，预期研究可燃冰开发的资源勘查、权属界定、开采技术、招标转让、监管体制、污染防治等多个层面与环节涉及的法律问题。遗憾的是，该课题并未获批立项。因为在 2019 年，笔者以"以国家公园为主体的自然保护地体系立法研究"为题申报并获批 2019 年国家社科基金项目立项，自此之后，原定关于"可燃冰开发法律问题研究"的系列研究计划，没有体系化展开，主要集中于海底可燃冰开发生态环境的法律规制这一层面，未来还拟进一步就前述归纳的可燃冰开发涉及的系列法律问题展开后续拓展研究。

作为国家法治与法学理论研究项目"海底可燃冰开发环境风险法律规制研究"的结项成果，本书的研究范围、写作思路、研究框架和章节纲目拟定均由课题负责人刘超负责，正文内容由刘超和王康敏共同撰写，共计约 32 万字内容，具体分工如下：刘超，撰写前言、第三章第一节、第四章和第五章，合计约 16 万字；

王康敏，撰写导论，第一章、第二章、第三章第二节、第三章第三节，合计约16万字。

从2020年年底至2021年9月，在本书写作过程中，两人就书稿的章节结构、写作重点等内容进行了多次讨论。在分工撰写过程中，对于各自负责章节的具体内容写作也进行了充分沟通与协调；在统稿过程中，为了追求专著的框架的整体性、结构的逻辑性、观点的一致性和风格的协调性，两人更为频繁地展开讨论。在此过程中，各有坚持，相互尊重，两人为共同目标多次修改调整各自负责撰写的章节内容，这是一次令人愉悦的合作经历！

衷心感谢司法部政府法制研究中心及课题评审专家，你们为我们研究海底可燃冰这一新能源开发中的环境风险法律规制问题提供了宝贵机会！感谢学界师友们一直以来在专业问题研究、阶段性研究成果发表等方面给予的大力支持！感谢武汉大学出版社胡荣编辑为本专著出版的倾心付出！感谢华侨大学"百名优秀学者培育计划"的支持，本专著也是笔者主持的"百名优秀学者培育计划"的阶段性成果。时间的付出铺就慢慢而修远的科研之路，家人以爱与包容来默默支持，每每想起，感怀于心！

刘超

2021年9月8日于华侨大学法学院祖杭楼

r